博瑞森图书
BRACE

企业阅读 本土实践

管理 · 人文 · 生活

SA8000：2014
社会责任管理体系认证实战

吕林◎著

中华工商联合出版社

图书在版编目（CIP）数据

SA8000：2014 社会责任管理体系认证实战/吕林著. —北京：中华工商联合出版社，2018.3

ISBN 978-7-5158-2229-7

Ⅰ. ①S… Ⅱ. ①吕… Ⅲ. ①劳动保护－劳动管理－国际标准 Ⅳ. ①X92-65

中国版本图书馆 CIP 数据核字（2018）第 047095 号

SA8000：2014 社会责任管理体系认证实战

作　　者：吕　林
责任编辑：于建廷　王　欢
责任审读：郭敬梅
封面设计：久品轩
责任印制：迈致红
出版发行：中华工商联合出版社有限责任公司
印　　刷：北京宝昌彩色印刷有限公司
版　　次：2018 年 5 月第 1 版
印　　次：2018 年 5 月第 1 次印刷
开　　本：710mm×1000mm　1/16
字　　数：306 千字
印　　张：22.75
书　　号：ISBN 978-7-5158-2229-7
定　　价：198.0 元

服务热线：010 – 58301130
团购热线：010 – 58302813
地址邮编：北京市西城区西环广场 A 座
　　　　　19 – 20 层，100044
http：//www. chgslcbs. cn
E-mail：cicap1202@ sina. com（营销中心）
E-mail：gslzbs@ sina. com（总编室）

　　早期客户要求企业质量验货体系认证一般是 ISO9001 质量管理体系认证、ISO14001 环境管理体系认证和 OHSAS18001 职业健康安全管理体系认证，现在，则要求工厂要通过社会责任和反恐验厂，方可成为其合格供应商。而多数工厂内部中高层对 SA8000 社会责任管理体系标准不了解或道听途说，根本不知道该如何应对，只好求助于咨询机构和辅导老师。

　　很多企业遭遇的常见问题有：

　　（1）个别不诚信的辅导老师或非合法注册的咨询机构与工厂签订合同后，收到第一笔尾款后消失联系不上。

　　（2）对标准理解不深入，审核前准备不充分，部分标准条款违规没有完全改善，如审核结果不合格，辅导老师或咨询机构推卸责任后不提供服务。

　　（3）遭遇审核员的恶意刁难和索贿。

　　（4）突击审核失败，导致客户延期 6 个月或更长时间交货，损失巨大。

　　（5）咨询机构不及时支付专/兼职辅导老师的薪酬费用，导致辅导进展受阻。

　　（6）审核过程员工访谈失败，发现存有童工、虚假考勤、严重超时加班等现象。

　　为了让更多的企业满足客户 SA8000 社会责任管理体系验厂认证的

要求，少走弯路，减少审核成本；为了让更多的企事业成员准确理解 SA8000 标准的建立、实施、推行与维护，帮助内审员提升自身的能力，笔者将从事 SA8000：2001 版、SA8000：2008 版、SA8000：2014 版等及十多年的体系实战经验汇编成本书。

本书更注重实用性和可操作性，引用了咨询公司、审核企业、认证机构三方真实记录范本，希望提供给更多从事类似验厂认证需求的审核员、顾问师、体系经理、体系主管、体系工程师、验厂专员等人员参考。

在编写《SA8000：2014 社会责任管理体系认证实战》过程中，笔者参考了部分咨询公司、审核企业、认证机构三方真实案例记录、书籍、论文、网络文章，在此，对这些作者表示感谢！

购买本书的读者可享受三大免费超值服务：

（1）读者均可通过邮箱（sag1946@163.com）与作者联系，即可获赠《SA8000：2014 社会责任管理体系认证实战》章节课程培训电子 PPT 课件。

（2）读者在 SA8000：2014 社会责任管理体系建立、实施和维持过程中遇到推行方法和体系管理技术等方面的疑问均可通过邮箱联系作者协助解决问题。

（3）若一次性购书超过 100 本，作者即可免费为其提供为期一天的 SA8000：2014 社会责任管理体系方面的培训。

对本书中的不足之处，还请读者不吝赐教！

吕　林

2017 年 11 月 2 日于深圳

第一章

SA8000：2014 社会责任管理体系早期——概论篇

第一节 SA8000：2014 标准的产生和发展

一、产生

社会道德责任标准 Social Accountability 8000（简称 SA8000）。

制订 SA8000 标准的想法源自 SGS Yarsley ICS 和国际商业机构社会审核部主管人之间的一次谈话。双方共同认为，企业社会责任在全球范围内正在不断扩展，有必要对社会责任进行审核，在工商界也应确立与公众相同的价值观和道德准则。为此，制订了社会道德责任标准或规范，并开展审核活动。

1996 年 6 月，欧美的商业组织及相关组织召开了制订规范标准的初次会议。该会议在商业（包括大西洋两岸的领先的商业公司）和非政府组织中引起了强烈反响，使商界和非政府组织对新标准规范的制订极为关注，并拟订了制订新标准的备忘录。基地设在纽约的美国非政府组织——经济优先领域理事会（CEP）积极参加了制定新标准的前几次会议，并被指定为新标准维护者。随后 CEP 设立了标准和认可咨询委员会（CEPAA），跟踪、监督、审查新标准制订的进展情况。美国等多数国家的很多公司积极响应，在纽约召开的第一次会议拟定了该标准的草案。

那么，什么是社会责任？

即某个组织机构通过透明且道德的行为，为其决策和活动对社会与环境产生的影响而应担负的责任：

（1）对可持续发展做出贡献，包括健康和社会福利；

（2）考虑股东的期望；

（3）遵守适用法律，符合国际行为规范；

（4）整个组织的实务与运作协调一致。

那么什么又是SA8000？

（1）世界上第一个适合评估不同行业适当工作场所可审核的社会责任认证标准；

（2）基于联合国人权宣言、国际劳工组织；

（3）跨越行业和企业规范创建一个共同的语言来衡量社会责任表现；

（4）管理系统评审包括童工、强迫劳动、健康与安全、自由结社、歧视、惩罚措施、工时、薪酬。

二、发展

1996年，一家瑞士非政府组织曾经建议国际标准化组织（ISO）制订一套ISO2100社会责任管理国际标准用于第三方认证，但ISO拒绝了此建议。

1996年，瑞士通用公证行国际认证部（SGS）和美体国际公司（Body Shop）制订可用于第三方认证的社会责任标准。SGS积极支持并赞助制订这一标准。

1996年6月，SGS的董事Jim Keegan主持了制订社会责任标准意义的首次会议。来自美国和欧洲等公司和非政府组织参加了这次会议。会上，大家一致同意制订一个可用于审核的社会责任国际标准。

1997年初，经济优先权委员会成立了经济优先权委员会认可委员会（CEPAA）。作为一家长期研究社会责任及环境保护的非政府组织，

CEPAA 负责制定该标准，并根据 ISO 指南 62 来评估认可认证机构。

SAI 技术委员会（来自 11 个国家的 20 个大型商业机构、非政府组织、工会、人权及儿童组织、学术团体、会计师事务所及认证机构）负责起草社会责任国际标准。SAI 在纽约召开的第一次会议上就提出了标准草案，最初名为 SA2000，最终改为 SA8000 社会责任国际标准，并于 1997 年 10 月公开发布。

SA8000 社会责任国际标准是全球首个道德规范国际标准，其宗旨是确保供应商所供应的产品符合社会责任标准的要求。SA8000 标准适用于世界各地任何行业、不同规模的公司，与 ISO9000 质量管理体系及 ISO14000 环境管理体系一样，是一套可被第三方认证机构审核的国际标准。

SA8000 印发后，在国际社会尤其是西方发达国家很快获得了广泛支持，部分大型购销商都积极推动次标准普及实施。国际知名的认证机构，如 BV、SGS、DNV、UL、ITS 等，已向 CEPAA 提出申请，正式开展 SA8000 认证业务。

2001 年 12 月 12 日，经济优先权委员会认可委员会更名为社会责任国际（Social Accountability International，简称 SAI）。经过 18 个月的公开咨询和深入研究。SAI 发表了 SA8000 标准第一个修订版，即 SA8000：2001。

2008 年 5 月，正式发布了新标准 SA8000：2008，即目前适用的社会责任第三方认证标准。

2014 年 7 月，SAI 正式颁布了 SA8000：2014 标准。

新转换期将从 2016 年 1 月 1 日至 2017 年 6 月 30 日，目前取得 SA8000：2008 版证书的组织及寻求 SA8000：2014 版初次认证的组织依照下列期限执行。

自 2016 年 4 月 1 日开始，所有申请 SA8000 认证的新客户应使用 SA8000：2014 版来审核。该审核应包括组织应使用社会责任足迹要求（即 Social Fingerprint）的自我评估及认证机构执行的独立评估。

目前取得 SA8000：2008 版证书的客户必须在 2017 年 6 月 30 日前转换为 SA 8000：2014 版。为了转换成为 SA8000：2014 版，客户需完成转换审核，以符合 SA8000：2014 版要求（应包括组织使用社会责任足迹要求（Social Fingerprint）的自我评估及认证机构执行的独立评估），自 2017 年 6 月 30 之日起，所有的 SA8000：2008 版证书一律无效。

第二节　SA8000：2014 标准的目的、意义、作用

一、目的

本标准的目的是提供一个基于联合国人权宣言，国际劳工组织（ILO）和其他国际人权惯例，劳动定额标准及国家法律的标准，授权并保护所有在公司控制和影响范围内的生产或服务人员，包括本公司及其供应商、分包商、分包方雇用的员工和家庭工人。

二、意义

SA8000 自 1997 年问世以来，受到公众极大的关注，在美欧工商界引起了强烈的反响。专家们认为，SA8000 是 ISO9001、ISO14001 之后出现的又一个重要的国际性标准，迟早会转化为 ISO 标准，通过 SA8000 认证将成为国际市场竞争中的又一重要武器。有远见的组织家应未雨绸缪，及早检查本组织是否履行了公认的社会责任，在组织运行过程中是否有违背社会公德的行为，是否切实保障了职工的正当权益，以把握先机，迎接新一轮的世界性的挑战。

SA8000 是世界上第一个社会道德责任标准，是规范组织道德行为的一个新标准，已作为第三方认证的准则。SA8000 认证是依据该标准

的要求审查、评价组织是否与保护人类权益的基本标准相符。

国内受到 SA8000 标准影响的案例

2002 年 9 月，广东省中山市一家 500 人左右的鞋厂，因赋予员工工资最低标准没有达到当地法律规定的最低限度，曾被客户停单两个月，并要求进行整顿。

2002 年 7 月，因发生女工中毒事件，一家台资鞋厂曾陷入被全部撤单的困境。内地的出口企业，同样受到了企业社会责任标准的影响。

据统计，自 1995 年以来，我国沿海地区至少有 8000 多家工厂接受过跨国公司的社会责任审核，有的企业因表现良好获得了更多的订单，部分工厂则因为没有改善诚意而被取消了供应商资格。

2002 年，珠三角就有两家企业因不符合 SA8000 标准，一家被跨国公司要求其中一家企业进行整顿，否则就取消订单，而另一家企业则干脆被停了订单。

香港报纸曾连续报道了深圳某玩具厂使用 400 名童工包装玩具，引起全球轰动，并且这家玩具厂向美国的多家玩具零售商进行出口。此次事件后，美国客户立刻委托调查小组前往调查，虽没有发现童工，但确认工厂存在加班超时和工资偏低的问题，并且在多次验厂过程中提供虚假的工时工资资料，因此取消了该工厂及关联企业的供应商资格，其他客户也相继取消了订单。最后，这家有 4 间工厂、近 8000 名工人的集团公司被迫关闭。

三、作用

SA8000 的价值是：

■ 由于是自愿的，在社会效益方面，SA8000 经常被企业用于增强客户信心；

■ 在工人－管理层关系方面起到了示范性的增值价值；

■ 欧洲国家使用 SA8000 制订采购决策，如意大利、荷兰；

■ 东部欧洲国家使用 SA8000 作为进入欧盟的方式，如罗马尼亚、保加利亚、阿尔巴尼亚；

■ 品牌及零售商用 SA8000 代替自己的审核。

一个对社会负责任的企业，可以在商业经营中获益，包括以下几点。

（1）减少国外客户对供应商的第二方审核，节省费用、降低成本、提升企业竞争力；

（2）更大程度地符合当地法律法规及 SA8000 标准要求，保障员工的基本利益；

（3）建立国际公信力，提升企业品牌和形象；

（4）使消费者对产品建立正面情感；

（5）使合作伙伴对企业建立长期信心。

总之，使公司能建立、维持及推行所需业务手则；作为第一底线，提供一个达到全球共识的国际标准；减少对供货商的第二方审核，可明显节省费用；适合各地方和行业应用，提供共通的比较准则。

科普知识：ISO26000 是国际标准化组织（International Standard Organization，缩写为 ISO）制定的编号为 26000 的社会责任指南标准，是在 ISO9001 和 ISO14001 之后制订的最新标准体系，这是 ISO 的新领域。

SA8000：2014 是国际社会责任组织发布的核心标准，是世界上最早的可以据以审核的社会责任标准之一，是根据国际劳工组织公约，世界人权宣言和联合国儿童权益公约制定的全球首个道德规范国际标准，于 1997 年 10 月首次发布。这 2 个标准的区别在于：

（1）发起组织不一样，一个是 ISO，一个是 SAI。

（2）ISO26000 国际标准侧重于各种组织生产实践活动中的社会责任问题，主要从社会责任范围、理解社会责任、社会责任原则、承认社会责任与利益相关者参与、社会责任核心主题指南、社会责任融入组织指南等方面展开描述，统一社会各界对社会责任认识，为组织履行社会责任提供一个可参考的指南性标准，提供一个将社会责任融入组织实践的指导原则。而 SA8000 的宗旨是确保供应商所提供的产品，皆符合社会责任标准的要求，即符合 SA8000 标准要求。它主要关注的是人，而不是产品和环境。

（3）ISO26000 为企业或组织自主申请执行，而 SA8000 多为企业客户要求执行，没有达到要求可能会禁止出货或接单。

ISO26000 不是一个可认证标准，而 SA8000 是一个可认证标准。

第二章

SA8000:2014 社会责任管理体系前期——咨询篇

第一节　咨询记录案例——咨询合同范本

为了更好应用 SA8000：2014 社会责任管理体系，以下为咨询合同范本，供读者参考，如图 2 - 1 至图 2 - 5 所示。

合同编号：SAG － RZHT － 2017071201

认证咨询技术服务合同书

□ISO9001　质量管理体系认证

□ISO14001　环境管理体系认证

□ISO45001　职业健康安全管理体系认证

□ISO13485　医疗器械质量管理体系认证

□ISO22000　食品安全管理体系认证

□IATF16949　汽车零部件行业质量管理体系认证

□SA8000：2014 社会责任管理体系

□QC080000　有害物质管理体系

□ISO27001　信息安全管理体系

□ISO17025　检测和校准实验室认可管理体系

□TL9000　电信行业质量管理体系

□AS9001　航空航天质量管理体系

□ISO14064　　温室气体排放管理体系

□BSCI 验厂　　　　□SEDEX 验厂　　　　□GSV 反恐验厂

□DISNEY 验厂　　　□TARGET 验厂　　　□C－TPAT 反恐验厂

□WAL－MART 验厂　□WRAP 验厂　　　　□COSTCO 验厂

□COC 验厂　　　　□NIKE 验厂　　　　　□TESCO 验厂

□CCC 认证　　　　□CE 认证　　　　　　□UL 认证

□其他：

委托方（甲方）：深圳 MICT 国际认证检测有限公司

咨询方（乙方）：深圳 SAG 国际管理咨询有限公司

图 2-1　认证咨询技术服务合同书 1

SA8000：2014 认证服务合同

甲方：深圳 MICT 国际认证检测有限公司

乙方：深圳 SAG 国际管理咨询有限公司

　　根据《中华人民共和国合同法》的规定，合同双方就上述咨询项目，经协商一致，特签定本合同。

一、咨询项目与范围

　　甲方聘请乙方为质量管理体系顾问，指导甲方按质量管理体系要求建立体系，并指导甲方通过第三方审核认证。乙方委派咨询顾问师为甲方提供咨询，双方达成以下各项协议。

二、认证咨询所包含的主要阶段

　　以审核计划为主，进行相关的指导与咨询服务，包括：审核前企业需向认证构提交资料准备，质量管理体系运行过程记录检查指导及企业所需提交的审核佐证记录指导以及认证公司的认证审核过程协调。

三、咨询认证费用

认证咨询培训总费用：人民币××整，即￥××.00元（不含税）。

1SA8000：2014认证初次审核费￥××.00元。

四、咨询认证费用付款方式

咨询费付款方式为现金或转账，分以下两期支付。

（1）双方签订咨询协议书当天支付认证咨询费70%，即人民币××圆整，即（￥××.00元）。

（2）合同履行过程中咨询老师和认证审核人员的食宿费用按实际发生另由甲方实报实销负责。

收款人户名：深圳SAG国际管理咨询有限公司

开户行：深圳××银行××支行

账　号：×××××××××××

图2-2　认证咨询技术服务合同书2

五、双方责任

1. 乙方责任

A. 负责对甲方现行之管理体系的诊断。

B. 负责制订建立和实施符合质量管理体系标准运行实施记录之总体工作计划。

C. 负责对甲方人员进行质量管理体系审核前需向认证机构提交资料准备视需要时指导甲方人员修改质量体系文件。

D. 负责对甲方质量管理体系运行过程记录检查指导，以及对检查指导甲方完成质量管理体系认证所需提交的审核佐证记录。

E. 负责指导编制内部审核和管理评审计划，指导并参与甲方的内部审核和管理评审。

F. 保证按时完成咨询任务，确保甲方体系顺利通过第三方认证机构审核。

2. 甲方责任

A. 甲方应为本咨询项目提供必要的资源，包括相关人员的参与和配合上，必要的工作时间安排，按时完成工作计划规定任务，及时地完成文件批准，按照质量管理体系标准的要求完善管理体系运行实施记录。

B. 准时支付给乙方咨询认证费。

C. 甲方提供咨询和审核，到乙方公司当日中午工作餐及往返工厂最近交通枢纽间接送服务。

D. 审核员前往审核和咨询师当天陪审产生的差旅费由甲方支付。

六、双方违约责任

1. 乙方违约责任

A. 如由于乙方原因而未能履行本协议或未达到本协议规定的要求，甲方有权终止咨询，并追回已付给乙方的全部咨询费用。

B. 乙方保证甲方按期顺利通过年度监督审核认证，如因乙方原因而使甲方认证审核未能通过认证，乙方应退回甲方全部已支付之咨询费用，但是乙方可再次辅导，于甲方通过认证后再由甲方一次性全额支付。

2. 甲方违约责任

A. 如果由于甲方原因而未能履行本协议或未达到本协议规定的要求，乙方有权终止咨询，甲方应支付给乙方已完成的本协议规定项目的咨询费用。

B. 不得将乙方的各种资料转给第三方，否则乙方有权追究甲方的责任。

图 2-3 认证咨询技术服务合同书 3

七、乙方服务承诺

1. 乙方保证甲方通过认证后，乙方为甲方免费提供一年内监督审核前辅导服务，保证客户认证后有效维持质量管理体系。

2. 令甲方成功取得质量管理体系的认证并非乙方服务之终止，乙方将随时保持与甲方联系，解决甲方提出关于管理体系维持出现的各种问题。

3. 乙方将随时向甲方提供最新的质量管理体系信息及管理咨询方案。

4. 乙方以信誉为本，追求为每一个客户创造卓越的管理。

八、补充条款

1. 双方当事人应全力友好地解决因本合同面产生的或与本合同有关的一切争议。

2. 本合同在执行过程中，如发现个别条款不合理，经双方协商后可以另签补充协议。

3. 本合同在执行过程中，若甲方因特殊原因影响总体工作计划，双方在不影响认证时限的情况下可以协商调整工作计划。

4. 双方之间如不能友好地解决因本合同而产生的或与本合同有关的争议，任何一方均可向深圳仲裁委员会提请仲裁。仲裁裁决具有终局效力，对双方均具有约束力。双方应切实遵守和执行仲裁裁决，也可向当地法院提请诉讼。

5. 本协议一式两份，具有同等的法律效力，双方各持一份，自本协议签订之日起生效。

甲　方：深圳 MICT 国际认证检测有限公司　　乙　方：深圳 SAG 国际管理咨询有限公司

```
签约代表：                           签约代表：
签约日期：2017 年××月××日   签约日期：2017 年××月××日
签约地点：中国·深圳      签约地点：中国·深圳
公司盖章：       公司盖章：
```

图 2－4　认证咨询技术服务合同书 4

深圳 MICT 国际认证检测有限公司委托书

　　我公司决定由深圳 SAG 国际管理咨询有限公司帮助我公司辅导质量体系认证项目，确保我司认证审核顺利通过，鉴于达成长期战略合作关系，故委托深圳 SAG 国际管理咨询有限公司全权办理认证审核事宜，特此委托。

深圳 MICT 国际认证检测有限公司

2017 年××月××日

图 2－5　深圳 MICT 国际认证检测有限公司委托书

第二节　咨询记录案例——咨询方案

　　以下为深圳 MICT 国际认证检测有限公司的 SA8000：2014 咨询方案范本，供各位读者参考。

深圳 MICT 国际认证检测有限公司 SA8000：2014 咨询方案

目　录

一、咨询与认证概述

二、SAG 国际管理咨询的咨询工作概述

三、实施规划和行程安排

四、SAG 国际管理咨询提供培训项目

五、咨询持续服务

一、咨询与认证概述

非常感谢贵公司对 SAG 咨询的信任和支持，SAG 咨询市场部通过同贵公司管理层的沟通较详尽地了解了贵公司在 SA8000 管理体系方面的总体设想及预期要求。SAG 咨询也将按 SA8000：2014 标准要求为贵公司建立完善的管理体系，并提供专业化、标准化、个性化的优质服务，确保贵公司一次性通过认证，并在管理上得到全面的提升。

充分了解客户的需求，提供满足或超越客户期望的服务是 SAG 咨询公司的服务质量宗旨。我们对贵公司此项目非常重规，有信心和能力帮助贵司完善 SA8000 管理体系要求和内部运作的简明、科学、有效的整合管理体系，实现贵公司推行 SA8000 管理体系的初衷、完善管理和改善之目的。

SAG 咨询公司的服务宗旨是："实用、实战、本土化"，致力于给客户提供卓越的管理，提升企业的核心竞争力，提供客户寻求的管理服务，提升其核心竞争力来体现自身存在的价值，以热诚、耐心的服务意识，依照系统流程和 PDCA 循环的顾问方法，为企业提供专业、高效的咨询服务。协助企业落实 SA8000：2014 体系融入企业的自身管理制度中，希望贵公司得到的不仅是一张证书。我们将帮助贵公司从体系策划、人员培训、体系设计、文件编写、现场推动等多方面来建立 SA8000：2014 管理体系，预计在进行现场评估后预定的时间内通过权威机构的认证审核。为了使贵公司对 SAG 咨询公司的咨询师有一个总体的了解，特编制了《深圳 MICT 国际认证检测有限公司 SA8000：2014 认证咨询方案》仅供参考。

二、SAG 国际管理咨询的咨询工作概述

项目概述如下：

（1）咨询目的：协助建立国际公认的 SA8000：2014 管理体系，并一次性获得国际权威认证机构的认证，使贵公司的管理体系达到国际认可水平。帮助贵公司改善内部运作管理体系，以获得更好的经营效益。使体系的运行效果达到节约成本、节约资源、提高效率、改进管理的目的，进一步改善和相关方的关系，树立崭新的企业形象，增加市场竞争力。

（2）咨询范围：贵公司管理体系相关的各职能部门。

（3）咨询依据标准：SA8000：2014 管理体系不相关的法律法规要求。

（4）咨询时间：6 个月左右并根据贵公司实际情况调整咨询进度。

（5）咨询方式及配合事项如下：

A. 根据咨询实际需要及体系推进总体进度确定咨询人员到贵方的服务天数。

B. 咨询人员到企业的服务时间 6~8 小时/天。

C. 咨询人员每次到企业服务时，SA8000 推动小组成员共同工作并解决工作中遇到的问题，也可根据需要直接与中高层主管及各部门员工接触进行咨询和检查。

D. 咨询人员到企业服务期间，均需得到企业的支持和配合，双方应按照咨询计划进度进行，着重基础培训，建立 SA8000 国际标准的根基。

E. 贵公司应成立推行委员会，并选派 1 位员工（对公司运作了解之人员），配合咨询师指寻联系工作及收集资料。

F. 企业内 SA8000 管理体系的推行，以增加人员为前提，倡导全员参与，管理人员兼职推行，并影响现有实际工作且还能提升管理人员管

理素质和水平。

（6）咨询承诺：SAG 咨询为您服务的目的绝不是只得到一张证书。

（7）保密承诺：咨询师将会深入企业内部开展工作，由此，我们承诺对贵公司在管理和技术方面的经验不会以任何方式向第三方泄露。

（8）认证：获得认证机构的顺利认证也是本次咨询工作成功的表现，SAG 咨询承诺贵公司可一次性获得国际认证机构的认证。

三、实施规划和行程安排

（一）实施规划包括以下四个阶段：

1. 第一阶段——策划阶段

策划阶段包括领导决策、准备贯标、建立体系三个必要的步骤。

（1）领导决策，即领导决定要推行 SA8000：2014。领导决策的动机包括以下几点：

领导认为推行 SA8000：2014，有利于展示企业的社会责任和承诺；

领导认为推行 SA8000：2014，有助于降低对供应商的监督成本，改善供应链管理，降低采购成本；

领导认为推行 SA8000：2014，对优秀人才更具有吸引力，这是未来成功的关键因素；

领导认为推行 SA8000：2014，有助于消除贸易壁垒；

领导认为要与时俱进，与国际惯例接轨；

领导认为推行 SA8000：2014，有利于吸引投资，有利于产品销售和市场开拓；

领导认为 SA8000：2014，国际标准确实是最先进、最有效的社会责任管理的手段；

领导认为推行 SA8000：2014，会对企业产生直接和间接的经济效益和社会效益；

领导认为同行推行 SA8000：2014 后，确实取得了更大的经济效益和社会效益；

领导认为要抓住机会取得触手可及的政绩，有利于自己的荣升或荣调；

领导认为推行 SA8000：2014，在社会上能树立良好的企业形象；

领导认为这是全体员工的要求，将提高员工的忠诚度和归宿感，提高生产率。

（2）准备贯标，即做好贯标的准备，包括以下几点：

任命管代：因为管理者代表是主管建立、实施和保持社会责任管理体系的领导人，这是 SA8000：2014 国际标准的规定。

制定计划：制定贯标的计划，包括时间节点、具体事务、负责人、验证人员，要一丝不苟详细制定。

提供资源：包括人力、财力、物力、时间等资源。

首先，人力资源是关键，要专门抽调若干人员组成贯标委员会（或贯标小组、贯标人力资源部、文件编写小组等临时机构），专门从事贯标工作。其次，时间资源是核心，要在百忙之中安排时间，让员工参加培训、编写文件，适应新的工作节奏和工作环境、培养新的工作习惯、接受严格的内部审核等。

（3）建立体系，可根据以下步骤建立体系。

第一，确定国际标准。

社会责任管理体系（简称 SAMS）的国际标准只有一个，即《SA8000：2014 社会责任国际标准》。

SA8000：2014 遵循著名的质量管理专家——戴明的 PDCA 的管理模式。这种管理模式主要分为四个阶段。

计划（PLAN）阶段：根据组织的政策和顾客的要求，制定方针和目标及实现方针和目标的管理过程和管理措施；

实施（DO）阶段：根据计划，实施并有效地控制已经制定的管理过程和管理措施；

验证（CHECK）阶段：根据组织的政策目标和要求，监督和监视管理过程的运行和管理措施的落实，必要时采取补救和纠正措施；

改进（ACT）阶段：定期评审社会责任管理体系的运行的适宜性、充分性和有效性，改进管理过程和管理措施，以达到持续改进的目的。

第二，识别社会责任因素（又称体系诊断）。

识别社会责任因素就是从组织的活动中识别出可能造成社会责任影响的因素，这是社会责任管理体系最基本的活动。

A. 招工；

B. 作息时间；

C. 处罚违规员工；

D. 发放工资；

E. 员工个人发展；

F. 工作条件；

G. 生活条件；

H. 离职等。

第三，编写体系文件。

为了便于与 ISO9000、ISO14000 等管理体系进行整合，一般要求引入质量管理体系（OMS）和环境管理体系（MS）的模式，针对社会责任管理体系（SAMS）建立如下文件结构：

A. 社会责任目标及其管理方案；

B. 社会责任管理手册；

C. 程序文件；

D. 作业指导书；

E. 运作过程中必要的记录（记录操作过程中所必需的，也是满足审核要求所必需的）。

2. 第二阶段——运行体系阶段。

包括发布文件、全员培训、按文件办三个必要的步骤。

第一，发布文件。

这是运行社会责任管理体系的第一步，一般要召开"社会责任管理手册发布大会"，不仅全员参加，而且最好要邀请有关领导、供应商、分包商和客户代表等相关方参加，越隆重越好。

第二，全员培训。

由管理者代表负责对全体员工进行培训，培训的内容是 SA8000：2014 系列标准和本组织的社会责任管理方案、社会责任管理目标和社会责任管理手册，及与各个部门有关的程序文件，与各个岗位有关的作业指导书，包括使用的记录，以便让全体员工都懂得 SA8000：2014，从而提高其社会责任意识，了解本组织的社会责任管理体系，理解社会责任管理方案和社会责任目标，让每个人都确保为实现社会责任目标做出贡献。

第三，按文件办。

在建立社会责任管理体系时，应做到该说的必须说到，以符合充分性的要求。在实施社会责任管理体系时，就要做到说到的必须做到，要做到一切照程序办事，一切按文件执行。只有这样，才能使社会责任管理体系符合有效性的要求。

3. 第三阶段——检查和改进阶段。

包括内部审核、管理评审、符合性审核三个步骤。

第一，内部审核。

内部审核是正规、系统、公正，是定期检查社会责任管理体系的一种主要方法。所有有关管理体系的国际标准都规定了内部审核的要求，SA8000：2014 要求组织应建立并保持审核方案和程序，定期开展社会责任管理体系的内部审核，以便确定其是否符合以下几点。

A. 符合 SA8000：2014 标准的要求；

B. 得到了正确实施和保持；

C. 有效地满足组织的方针和目标。

第二，管理评审。

SA8000：2014 还规定了一个更重要的改进方式，即定期的管理评审。管理评审由最高管理者定期召开专门评价社会责任管理体系的适宜性、充分性和有效性的评审会议的实施。

内部审核和管理评审都要求对不符合项采取纠正和预防措施。所谓纠正措施就是针对不符合的原因采取的措施，为了防止不符合的再发生。预防措施针对潜在的不符合的原因采取的措施，防止不符合的再发生。

深圳 MICT 国际认证检测有限公司 SA8000：2014 咨询方案。

第三，符合性审核。

这是一种外部审核，一般是聘请专业的审核组对组织初步建立和运行的社会责任管理体系进行一次正规的审核，目的是检验组织的社会责任管理体系是否符合 SA8000：2014 国际标准的要求，通俗地说，就是是否达标。

4. 第四阶段——保持和持续改进阶段。

这是一个动态的循环的阶段，包括运行新的体系、持续改进新的体系两个内容。

继续运行新的社会责任管理体系就是保持，然后在运行中经常检查新的社会责任管理体系的不符合项并进行改进，最后通过周期性的管理评审评价新的社会责任管理体系的适宜性、充分性和有效性，经过改进得到一个更新的社会责任管理体系，实施新的社会责任管理体系，检查和改进新的社会责任管理体系，得到更新的社会责任管理体系。如此循环运行，就是持续改进。

检查和改进的内容包括顾客反馈、内部审核、管理评审三个步骤。

第一，顾客反馈。

就是向顾客调查，评估顾客满意度。具体地说就是通过调查法、问卷法、投诉法等方法主动了解顾客对组织的社会责任管理体系的意见，从中发现不符合。

第二，内部审核。

内部审核是每年都要进行的必要工作，同上。

第三，管理评审。

管理评审也是每年都要进行的必要工作，同上。

咨询排程进度表案例，如表2-1、表2-2所示。

表2-1　咨询排程进度表1

内　容		执行期间			
阶段	阶段项目	3月	4月	5月	6月
一、管理系统建立的筹备、组织、策划	1.1 诊断沟通，全面检查运作与 SA8000：2014 之差距 1.2 提供第一期报告，档案编写时间表 1.3 制定及确认辅导进度				
	2.1 动员会（全面导入 SA8000：2014、倡导 SA8000：2014 的发展、作用、基本推导方式等干部教育训练） 2.2 任命及公布管理者代表（授权书）				
二、管理系统的培训	2.3 管理职责： 1. 组织结构；2. 工作描述表 2.4 质量方针及目标/目标值设定与统计分析/系统策划 2.5 建立 SA8000：2014 工作小组、推行小组和文件编写小组及培训 2.6SA8000：2014 基础培训				
三、管理系统文件化的建立	3.1 建立文件控制中心： 人选 、公司文件管理 3.2 职能分配：按编写时间表分工 3.3 程序/表格编写 程序表格/清单 程序表格/初稿 统一编辑 批准及发布 程序表格/培训 3.4 WI 编写 WI 清单 统一编辑 批准及发布				

表 2 - 2　咨询排程进度表 2

内　容		执 行 期 间			
阶段	阶段项目	3 月	4 月	5 月	6 月
三、管理系统文件化的建立	3.5 体系文件编写 封面/内容格式设计 初稿 讨论及界面及修订 编辑 A 版发布				
四、SA8000 体系的实施（运行和完善）	4.1 试运行/培训（总动员培训，质量手册，程序档实施前培训，必要的管理方法培训） 程序修订及最后版 SA8000：2014 体系文件修订及最后版补充 4.2 内审员培训及建立内审小组 4.3SA8000：2014 系统全面执行 4.4 第一次内审及更正 4.5 第二次内审及更正 4.6 管理评审及结果 4.7 预审及更正/管理评审之结果跟催 4.8 申请认证机构审核				
五、SA8000：2014 体系的认证	5.1 预备正式认证审核查（认证前宣传动员、迎审小组培训） 5.2 组织现场评审 5.3 跟进直至证书签发				
六、管理系统维护，降低成本/提高利润	6.1 认证公司不符合项目跟催 6.2 进行内部审查及跟催有关问题 6.3 检讨管理目标，改善成本				

四、SAG 管理咨询提供培训项目

SAG 管理咨询提供培训项目，如表 2 - 3 所示。

表 2 - 3　SAG 管理咨询提供培训项目

培训项目	完成日期	时间	时数（H）	责任人	参与人员	3 月	4 月	5 月	6 月
启动大会			1H	咨询师	总经理、各部门主管、推行委员会成员	→			
SA8000 标准的由来和发展			1H	咨询师	推行委员会成员	→			
SA8000 体系基本定义			1H	咨询师	推行委员会成员	→			
SA 8000 标准理解			3H	咨询师	推行委员会成员	→			
SA 8000 管理体系要求			3H	咨询师	推行委员会成员		→		
与 SA 8000 相关的中国法律法规培训			3H	咨询师	推行委员会成员		→		
SA 8000 管理体系的建立和运行要点			3H	咨询师	推行委员会成员		→		
SA 8000 管理体系文件编写培训			3H	咨询师	推行委员会成员		→		
5S 与安全培训			6H	咨询师	推行委员会成员		→		
SA 8000 管理体系内部审核员培训			6H	咨询师	推行委员会成员			→	
SA 8000 管理体系迎审小组培训			3H	咨询师	各部门主管、推行委员会成员				→

备注：（1）表中安排的参与人员，为必须参加该培训或应对档修订辅导的人员。

　　　（2）未安排人员若有兴趣亦可参加。

　　　（3）以上时间和培训如遇特殊需要可作临时调整。

五、咨询持续服务

SAG 咨询始终和所有的客户保持密切的关系。

A. 通过认证后，我们免费接受贵公司所进行的各类口头和书面的咨询。

B. 我们所开的各类培训或其他服务项目均予以优惠。

C. 以传真邮件的方式传递最新的信息。

第三章

SA8000:2014 社会责任管理 体系中期—— 培训篇

第一节　培训讲义案例——动员大会培训 PPT

以下为动员大会培训时使用的 PPT 模板，比较简略，可以直接使用。

第一讲，动员大会培训，如图 3 - 1 至图 3 - 16 所示。

深圳 SAG 国际管理咨询有限公司

SA 8000 - 2014

社会责任管理体系推行动员大会

JACK. LV

图 3 - 1　动员大会培训 PPT 模板

SA8000：2014 启动大会流程

10：00 ~ 10：05　主持人致开幕词

10：05 ~ 10：15　致词并宣布推行动员大会正式启动（10 分钟）

10：15 ~ 10：25　讲话（10 分钟）

10：25 ~ 10：30　集体宣誓，大家起立与会人员集体宣誓

10：30 ~ 11：00　顾问介绍 SA8000：2014 社会责任管理体系

图 3 - 2　SA8000：2014 启动大会流程

SA 8000：2014 社会责任管理体系

推行动员大会

于 2017 年×× 月×× 日正式启动！

图 3 - 3　SA8000：2014 社会责任管理体系推行动员大会

宣　誓

　　我愿意全心全力推进 SA8000：2014 社会责任管理体系认证之实施，并以此为自己的责任和义务。我将积极投入 SA8000：2014 社会责任管理体系的学习和应用，以掌握标准化、系统化的方法，并运用于我们公司的改善管理中。我将以积极乐观的态度，服从纪律、团结拼搏，实践公司经营理念，为创造全国一流企业而努力不懈。

宣誓人：×× ×

2017 年×× 月×× 日

图 3 - 4　宣誓

公司高阶主管承诺

■ 承诺目的

■ a. 揭示执行 SA8000：2014 社会责任管理体系的决心。

■ b. 承诺提供相关资源以建立社会责任管理系统。

■ c. 使员工了解高阶主管的企图。

■ d. 内部沟通，形成共识。

图 3 - 5　公司高阶主管承诺

辅导阶段

■ 一、导入准备

■ 二、系统发布、运行

■ 三、系统评审

■ 四、认证

图 3-6　辅导阶段 1

辅导阶段

■ 一、导入准备

■ 1.1 调研分析

■ 1.2 体系策划

■ 1.3 动员

■ 1.4 培训

图 3-7　辅导阶段 2

辅导阶段

■ 二、系统发布、运行

■ 2.1 文件编写

■ 2.2 文件发布/发行

图 3-8　辅导阶段 3

辅导阶段

■ 三、系统评审

■ 3.1 内部审核

■ 3.2 管理评审

■ 3.3 符合性审核

图 3-9　辅导阶段 4

辅导阶段

- ■ 四、认证
- ■ 4.1 认证前准备
- ■ 4.2 认证
- ■ 4.3 不合格整改

图 3－10　辅导阶段 5

辅导推行计划

- ■ 1. 启动仪式
- ■ 2. 现场及文件诊断
- ■ 3. 成立推行委员会
- ■ 4. 编制 SA8000 计划
- ■ 5. SA8000 导入培训
- ■ 6. SA8000 标准培训
- ■ 7. SA8000 体系规划

图 3－11　辅导推行计划 1

辅导推行计划

- ■ 8. 管理手册/程序文件管理办法等文件的编制
- ■ 9. SA8000 员工手册
- ■ 10. 指导书及表格编制
- ■ 11. 文件发行
- ■ 12. 现场改进指导
- ■ 13. 工资工时考勤指导
- ■ 14. 法规要求的指导

图 3－12　辅导推行计划 2

辅导推行计划

■ 15. 员工访谈的指导

■ 16. 内审员培训

■ 17. 内部审核

■ 18. 管理评审

■ 19. 协助申请认证

■ 20. 认证前的准备

■ 21. 正式审核

图 3 – 13　辅导推行计划 3

辅导前期确认事项

■ 1. 确认 SA 8000 体系推行厂方同辅导联络的配合人员

■ 2. 确认组建推行小组

■ 2. 确认辅导深度研讨

■ 3. 确认调研企业目前状况

■ 4. 确认认证机构选择

■ 5. 确认辅导周期与预计认证日程

图 3 – 14　辅导前期确认事项

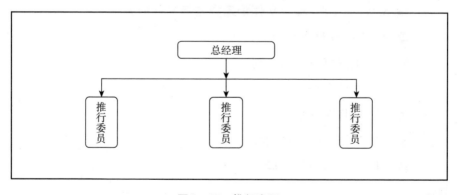

图 3 – 15　推行小组

预祝顺利通过第三方认证审核！

END

图 3 - 16 PPT 结束

第二节 培训讲义案例——内审员培训 PPT

以下为培训内审员时使用的 PPT 模板，如图 3 - 17 至图 3 - 179 所示。

SA8000：2014 内审员培训

课堂要求

　　欢迎阁下参加本次课程，本课程将为您打下一个良好的基础，提高您的能力和水平。

请注意以下的几点：

1. 手提电话：请将您的手提电话设为振动或关闭。
2. 吸烟：在课堂内请不要吸烟。
3. 其他：课期间请不要大声喧哗，举手提问，不要随意走动。

图 3 - 17 SA8000：2014 内审员培训 PPT 1

　　近日，SAI（Social Accountability International）在其官网上正式发布了 SA8000：2014 版标准，意味着 SA8000 企业社会责任标准升版认证工作正式进入倒计时状态！相关企业或组织可登陆 SAI 官方网站跟踪了解标准更新的具体信息。

按计划，每隔五年，SAI 组织都将对 SA8000 标准进行一次修订，以确保它的连续性和适用性。

2001 年 12 月 12 日，SAI 发布了 SA8000 标准的第一个修订版，即 SA8000：2001。

2008 年 5 月发布了第二个修订版新标准 SA8000：2008，即目前适用的社会责任第三方认证标准。

2014 年 7 月，SAI 正式颁布了第三个修订版 SA8000：2014 标准。

图 3 – 18　SA8000：2014 内审员培训 PPT 2

SA8000：2014 标准认证企业受益

1. 建立国际公信力
2. 更大程度地符合当地法规要求
3. 更适合消费者对产品建立正面情感
4. 使合作伙伴对本组织建立长期信心
5. 减少欧美贸易制裁

图 3 – 19　SA8000：2014 标准认证企业受益

推行 SA8000：2014 的成本

推行 SA8000 需要以下四方面的投入（前三种成本由接受认证的企业承担，但可以和其他团体分担，譬如可以要求供应商必须通过 SA8000 认证的客户分担，也可以要求建立商业关系以通过 SA8000 人认证为前提的合作伙伴分担）：

第一方面的成本（也是最大部分的投入）：为了通过认证，企业需要花费在改善措施上面的成本（包括硬体设施的改善，如消防设备、机器防护设置、个人防护用品等，也包括了系统管理方面的改善，如薪酬系统、福利、工时控制、人力资源等方面的投入，如购买社保费用、为了达到工作时间要求而增加机器和人手的费用等）；

第二方面是准备认证的成本（注：譬如聘请外部顾问师等费用）；

第三方面是认证费用，包括申请费用和认证费用；

第四方面是在认证机构审核后根据改善建议进行改善的费用。例如，健康安全设备的安装或维修费用，支付不足的工资，童工补救程序成本等。

图 3 - 20　推行 SA8000：2014 的成本

SA8000：2014 内审员培训

之术语和定义

图 3 - 21　SA8000：2014 内审员培训

SA8000：2014 术语和定义 1

1. 应当：在本标准术语"应当"表示为要求。注：标注为斜体以示强调。

2. 可以：在本标准术语"可以"表示为允许。注：标注为斜体以示强调。

3. 儿童：任何十五岁以下的人。如果当地法律所规定最低工作年龄或义务教育年龄高于十五岁，则以较高年龄为准。

4. 童工：由低于上述儿童定义规定年龄的儿童所从事的任何劳动，除非符合国际劳工组织建议条款第 146 号规定。

注：中国法律规定童工为不满 16 周岁的用工。

图 3 – 22　SA8000：2014 术语和定义 1

SA8000：2014 术语和定义 2

5. 集体谈判协议：由一个或多个组织（如雇主）与一个或多个工人组织签订的有关劳工谈判的合约，详细规定了雇用的条件和条款。

6. 纠正措施：采取措施来消除导致不合规的原因及根本原因。注意：采取纠正措施，防止再次发生。

7. 预防措施：采取措施来消除导致潜在不合规的原因及根本原因。注意：采取预防措施，防止发生。

图 3 – 23　SA8000：2014 术语和定义 2

SA8000：2014 术语和定义 3

8. 强迫或强制性劳动：一个人非自愿性工作或服务，包括所有以受到惩罚进行威胁、打击报复或作为偿债方式的工作或服务。

9. 家庭工：与公司、供应商、次级供应商或分包方签有合约，但不在其经营场所工作的人员。**（如从公司领取材料带回家加工）**

10. 人口贩卖：基于剥削目的，通过使用威胁、武力、欺骗或其他形式的强迫行为进行人员雇用、运输、收容或接收。

图 3 – 24　SA8000：2014 术语和定义 3

SA8000：2014 术语和定义 4

11. 利益相关方：与组织的社会绩效、行动相关或受到影响的个人或团体。

12. 最低生活工资：一个工人在特定的地点获得的标准工作周的薪酬足以为该工人和她或他的家人提供体面生活。体面生活标准的组成要素包括食物、水、住房、教育、医疗、交通、衣服和其他核心需求，包括不可预计事件发生所需的必需品。（**如最低生活工资试算高于政府公布的最低工资**）

13. 不符合项：不符合要求。

图 3 - 25　SA8000：2014 术语和定义 4

SA8000：2014 术语和定义 5

14. 组织：任何负责实施本标准各项规定的商业或非商业团体，包括所有被雇佣的员工。注：例如，组织包括公司、企业、农场、种植园、合作社、非政府组织和政府机构。

15. 员工：所有直接或以合同方式受雇于组织的个人，包括但不限于董事、总裁、经理、主管和合同工人，比如，保安、食堂工人、宿舍工人及清洁工人。

16. 工人：所有非管理人员。

图 3 - 26　SA8000：2014 术语和定义 5

SA8000：2014 术语和定义 6

17. 私营就业服务机构：独立于政府当局，它提供一个或多个以下劳动力市场服务的实体：匹配雇用机会的供给与需求，该机构不与任何一方发生雇用关系。

雇用工人，使他们可被第三方实体聘用，分配工人任务并监督其执行任务。（**如具有营业执照、劳务派遣许可证等**）

18. 童工救助：为保障从事童工（上述定义）和已终止童工工作的儿童的安全、健康、教育和发展而采取的所有必要的支持及行动。

图 3 - 27　SA8000：2014 术语和定义 6

SA8000：2014 术语和定义 7

19. 风险评估：识别组织的健康、安全和劳工政策与实践的流程，并将相关风险进行主次排列。

20. SA8000 工人代表：以促进同管理代表和高级管理层就 SA8000 相关事宜进行沟通为目标，由工人自由选举产生的一个或多个工人代表。在已经成立工会组织，工人代表（在他们同意服务的前提下）应当来自该被认可的工会组织。如果工会不指定代表或组织未成立工会，工人可以自由选举工人代表。（**如工人代表必需是一线员工，非管理人员**）

图 3 - 28　SA8000：2014 术语和定义 7

SA8000：2014 术语和定义 8

21. 社会绩效：一个组织实现 SA8000 完全合规并持续改进。

22. 利益相关方参与：利益相关方的参与，包括但不限于组织、工会、工人、工人组织、供应商、承包商、购买者、消费者、投资者、非政府组织、媒体、地方和国家政府官员。

23. 供应商/分包商：在供应链上为组织提供产品或服务的任何单位或个人，它所提供的产品或服务构成公司生产的产品或服务的一部分，或被用来生产公司产品或服务。

图 3－29　SA8000：2014 术语和定义 8

SA8000：2014 术语和定义 9

24. 次级供应商：在供应链上向供应商提供产品或服务的任何单位或者个人，它所提供的产品或服务构成供应商生产的产品或服务的一部分，或者被用来生产供应商或组织的产品或服务。

25. 工人组织：为促进和维护工人的权益、由工人自主自愿组成的协会。（如加入政府工会组织）

26. 未成年工：任何超过上述定义的儿童年龄但不满十八岁的工人。

注：中国法律规定未成年工年龄满 16 岁但不满 18 周岁。

图 3－30　SA8000：2014 术语和定义 9

SA8000：2014 标准解析 1

SA8000 国际标准由社会责任国际 2014 年 6 月 SA8000®：2014 取代以前的版本：2001，2004 及 2008。

此标准和支持文件的官方语言为英语。在不同语言版本之间如有不一致的情况，引用默认为英文版本。

图 3 – 31 SA8000：2014 标准解析 1

SA8000：2014 标准解析 2

SA8000®是社会责任国际的注册商标。

图 3 – 32 SA8000：2014 标准解析 2

SA8000：2014 标准解析 3

关于本标准

这是 SA8000 标准的第四版。SA8000 是可供第三方认证审计的自愿性标准，规定组织必须达到要求，包括建立或改善工人的权利、工作环境和有效的管理体系。SA8000 认证只适用于每个特定的工作场所。

SA8000 标准的制定是基于《联合国人权宣言》《国际劳工组织公约》，国际人权规范和国家劳动法律的规定。规范性的 SA8000 认证审计参考文件包含 SA8000：2014 标准和 SA8000 的执行绩效指标附件，以及促进了解如何符合此标准 SA8000 指南文件。

图 3 – 33 SA8000：2014 标准解析 3

SA8000：2014 标准解析 4

作为规范性文件，SA8000 执行绩效指标附件为已获取 SA8000 证书的组织设定了最低的执行绩效指标。绩效指标附件可以从 SAI 网站上获得。

SA8000 指南用于解释 SA8000 标准及如何实施该标准的要求。指南文件提供了验证合规性方法的实例。它可以作为审核员及那些希望获取 SA8000 认证的组织的指导手册。SA8000 指南可以从 SAI 网站上获得。

尽管 SA8000 具有普遍适用性，认证在原则上适用于任何国家或行业，但也存在例外情况。SAI 咨询委员考虑某些领域因为行业规范和技术要求难以达到 SA8000 所有标准要求。这些例外情况的清单可以在 SAI 网站上获得。

图 3 – 34 SA8000：2014 标准解析 4

SA8000：2014 标准解析 5
目录

Ⅰ. 前言

1. 目的和范围

2. 管理体系

Ⅱ. 规范性要素及其解释定义

Ⅲ. 定义

Ⅳ. 社会责任要求

1. 童工

2. 强迫或强制性劳动

3. 健康与安全

4. 自由结社及集体谈判权利

5. 歧视

6. 惩罚措施

7. 工作时间

8. 薪酬

9. 管理系统

图 3-35　SA8000：2014 标准解析 5

SA8000：2014 标准解析 6

Ⅰ. 前言

1. 目的和范围

目的：SA8000 是提供一个基于《联合国人权宣言》《国际劳工组织公约》，国际人权规范和国家劳动法律的规定、可审计的自愿性标准，授权和保护所有在组织管理和影响范围内、外的人员，包括受雇于该组织本身和其供应商、分包商、次级供应商的员工和家庭工人。希望组织通过适当和有效的管理体系遵守执行本标准。

范围：SA8000 普遍适用于各种类型的组织，对组织规模、地理位置或行业部门没有限制。

图 3-36　SA8000：2014 标准解析 6

SA8000：2014 标准解析 7

2. 管理系统

回顾 SA8000 的八个核心规定，管理系统是确保所有其他规定得以正确实施、监控和执行的最关键要素。管理系统是操作路线图，确保组织全面实现且可持续达到 SA8000 标准，并进行持续改善，这也被称为社会绩效。

管理系统的实施首要条件是建立工人和管理者共同参与机制，从而实现工人和管理者全程参与达到 SA80000 标准所有合规要求的过程，这对识别和纠正不符合标准项，确保持续性达标至关重要。

图 3 - 37　SA8000：2014 标准解析 7

SA8000：2014 标准解析 8

Ⅱ. 规范性要素及其解释

组织应当遵守当地、国家及所有其他适用性法律、通用行业标准、组织签署的其他规章及本标准。当国家及其他适用法律、行业标准、组织签署的其他规章以及本标准针对相同议题，应当采用其中对工人最为有利的条款。

组织也应当尊重下列国际协议的原则：

《国际劳工组织公约》第 1 号（工作时间 - 工业）及推荐 116 号（减少工作时间）

《国际劳工组织公约》第29(强迫劳动)及第105号(废止强迫劳动)

《国际劳工组织公约》第 87 号（结社自由）

《国际劳工组织公约》第 98 号（组织和集体谈判权利）

《国际劳工组织公约》第 100 号（同工同酬）及第 111 号（歧视 - 雇用和职业）

《国际劳工组织公约》第 102 号（社会保障－最低标准）

《国际劳工组织公约》第 131 号（最低工资确定）

《国际劳工组织公约》第 135 号（工人代表）

《国际劳工组织公约》第 138 号及推荐第 146 号（最低年龄）

《国际劳工组织公约》第 155 号及推荐第 164 号（职业安全与健康）

图 3－38　SA8000：2014 标准解析 8

SA8000：2014 标准解析 9

Ⅱ. 规范性要素及其解释

《国际劳工组织公约》第 159 号（残疾人职业康复和就业）

《国际劳工组织公约》第 169 号（土著人）

《国际劳工组织公约》第 177 号（家庭工作）

《国际劳工组织公约》第 181 号（私营就业服务机构）

《国际劳工组织公约》第 182 号（最恶劣童工雇佣状况）

《国际劳工组织公约》第 183 号（孕妇保护）

《国际劳工组织关于艾滋病及其携带者的就业守则世界人权宣言》

《关于经济、社会和文化权利的国际公约》

《关于公民和政治权利的国际公约》

《联合国关于儿童权利的公约》

《联合国关于消除所有形式的女性歧视行为公约》

《联合国关于反对消除所有形式的种族歧视的公约》

《联合国商业和人权指导原则》

图 3－39　SA8000：2014 标准解析 9

SA8000：2014 标准解析 10

Ⅲ. 定义（依据字母顺序或逻辑顺序）

请参考《术语和定义》。

图 3-40　SA8000：2014 标准解析 10

SA8000：2014 标准解析 11

Ⅳ. 社会责任要求

1. 童工
2. 强迫或强制性劳动
3. 健康与安全
4. 自由结社及集体谈判的权利
5. 歧视
6. 惩罚措施
7. 工作时间
8. 薪酬
9. 管理系统

图 3-41　SA8000：2014 标准解析 11

SA8000：2014 标准解析 12

1. Child Labour 童工

准则：

1.1 组织不应雇佣或支持使用符合上述定义的童工。

1.1-01 未参与或支持使用童工

1.1-02 所有雇员年龄均已满 15 岁或当地法律规定的更高年龄。

1.1-03 生产区不存在童工。

1.1-04 在招聘过程中不接受任何伪造的身份证件。

1.1-05 为每位工人保留可证实的年龄证件。

1.2 如果发现有儿童从事符合上述童工定义的工作，组织应建立、记录、保留关于救助儿童的书面政策和书面程序，并将其向员工及利益相关方有效传达。组织还应给这些儿童提供足够财务及其他支持以使之接受学校教育直到超过上述定义下儿童年龄为止。

1.2-01 制订了童工补救措施的书面方针和书面程序。

1.2-02 上述程序包括补救措施及为童工提供充分支持的规定（允许经鉴定是童工的儿童上学，直至其不再是儿童）

1.2-03 将方针和程序传达给全体员工及其他利益相关方。

图 3-42　SA8000：2014 标准解析 12

SA8000：2014 标准解析 13

1. Child Labour 童工

1.3 组织可以聘用未成年工，但如果法规要求未成年工必须接受义务教育，他们应当只可以在上课时间以外的时间工作。在任何情况下未成年工的上课、工作和交通的累计时间不能超过每天 10 小时，并且每天工作时间不能超过 8 小时，不可以安排未成年工上晚班或夜班。

1.3-01 是否存在年龄在 18 岁以下但已超儿童年龄的未成年工？

1.3-02 在任何情况下，未成年工每日用在上课、工作和交通上的所有时间加起来不超过 10 小时，且每日工作时间不超过 8 小时。

1.3 – 03 未成年工不得从事夜班工作。

1.4 无论工作地点内外，组织均不得将儿童或未成年工置于对其身心健康和发展有危险或不安全的环境中。

1.4 – 01 未将童工或未成年工置于工作地点内、外对其身心健康和发展而言危险或不安全的环境中。

图 3 – 43　SA8000：2014 标准解析 13

SA8000：2014 标准解析 14

1. Child Labour 童工

本条款良好做法建议：

（1）对从事招聘的人员进行培训包括面试技巧、询问、资料核实和记录保存。

（2）保证从事招聘的人员能够用适当的方法确保不招聘童工，如招聘时可采取重点关注疑似童工如：个子不高、娃娃脸、询问属相、出生日期、哪年上小学，以确认其年龄。

（3）《中华人民共和国劳动法》和国务院令第 364 号规定禁止招聘 16 岁以下童工。

（4）要建立童工政策和误招聘童工救济管理应急措施。

（5）禁止员工家属儿童子女尤其不能出现在生产区域、装卸货区域。

图 3 – 44　SA8000：2014 标准解析 14

SA8000：2014 标准解析 15

1. Child Labour 童工

本条款良好做法建议：

（6）购置二代身份证阅读器，杜绝虚假身份证。

（7）个人人事档案资料：

7.1 不可涂改尤其入职日期、出生年月日。

7.2 保留张贴二代身份证正反面复印件开员工档案资料上（旧一代身份证复印件无效，需重新更换二代身份证复印件）。

7.3 要填应急联络电话，非本人电话，可接通的号码。

7.4 个人人事档案资料由员工本人填写，并签署本人姓名和日期。

（8）向供应商/分包商和承包商传达童工政策和程序。

（9）监控供应商/分包商包括突击审核。

图 3 - 45　SA8000：2014 标准解析 15

SA8000：2014 标准解析 16

1. Child Labour 童工

童工：如何证明合规性

（1）明确界定禁止童工政策和定义未成年工的特殊注意事项。

（2）执行包括审查国家身份证、出生证、学校记录的年龄核查程序。

（3）制定补救措施计划，确定意外地雇用儿童该怎么办（比如，孩子提出了公司在不知不觉中接受的假身份证）。

（4）严格的招工过程包括年龄验证。

（5）监控供应商/分包商包括不通知访查。

（6）向供应商和承包商分包商传达童工政策和程序。

（7）对所有员工进行培训，让其了解童工与未成年工在政策上与程序上的差别。

图 3 - 46　SA8000：2014 标准解析 16

SA8000：2014 标准解析 17

1. Child Labour 童工 如何验证合规性

观察	访谈	文件与数据核查
– 现场巡查 – 宿舍设施	– 工人 – 工会 – 利益相关方 – 分包商 – 诊所职员 – 管理人员 访谈内容 – 学校教育成效 – 每日定额 – 工作条件	– 政策与程序 – 员工档案与年龄核实文件（身份证、学校档案、出生证明、医疗档案） – 薪资记录 – 内部审核报告 – 分包商审核报告 – 培训记录

图 3 – 47   SA8000：2014 标准解析 17

SA8000：2014 标准解析 18

2. Forced or Compulsory Labour 强迫或强制劳动

准则：

2.1 组织既不得使用或支持使用第 29 号国际劳工组织（ILO）公约中规定的强迫或强制劳动，包含监狱劳工，也不可要求员工在受雇之时交纳"押金"或存放身份证明文件于组织。

2.1 – 01 未支持使用《国际劳工组织公约》第 29 条定义的强迫或强制性劳工。

2.1 – 02 制定了支持上述承诺的书面方针。

2.1 – 03 未使用任何形式的监狱劳工。

2.1 – 04 未制定限制员工行动自由（如休息、如厕、喝水等）的任何规则。

2.1－05 实施安全措施的目的不在于威胁或过度限制员工行动。

2.1－06 雇佣合同条款与招聘时宣传的条款一致。

2.1－07 未使用任何方法迫使员工接受某份工作或留在某一岗位。

2.1－08 未要求员工在受雇起始时交纳"押金"或寄存原始身份证件。

图 3－48　SA8000：2014 标准解析 18

SA8000：2014 标准解析 19

2. Forced or Compulsory Labour 强迫或强制劳动

2.2 任何组织或向组织提供劳工的实体都不可以强迫员工继续为组织工作而扣留这些员工的任何工资、福利、财产或文件。

2.2－01 组织或向组织提供劳工的任何单位均未为迫使员工继续为组织工作而扣押其任何部分的工资、福利、财产或文件。

2.3 组织应确保员工不承担全部或部分雇用费用或成本。

2.3－01 工人（包括组织直接雇用的员工及劳工提供单位提供的员工）不承担全部或部分的雇用费用或成本。

2.4 员工有权利在标准工作时间完成后离开工作场所，只要员工有按照合理的期限提前通知组织，员工可以自由终止聘用合约。

2.4－01 员工在完成标准工作任务后有权离开工作场所。

2.4－02 加班出于员工自愿（未强迫、惩罚或威胁员工加班）。

2.4－03 员工在向组织提交合理通知后可自由终止雇佣关系。

图 3－49　SA8000：2014 标准解析 19

SA8000：2014 标准解析 20

2. Forced or Compulsory Labour 强迫或强制劳动

2.5 任何组织或向组织提供劳工的实体都不可以从事或支持贩卖人口。

2.5－01 组织或向组织提供劳工的任何实体单位均未参与或支持贩卖人口。

图 3－50　SA8000：2014 标准解析 20

SA8000：2014 标准解析 21

2. Forced or Compulsory Labour 强迫或强制劳动

本条款良好做法建议：

（1）招聘时不要向员工收取招聘费用和押金，包括公司提供工作服（工衣）。

（2）招聘不能扣押员工护照、钱款、身份证明文件。

（3）公司前台和招聘人员办公桌抽屉绝对不能保留身份证明文件。

（4）公司要求员工签署空白文件。

（5）保安、管理人员不能辱骂、殴打公司员工。

（6）员工下班后可自由离开工厂、宿舍或工厂任何区域。

（7）车间不可让员工佩戴离岗证。

（8）发放一份劳动合同给员工，建立员工劳动合同签收记录。

图 3－51　SA8000：2014 标准解析 21

SA8000：2014 标准解析 22

2. Forced or Compulsory Labour 强迫或强制劳动

本条款良好做法建议：

（9）公司厂规管理制度不能有罚款措施，如公告栏罚款通知、吸烟罚款 500 元。

（10）所有罚款及经济补偿记录要保留员工本人签名。

（11）所有加班都是自愿的。

（12）如果员工坚持解除劳动合同，公司不能阻止他们离开公司。

（13）公司不得招聘任何形式抵债员工。

（14）公司应有保安工作制度，保证保安人员不限制员工行动或强迫其工作。

（15）公司建立制度文件禁止招聘监狱囚工和将产品外发监狱加工生产。

图 3－52　SA8000：2014 标准解析 22

SA8000：2014 标准解析 23

2. Forced or Compulsory Labour 强迫或强制劳动

如何证明合规？

（1）提供工人理解的清晰的雇用合同。

（2）支付所有合理的与工作相关的培训与设备费用。

（3）对工人进行解释用工、工资扣除以及各项权利的培训。

（4）确定并实施有关使用职业介绍所的政策和程序。

图 3－53　SA8000：2014 标准解析 23

SA8000：2014 标准解析 24

2. Forced or Compulsory Labour 强迫或强制劳动

如何验证合规性？

观察	访谈	文件与数据核查
－ 现场巡查 － 宿舍设施 － 保安活动 － 工人	－ 工人－管理人员 C － 工会－利益相关方 － 保安－合同工 **访谈内容** － 每日定额 － 惩戒措施 － 招聘流程 － 支薪流程 － 离开工作场所和宿舍	－ 政策与程序 － 工人合同 － 保安合同 － 薪资发放记录 － 时间记录系统 － 加班记录 － 招聘代理合同 － 雇用与离职文件

图 3－54　SA8000：2014 标准解析 24

SA8000：2014 标准解析 25

3. Health and Safety 健康与安全

准则：

3.1 组织应提供一个安全和健康的工作环境，并应采取有效的措施防止潜在的健康和安全事故和职业伤害，或在工作的过程中发生的或引起的疾病。基于产业相关的安全与健康的知识以及任何特定的危害，只要是合理可行的，就应当减少或消除工作场所的所有危险因素。

3.1-01 组织提供安全、健康的工作环境。

3.1-02 制定了健康与安全方面的书面方针、文件、执照和许可证。

3.1－03 持有法律要求的有效执照、许可证及/或证书（包括：商业和经营许可证；消防安全和电气证书；锅炉、发电机、电梯、燃料和化学储罐等设备的使用许可证；建筑、排放及废弃物处理的许可证）。

3.1－04 记录一栋建筑中一次最多可容纳人数。

3.1－05 可实时产生现场人员名单，以便精确统计人数。

图 3－55　SA8000：2014 标准解析 25

SA8000：2014 标准解析 26

3. Health and Safety 健康与安全

一般工作环境

3.1－06 保持工作场所（包括：走道和通道、院子和存储区域、电梯和楼梯）干净整洁、状况良好。

3.1－07 所有主要通道至少宽 1.12 米或满足当地法律规定的更大宽度，且均标有记号，时刻保持畅通无阻。

3.1－08 在存有跌落隐患的楼梯一侧装有高度不低于 1 米的楼梯扶手。

3.1－09 制订了书面程序，防止因热源、明火、电火花、热表面、焊接、吸烟、高温或火花而导致起火。

3.1－10 该程序要求将危险品存放在安全地方并采取安全方法操作，包括如下安全措施。

a. 工作场所干净、无尘、远离潜在火源（如香烟）；

b. 易燃及有害物质存放妥当、远离火源；

c. 在使用和处理可燃气的设备周围装有气敏传感器。

图 3－56　SA8000：2014 标准解析 26

SA8000：2014 标准解析 27

3. Health and Safety 健康与安全

水、空气、噪声及温度

3.1-11 可充分调节工作区域的照明、通风和温度。

3.1-12 厂房内外排水良好，不会使人滑倒或滋生蚊虫。

3.1-13 长期免费提供安全、干净的饮用水，且饮用水供应地点在所有工作站点合理范围内。

3.1-14 员工在未使用护耳装置的情况下每日所承受的 85 分贝以上噪声级的时间不超过 8 小时。

3.1-15 在高噪声级区域，提供听力保护装置，并贴上要求使用该等保护装置的清晰标志，且工人能以正确的方式正常使用。

3.1-16 使用校准后的声级计定期测量组织噪声级，并记录各个工作区域的声级。

ELECTRICAL SAFETY 电气安全

3.1-17 保持电气系统和线路处于安全状态。

3.1-18 按配电系统要求对电气设备实施接地，防危险区域发生人员伤害和起火风险。

3.1-19 所有电气面板（无论是配电盘、开关、插头和插座还是机械装置）上的门均应始终关闭。

图 3-57　SA8000：2014 标准解析 27

SA8000：2014 标准解析 28

3. Health and Safety 健康与安全

MACHINE GUARDS AND SAFETY 机器保护装置与安全性

3.1－20 所有机器均应按照风险评估中的指定，配备必要的安全设备和保护装置，如皮带轮安全装置、针套、眼罩或指套。用于切割、冲压和冲孔的机器应具备双手操作按钮。

3.1－21 制订书面维护方案，大致描述工业机器、设备和线路检查的情况。

3.1－22 留有机器、设备和线路检查和维修的详细书面记录。

3.1－23 运行高危设备，如电梯、铲车、锅炉和焊接设备等，需具备专门的许可证和经过专门的培训。

RISK ASSESSMENT 风险评价

3.1－24 通过书面风险评价使。

a. 组织采取有效措施，防止发生潜在健康安全事件及职业伤害或疾病。

b. 组织最大程度减少或消除工作场所所有危险的成因。

3.1－25 书面风险评价涵盖当前和潜在的健康安全隐患，包括人体工程学风险、地理风险和威胁因素（如飓风、地震活动、洪水和山体滑坡等）。

3.1－26 书面风险评价涵盖机器装置，且在新机器并入工作流程后予以更新。

图 3－58　SA8000：2014 标准解析 28

SA8000: 2014 标准解析 29

3. Health and Safety 健康与安全

3.2 对孕妇和哺乳期妇女,组织应评估所有她们所在工作场所的风险,确保实施所有合理的措施来消除或减少任何对她们的健康和安全造成伤害的风险。

3.2-01 风险评价包括初产妇、临产妇和哺乳期妇女面临的风险。

图 3-59 SA8000: 2014 标准解析 29

SA8000: 2014 标准解析 30

3. Health and Safety 健康与安全

3.3 对于采取有效减少或消除了工作场所的所有危害因素措施后依然存在的风险,应免费向员工提供适当的个人防护设备。如有人员发生工作伤害时,组织应提供紧急救护并协助工人获得后续的医疗。

PPE 个人防护设备

3.3-01 组织免费向员工提供个人防护设备,以应对各种其他危险(在最大程度减少或消除危险成因后)。

3.3-02 个人防护设备符合健康与安全风险评价要求。

FIRST AID AND MEDICAL CARE 急救和医疗护理

3.3-03 对有工伤员工提供急救,并帮助其获得后续治疗。

3.3-04 免费向所有员工提供法律要求的入职体检,体检项目可不包括孕检或童贞测试。

3.3-05 由具有资质的医疗专家对处理危险物品的员工进行年度职业健康检查,费用由组织承担。

3.3－06 组织遵守法律要求，为员工提供听力测试。

3.3－07 组织可现场提供医疗或就近于可满足基本健康与伤害治疗需求的设施。

如现场不能提供医疗，组织应建立必要时可处理严重伤害的体系。

图 3－60　SA8000：2014 标准解析 30

SA8000：2014 标准解析 31

3. Health and Safety 健康与安全

3.3－08 现场备有保管妥当、取用方便、可供 100 名员工使用的急救箱。急救箱中至少包含绷带、剪刀、手套和纱布等基本医疗用品。

3.3－09 在急救箱的存放位置贴上急救标志，其上也应显示每班次获得过培训的急救人员的姓名和照片及紧急联系电话。

HEALTH AND SAFETY MANAGEMENT REPRESENTATIVE 健康安全事务管理者代表

3.4 组织应任命一位高层管理代表，负责确保为所有员工提供一个健康与安全的工作环境，并且负责执行本标准中有关健康与安全的各项要求。

3.4－01 指定健康与安全事务管理者代表。

H&S COMMITTEE 健康与安全委员会

3.5 应当建立和维护一个由管理者代表和工人平衡组合的健康安全委员会。除非法律另有规定，委员会中至少有一名工人代表（如果该代表同意加入委员会）且该代表是被认可的工会代表。在工会未有指定代表或组织尚未成立工会的情况下，应当由工人指定一名他们认为合适的代表来参加。这些决策应当有效地传达到所有

员工。委员会成员应当参加培训及定期的重新培训以确保他们能胜
任并致力于不断改善工作场所的健康和安全条件。应当进行正式的、
定期的职业健康安全风险评估来确定、解决当前和潜在的健康和安
全危害。这些评估，纠正和预防措施的记录应当妥善保存。

图 3－61　SA8000：2014 标准解析 31

SA8000：2014 标准解析 32

3. Health and Safety 健康与安全

3.5－01 成立健康与安全委员会。

3.5－02 健康与安全委员会成员包含同等数量的管理者和员工。

3.5－03 健康与安全委员会至少应包含一名受工会认可的员工，
若法律规定不需要且工会选择不干预，则无需符合此项规定。

3.5－04 若不存在工会或工会选择不干预，则应由员工任命健
康安全委员会代表。

3.5－05 将健康与安全委员会的决定有效传达给全体员工。

3.5－06 就健康与安全委员会定期进行的职业健康与安全风险
评价制订了书面程序。

3.5－07 为圆满完成任务，健康安全委员会应接受培训，并定
期接受再培训。

3.5－08 培训内容包括事件调查、健康与安全检查和危险识别。

3.5－09 委员会定期开展正规的健康安全风险评价，以识别及
解决当前和未来存在的健康与安全风险。

3.5－10 保留上述评价的书面记录。

3.5－11 委员会参与所有事件调查。

图 3－62　SA8000：2014 标准解析 32

SA8000：2014 标准解析 33

3. Health and Safety 健康与安全

ERGONOMICS 工效学

3.5-12 保留有关为应对委员会识别出的工效学风险采取的措施的书面记录。

3.5-13 根据健康安全风险评价结果设计或修改工作站点，以最大程度减少员工身体压力。

TRAINING 培训

3.6 组织应当定期为员工提供有效的健康和安全培训，包括现场培训，并在需要的地方安排特定工作训练。此类培训应当为新员工及重新分配工作的员工在以下情况下重复进行：事故重复发生的地方，当技术变化或引进新设备会对员工的健康和安全造成新的风险。

3.6-01 定期提供以下培训：

A. 健康与安全培训（包括现场培训）；

B. 定岗培训（如有需要）。

3.6-02 员工应接受紧急疏散方面的培训。

3.6-03 员工证明其了解和理解灭火器的基本使用方法。

3.6-04 员工应接受识别危险和紧急情况及采取适当措施方面的培训。

图 3-63　SA8000：2014 标准解析 33

SA8000：2014 标准解析 34

3. Health and Safety 健康与安全

3.6-05 员工应接受正确使用和保管个人防护设备、工具、机械及设备方面的培训。

3.6-06 员工应能证明其对以下内容的认识和理解：

哪种个人防护设备需要在每一项任务、操作或流程中使用；

何时需要使用个人防护设备；

如何使用和调整个人防护设备；

个人防护设备的使用限制；

个人防护装置的妥善保养和维护。

3.6-07 员工应证明其对如何以安全有效方式操作机器的认识和理解。

3.6-08 员工应证明其对如何以安全有效方式操作机器的认识和理解，及工作区域方面的培训。

3.6-09 对未经授权人进行培训，以避免其使用或接触这些工具、系统和工作区。

3.6-10 化学品操作人员应接受化学品安全使用和操作以及任何必要治疗方面的培训。

3.6-11 100%的厨房、餐厅和食堂工作人员应接受食品卫生和营养方面的培训。

图3-64 SA8000：2014标准解析34

SA8000：2014 标准解析35

3. Health and Safety 健康与安全

3.6-12 新员工在入职后的1个月内，应接受如上培训，作为定向培训的一部分内容。

3.6-13 如发生意外事件、出现技术变更、引入新技术而对员工安全产生新风险，则应对员工再次提供健康安全和定岗培训。

PROCEDURES FOR ADDRESSING H&S RISKS 健康与安全风险应对程序

3.7 组织应当建立文件式程序来检测、预防、减少、消除或应对潜在会对员工的健康和安全造成风险的因素。组织应当保留所有关于发生在工作场所里，以及所有在组织提供的住宅和物业中（无论其是否拥有、租赁或者由合同服务商提供住宅或物业）的健康和安全事故的书面记录。

3.7－01 制订了检测、预防、减少、消除或以其他方式应对员工健康与安全方面潜在威胁的书面程序。

EMERGENCY PREPAREDNESS 应急准备

3.7－02 制订了书面应急准备和应急预案，其内容包括：

在发生火灾和其他紧急情况下应采取的措施；

负责预防、降低影响及应对该紧急情况的人员。

图3－65　SA8000：2014 标准解析35

SA8000：2014 标准解析36

3. Health and Safety 健康与安全

3.7－03 至少每年一次对全部班次人员开展紧急疏散演习（演练）。

3.7－04 紧急疏散演习涵盖宿舍部分。

3.7－05 建立自动消防安全系统，并定期进行检查和维护（火灾探测、烟雾探测、警报、固定或移动灭火系统）。

3.7－06 每隔一定距离（在工作场所、住所和物业内）张贴疏散预案告示，其以员工所用语言书写，并附有清晰的"当前位置"的引导标志。

3.7-07 在可视处张贴表明急救提供人员、消防官员、紧急应变小组及健康与安全事务管理人员身份的标志。

3.7-08 在工作期间，确保出口大门未上锁，或可从内侧打开推门。

3.7-09 保持出口大门畅通无阻。

3.7-10 出口大门朝向人员疏散方向打开，无需使用钥匙或工具就可随时从内侧打开，且打开宽度足以确保人员安全疏散。

3.7-11 出口数量足以应付全部员工安全疏散，且适合建筑结构的高度和类型。窗户不作为可行消防通道。

图 3-66　SA8000：2014 标准解析 36

SA8000：2014 标准解析 37

3. Health and Safety 健康与安全

每层至少应设有 2 个紧急出口

对于未安装洒水灭火系统的工业建筑，其距离紧急出口不超过 60 米（200 英尺）。

3.7-12 通往出口走廊和楼梯的大门朝向人员疏散方向打开，且无需使用钥匙或工具就能轻易从内侧打开。

3.7-13 确保疏散路径明确、畅通。

3.7-14 通往建筑外部但不作为出口的大门应贴上相关标签（如"非出口"）。

3.7-15 在工作场所外面指定并标记一个或多个集合点，集合点远离可能起火点，与之保持安全距离，集合点面积足以容纳疏散人员。

3.7－16 紧急出口标志在 30 米以外清晰可见，其使用字体至少高 18 厘米，且用亮色或发光前面板突出显示。

3.7－17 出口路径装有应急照明且贴有标识，至少能使工作场所内部任何区域的人员轻易看到。

3.7－18 定期检查由电池供电的出口标识，并在厂商指定期限更换电池。

3.7－19 使用楼层标记、胶带或其他指示将人员引向出口。

3.7－20 所有楼梯和必要出口路径上都装有应急电池照明设备。

图 3－67　SA8000：2014 标准解析 37

SA8000：2014 标准解析 38

3. Health and Safety 健康与安全

FIRE EXTINGUISHERS 灭火器

3.7－21 适当维护及定期检查消防设备，确保其运行良好、不受阻碍、标记清晰、取用方便。

3.7－22 若装有消防栓，则应至少每年 2 次（如在消防演练期间）对软管、立管及所有水源（如消防泵）进行检查和清洗。

ALARM SYSTEMS 报警系统

3.7－23 组织内部及任何其他员工服务设施都配有报警系统，且设施各处每一楼层（如生产区、仓库、餐厅或托儿所）均可清晰听到警报声。

报警系统与其他任何有声通知系统的声音明显不同。

3.7－24 当报警系统处于维修状态时，可使用备用系统。

图 3－68　SA8000：2014 标准解析 38

SA8000：2014 标准解析 39

3. Health and Safety 健康与安全

CHEMICAL AND HAZARDOUS WASTE HANDLING AND STORAGE 化学品及有害废弃物的处理与储存

3.7－25 提供化学品主清单/目录的书面文件，可从中获知化学品在该场所的存储位置。

3.7－26 提供组织所使用任何物质和化学品的材料安全数据表（MSDS）书面文件，可从中轻易获知化学品的储存和使用地点。

3.7－27 提供以员工当地语言书写的化学品安全信息和产品标签。标签内容包括：有害成分、特征和属性信息及使用、处理及储存化学品时应遵守的特殊预防措施。

3.7－28 提供为避免不兼容化学品发生接触而对化学品进行特殊保存及提供二次安全壳的书面程序。

3.7－29 在化学品处理和储存区域可立即使用洗眼和淋浴装置。

3.7－30 提供化学品正确贴标的书面程序。

3.7－31 提供有害废弃物正确操作和储存的书面程序。

图 3－69　SA8000：2014 标准解析 39

SA8000：2014 标准解析 40

3. Health and Safety 健康与安全

3.7－32 只有获得授权的人员方可处理有害废弃物。

3.7－33 将有害废弃物储存容器与普通废弃物分开放置，清楚并正确标注，使其免受气候及任何火灾风险影响。

3.7－34 定期检查有害废弃物储存容器是否泄漏，提供二次安全壳，以防化学品直接接触环境。

INCIDENTS AND ACCIDENTS 事件和事故

3.7－35 就工作场所和所有组织住所发生的所有健康与安全事件保留书面记录。

3.7－36 将载有事件及未遂事故的书面记录至少保存 2 年，并在管理评审会议和健康与安全委员会会议上进行评审。

ACCESS TO WATER，TOILETS AND MEAL SPACES 水、厕所及就餐空间的使用

3.8 组织应当为所有的员工免费提供：干净厕所设施、饮用水、适合的吃饭及休息空间，在适用情况下提供储存食物的卫生设备。

图 3－70　SA8000：2014 标准解析 40

SA8000：2014 标准解析 41

3. Health and Safety 健康与安全

3.8－01 以下项目免费提供：

干净的厕所；

水；

适当的就餐休息空间；

用于贮存食物的卫生设施（如适用）。

3.8－02 提供充足数量的卫生间。卫生间应符合当地卫生要求，并配备功能正常的马桶和供应自来水的水槽。

3.8－03 厕所数量应足以供给员工使用，如可行，男女分开使用。

3.8－04 定期打扫和维修卫生间设施。

3.8－05 免费提供厕纸。所有卫生间均配备清洁剂或洗手皂、擦手巾或烘干机和垃圾桶。

3.8－06 提供足以供给全体员工饮用的饮用水。饮水装置（如水杯）安全、卫生、足量。

3.8－07 厨房、餐厅和食堂区域安全、卫生，且铺有防滑地毯。

图 3－71 SA8000：2014 标准解析 41

SA8000：2014 标准解析 42

3. Health and Safety 健康与安全

3.8－08 所有厨房均配备 K 级灭火器（作用于脂肪、油脂和油导致的火灾的 K 级灭火设备）。

3.8－09 厨房、餐厅和食堂配备的座椅数量应足以容纳给定时间的大多数员工，座椅数量也应足以供给轮班就餐的员工使用。

3.8－10 厨房、餐厅和食堂的工作人员应确保不提供任何变质或问题食物，并妥善处理该食物。工作人员应确保对使用后的餐具和炊具进行消毒。

3.8－11 厨房、餐厅和食堂工作人员应按当地法律要求至少每年一次进行健康检查和/或获取健康证明。

3.8－12 处理食物的所有人员均应佩戴围裙、手套和发网，如厕后洗手。

3.8－13 厨房设有有效的防虫机制。

DORMITORIES AND CHILDCARE 宿舍和托儿设施

3.9 无论员工宿舍是否其所拥有、租赁或由合同服务商提供，组织应当确保任何员工提供的宿舍设施干净、安全并满足员工的基本需求。

图 3－72 SA8000：2014 标准解析 42

SA8000：2014 标准解析 43

3. Health and Safety 健康与安全

3.9－01 确保员工宿舍干净、安全、符合员工基本需求。

3.9－02 宿舍楼独立于生产区和仓库，且得到良好维护。

3.9－03 员工宿舍安全、干净，配备充足的安全设施，如：饮用水，灭火器，急救箱，畅通无阻、标注清晰且不锁大门的紧急出口，运行正常的火灾警报及紧急照明设备。

3.9－04 宿舍楼每层都设有两个通往外面的出口，该出口进出方便、不上锁且标注清晰。

3.9－05 每人拥有至少 3.7 平方米或法律规定的其他面积数的居住空间。

3.9－06 每个居住者都配有床铺或席子，拥有存放个人用品的空间，能保护其财产安全。

3.9－07 厕所和浴室提供充分隐私保护，洗澡时间不局限于不合理时间段。供应热水。

3.9－08 每间宿舍均提供充分照明和通风，确保居住环境舒适。

3.9－09 托儿设施位于底层，远离生产区和贮存区，儿童不会进入生产区。

REMOVING FROM SERIOUS, IMMINENT DANGER 脱离严重、紧急危险

图 3－73　SA8000：2014 标准解析 43

SA8000：2014 标准解析 44

3. Health and Safety 健康与安全

3.10 无需向组织申请许可，所有员工都有权利使自己远离即将发生的危及自身安全的严重危险。

3.10 - 01 员工有权未经组织（管理人员）许可脱离迫在眉睫的严重危险。

图 3 - 74　SA8000：2014 标准解析 44

SA8000：2014 标准解析 37

3. Health and Safety 健康与安全

本条款良好做法建议：

（1）建立由管理层代表和工人均衡组成的健康安全委员；

（2）安排公司所在地市疾控中心对公司进行职业健康监测并出具监测报告；安排相关员工进行职业病体检；

（3）各区域安全通道均畅通，立即打开上锁的安全出口；

（4）制订有效的程序，为员工和管理层提供正确的培训，确保安全出口不再上锁；

（5）为员工和管理层/外来承包商提供正确的健康和安全知识培训；

（6）按照危害评估结果为员工/来访人员提供正确的个人防护用品，并为员工和管理层提供正确使用个人防护用品的培训。

（7）所有员工入职时进行机器安全防护培训且后续定期培训，对机器检查加装防护罩或红外线防护装置，例如，改进冲床将单手开关改为双手开关，加贴警示标志。

图 3 - 75　SA8000：2014 标准解析 44

SA8000：2014 标准解析 45

3. Health and Safety 健康与安全

本条款良好做法建议：

（8）涉及化学品要配置洗眼器，二次容器，张贴中文版本标准MSDS，加贴警示标志，化学品仓库加装顶爆式灭火器，地面改进作防泄漏处理。

（9）公司要求为员工提供干净的厕所、可饮用水（如有检测报告合格桶装水）具体可参考 GBZ1 –2010《工业企业设计卫生标准》。

（10）特种作业人员应持证上岗（如电工、电梯工、驾驶证等）。

（11）落实消防演习（包括白班/夜班、厂区/宿舍）、化学品泄漏演习。

（12）每个班次有受过足够训练的急救员（可参加当地红十字会急救员培训），配置急救箱。（小型工厂中每个班次至少2名，大型工厂急救员占总人数1%）

图 3 –76　SA8000：2014 标准解析 45

SA8000：2014 标准解析 46

3. Health and Safety 健康与安全

如何证明合规？

（1）执行清楚程序，查证相关培训的有效性。

（2）准备并维持风险分析。

（3）鼓励工人参与风险评估及确定改进机会。

（4）制订并保存应急预防和响应计划。

（5）保存并核查事故与事件日志。

（6）对持续及定期的培训进行效果验证。

图 3 –77　SA8000：2014 标准解析 46

SA8000：2014 标准解析 47

3. Health and Safety 健康与安全

观察	访谈	文件与数据核查
– 消防通道	– 工人 – 工人代表	– OHS 相关的政策与程序
– 有害化学品	– 管理人员 – 健康与安全	个人档案与年龄核实文件
– 生产风险	经理	（身份证、医疗档案）
– 个人防护设备	– 人力资源经理	– 风险评估
– 工作场所噪音	**访谈内容：**	– 事故与伤害日志
– 工作场所温度	– 工人/管理人员对下列事	– 内部审核报告
– 急救包	项的理解：	– 培训记录
– 饮用水供应	– OHS 风险	
– 卫生间区域	– PPE 培训	
– 食品储存	– 应急疏散	
– 宿舍设施	– 工作时间	

图 3 – 78　SA8000：2014 标准解析 47

SA8000：2014 标准解析 48

4. Freedom of Association & Right to collective Bargaining 结社自由和集体谈判权

准则：

4.1 所有员工应当有权利组建、参加和组织自己所选择的工会，并代表他们自己和组织进行集体谈判。组织应尊重这项权利，并应当有效地告知员工可以自由加入其所选择的工人组织以及这样做不会对其有任何不良后果或受到组织的报复。组织不应当以任何方式干涉该类工人组织或集体谈判的建立、运作或管理。

4.1 – 01 员工有权自由组建、参加和组织工会。

4.1 – 02 制订了支持上述承诺的书面方针。

4.1 – 03 员工有权代表他们自己和组织进行集体谈判。

4.1 – 04 组织应尊重这些权利，并应切实告知员工其可自由加入其选择的组织，员工不会因此遭受任何不良后果或受到组织的报复。

图 3 – 79　SA8000：2014 标准解析 48

SA8000：2014 标准解析 49

4. Freedom of Association & Right to collective Bargaining 结社自由和集体谈判权

准则：

4.1 所有员工应当有权利组建、参加和组织自己所选择的工会，并代表他们自己和组织进行集体谈判。组织应尊重这项权利，并应当有效地告知员工可以自由加入其所选择的工人组织以及这样做不会对其有任何不良后果或受到组织的报复。组织不应当以任何方式干涉该类工人组织或集体谈判的建立、运作或管理。

4.1-01 员工有权自由组建、参加和组织工会。

4.1-02 制订了支持上述承诺的书面方针。

4.1-03 员工有权代表他们自己和组织进行集体谈判。

4.1-04 组织应尊重这些权利，并应切实告知员工其可自由加入其选择的组织，员工不会因此遭受任何不良后果或受到组织的报复。

图 3-80　SA8000：2014 标准解析 49

SA8000：2014 标准解析 50

4. Freedom of Association & Right to collective Bargaining 结社自由和集体谈判权

4.1-05 组织不会以任何方式介入这种工人组织或集体谈判的建立、运行或管理。

4.1-06 组织没有提议或发起工人选举。

4.1-07 工人为其自己独立自由地开展工人选举，工人自愿参加工人选举。

4.1-08 工人确认组织没有提倡或显示其对任何特定类型工人组织或对任何特定组织工人的偏见。

4.1-09 工人组织可在醒目且获得同意的地方张贴工会/委员会通告。

4.1-10 集体协议的所有条款均应得到遵守。

4.1-11 组织可与工会公开对话，与工会开展友好谈判。

4.2 在自由结社和集体谈判权利受到法律限制的情况下，组织应当允许工人自由选举自己的代表。

4.2-01 在结社自由和集体谈判权受法律限制时，组织应允许工人自由选择自己的工人代表。

图 3-81　SA8000：2014 标准解析 50

SA8000：2014 标准解析 51

4.3 组织应当保证工会成员、工人代表和任何参与组织工人的员工不会因为其是工会成员，工人代表或参与组织工人的活动而受到歧视、骚扰、胁迫或报复，并保证这些代表可在工作场所与其所成员保持接触。

4.3-01 组织应确保任何参与组织工人群体的工人代表和员工不会因为作为工会成员或参与工会活动而受歧视、骚扰、胁迫或报复。

4.3-02 组织应确保工人代表可在工作地点与其所代表的员工保持接触。

4.3-03 工人确认工人组织已获得机会向全体员工介绍组织。

4.3-04 工会代表可在工人空闲时间定期及合理自由地接触工人。

4.3-05 工人可在约定时间和地点接触工人代表。会见地点足以满足其需求，且在预定休息期间及工作时间以外的时间均可使用。

图 3-82　SA8000：2014 标准解析 51

SA8000：2014 标准解析 52

4. Freedom of Association & Right to collective Bargaining 结社自由和集体谈判权

本条款良好做法建议：

（1）保障工人的结社及集谈判权利；

（2）工厂在书面文件中规定员工有权成立合法的工会组织，并通过这个组织集体投诉或反映工厂问题；

（3）工厂不歧视工会员工；

图 3-83　SA8000：2014 标准解析 52

SA8000：2014 标准解析 53

4. Freedom of Association & Right to collective Bargaining 结社自由和集体谈判权

本条款良好做法建议：

（4）工厂认同合法工会组织的地位，并其谈判；

（5）工厂依靠健康和安全委员会工会组织，改善工人同管理层关系；

（6）工厂设立意见箱等渠道，确保工人有机会向管理层反映问题意见。

图 3-84　SA8000：2014 标准解析 53

SA8000：2014 标准解析 54

4. Freedom of Association & Right to collective Bargaining 结社自由和集体谈判权

如何证明合规

（1）明确清楚的政策，允许自由结社和集体谈判；

（2）容许工人在其中间自由讨论工作场所的问题；

（3）针对工人——主管——经理之间沟通事宜定期进行培训；

（4）清楚沟通工人及雇主的权利及职责；

（5）管理层及员工代表有定期会议。

图 3 - 85 SA8000：2014 标准解析 54

SA8000：2014 标准解析 58

4. Freedom of Association & Right to collective Bargaining 结社自由和集体谈判权

观察	访谈	文件与数据核查
- 现场巡查 - 张贴于工作场所的 - 集体谈判协议 - 工会/工人代表展示	- 工人 - 工人代表 - 社团代表 - 工会 - 非政府组织 **访谈内容** - 工人代表/社团代表选举流程 - 公司处理问题的有效性 - 工人代表的作用	- 政策与程序 - 管理审查备忘录 - 投诉 - 集体谈判协议 - 工人会议备忘录

图 3 - 86 SA8000：2014 标准解析 58

SA8000：2014 标准解析 59

5. Discrimination 歧视

准则：

5.1 组织在聘用、报酬、培训机会、升迁、解雇或退休等事务上，不得从事或支持基于种族、民族、区域或社会血统、社会等级、出身、宗教、残疾、性别、性取向、家庭责任、婚姻状况、团体成员、政见、年龄或其他任何可引起歧视的情况。

5.1－01 在涉及聘用、薪酬、培训机会、升迁、解职或退休等事项上，组织不得基于种族、国籍或社会出身、社会阶层、血统、宗教、身体残疾、性别、性取向、家庭责任、婚姻状况、工会会员、政见、年龄或任何其他可引起歧视的情况歧视员工或支持该行为。

5.1－02 制订了反歧视的书面方针。

5.1－03 招聘告示和广告、手册、传单、培训材料、备注留言板、海报及其他传播材料不具有歧视性。

5.1－04 组织应记录歧视事件（歧视事件书面记录），评审后再生成书面补救方案。

5.1－05 实施补救方案，实施结果作为管理评审的一部分。

5.1－06 所有人员均有同等机会申请同一职位，且有同等机会作为该职位候选人。

5.1－07 所有人员在享有福利、宿舍及食堂、餐厅方面的待遇相同。

图 3－87　SA8000：2014 标准解析 59

SA8000：2014 标准解析 60

5. Discrimination 歧视

5.2 组织不得干涉员工行使其遵奉信仰和风俗的权利，满足涉及种族、民族或社会血统、社会等级、出身、宗教、残疾、性别、性取向、家庭责任、婚姻状况、团体成员、政见或其他任何可引起歧视的情况所需要的权利。

5.2－01 组织不能干涉员工行使遵奉信仰和风俗的权利。

5.2－02 组织不能干涉员工行使权利来满足与种族、民族或社会出身、宗教、残疾、性别、性取向、家庭责任、工会会员政见或任何其他可引起歧视的情况有关的需求。

5.3 在所有由组织提供的工作场所，住宅和物业中（无论其是否拥有、租赁或者由合同服务商提供住宅或物业），组织不得允许进行任何威胁、虐待、剥削，或性侵犯行为，包括姿势、语言和身体的接触。

5.3－01 组织不能允许在工作场所、由组织提供给员工使用（无论是通过拥有、租住或承包方式使用）的住所和其他场所内进行任何威胁、虐待、剥削及强迫性的性侵扰行为，包括姿势、语言和身体接触。

图 3－88　SA8000：2014 标准解析 60

SA8000：2014 标准解析 61

5. Discrimination 歧视

5.4 组织不得在任何情况下让员工接受怀孕或童贞测试。

5.4－01 组织不得在任何情况下要求员工做孕检或童贞测试。

图 3－89　SA8000：2014 标准解析 61

SA8000：2014 标准解析 62

5. Discrimination 歧视

本条款良好做法建议：

（1）制订投诉和申诉政策，公开张贴并与所有员工沟通。

（2）给所有经理和工人提供培训，让员工了解何为歧视，并知道如何预防。

（3）建立适当的投诉与申诉程序与渠道，并与所有员工沟通。

图 3 - 90　SA8000：2014 标准解析 62

SA8000：2014 标准解析 63

5. Discrimination 歧视

如何证明合规性？

（1）在用工、培训、晋职、报酬方面明确反歧视政策。

（2）在工人与管理人员之间建立"无风险"沟通渠道。

（3）为工人和管理人员提供定期培训并验证其有效性。

（4）提供渐进技能培训，促进全员参与。

（5）定期检讨工人及经理的统计分布。

图 3 - 91　SA8000：2014 标准解析 63

SA8000：2014 标准解析 64

5. Disciplinary 歧视

如何验证合规性？

观察	访谈	文件与数据核查
－ 现场巡查 － 工作场所看到的歧视性图片和照片 － 工作场所张贴的反歧视程序	－ 工人（外来工和少数民族工人） － 工会－ 股东 **访谈内容** － 招聘流程 － 晋职 － 薪酬 － 产妇津贴 － 投诉政策 － 工人 － 管理人员沟通	－ 歧视政策与程序 － 管理审查备忘录 － 内部审核报告 － 投诉 － 改进措施 － 工资单 － 招聘与培训记录

图 3－92　SA8000：2014 标准解析 64

SA8000：2014 标准解析 65

6. Disciplinary Practices 惩戒性措施

准则：

6.1 组织应当给予所有员工尊严与尊重。公司不得参与或容忍对员工采取体罚、精神或肉体胁迫以及言语侮辱的行为，不允许以粗暴、非人道的方式对待员工。

6.1－01 组织应对所有人员施予尊严及尊重。

6.1－02 制订了与惩戒性措施有关的书面方针。

6.1－03 组织不得实施或容忍体罚。

6.1－04 组织不得实施或容忍精神或身体胁迫。

6.1－05 组织不得实施或容忍言语侮辱。

6.1－06 不得以粗暴或非人道方式对待员工。

6.1-07 提供惩戒性措施所有案例的书面记录。

6.1-08 组织在对工人发起惩戒性程序后应通知工人，工人有权参与及聆听对其发起的惩戒性程序。

6.1-09 工人已在对其采取的惩戒性措施的所有书面记录上签名或盖章确认。此确认书证实工人了解此项措施，尽管其不一定赞同其实施原则，且工人知道该等记录将由组织放入人事档案加以保管。

图 3-93　SA8000：2014 标准解析 65

SA8000：2014 标准解析 66

6. Disciplinary Practices 惩戒性措施

本条款良好做法建议：

（1）制订符合 SA8000 要求和法规要求的员工手册或厂规；

（2）尊重员工的人格和尊言，不采取体罚、打骂行为；

（3）建立工人要有在对其采取的惩戒性措施的所有书面记录上签名或盖章确认。

图 3-94　SA8000：2014 标准解析 66

SA8000：2014 标准解析 67

6. Disciplinary Practices 惩戒性措施

如何证明合规性？

（1）明文规定容许的惩罚政策及程序。

（2）对员工、经理及主管人员进行有效的培训及考核。

（3）鼓励员工反馈，如进行员工调查、收集员工提出的问题及改善建议。

（4）定期审阅惩罚记录投诉。

（5）监察员工外包机构及中介、验证其惩罚程序。

图 3-95　SA8000：2014 标准解析 67

SA8000：2014 标准解析 68

7. Working Hours 工作时间

准则：

7.1 组织应当遵守适用的法律，集体谈判协议（如适用）及行业标准中关于工作时间、休息和公共假期的规定。标准工作周（不含加班时间）应当根据法律确定但不可以超过48小时。

7.1-01 组织遵守适用法律、集体谈判协议及行业标准有关工时、休息和公共假期的规定。

7.1-02 制订了与工时有关的书面方针。

7.1-03 一周的正常（标准）工作时间符合法律规定，不超过48小时。

7.1-04 使用计时卡、电子条码卡系统或考勤表来计量所有工人的实际工作时间和休息时间，无论其是按小时、计件、工种或其他形式支付工资。

7.1-05 考勤系统包含每天开始和结束时的进出时间。

7.1-06 若使用的是考勤表，则考勤表上应包含工人的签名或盖章，用以确认（至少每周一次）考勤表的准确性和完整性。

7.1-07 工人自己记录其工作时间，例如，自己上下班打卡。

7.1-08 将内容充分、信息准确的书面时间记录至少保存一年。

图 3-96　SA8000：2014 标准解析 68

SA8000：2014 标准解析 69

7. Working Hours 工作时间

7.2 员工每连续工作六天至少须有一天休息。只有在以下两种情况同时发生时才允许有例外：

a. 国家法律允许加班时间超过该规定；

b. 存在一个有效力的自由协商的集体谈判协议允许将工作时间平均，并包括足够的休息时间。

7.2－01 员工每连续工作六天至少须有一天休息。

7.2－02 不过，在以下两种情况下允许有例外：

a. 国家法律允许加班时间超过该规定；

b. 存在一个有效的经过自由协商的集体谈判协议，允许工作时间涵盖适当休息时间。

图 3－97　SA8000：2014 标准解析 69

SA8000：2014 标准解析 70

7. Working Hours 工作时间

准则：

7.3 除非符合 7.4 条（见下款），所有加班应当是自愿的，并且每周加班时间不得超过 12 小时，也不可经常性加班。

7.3－01 除非符合第 7.4 条规定（见下文），所有加班必须出于自愿。

7.3－02 每个员工每周加班时间不得超过十二小时。

7.3－03 不得经常提出加班要求。

7.4 如组织与代表众多所属员工的工人组织（依据上述定义）通过自由谈判达成集体协商协议，组织可以根据协议要求工人加班以满足短期业务需要。任何此类协议必须符合上述其他各项工作时间准则要求。

7.4－01 如组织与代表众多所属员工的工人组织（依据上述定义）通过自由谈判达成集体谈判协议，组织可根据协议要求工人加班，以满足短期业务需要。任何此类协议应符合上述要求。

7.4－02 采取合理步骤通知工人有关可能需要超常时间工作的特殊业务情况的性质和预期工作时间，提前足够时间提醒工人，以便其为此情况作出适当安排。

图 3－98　SA8000：2014 标准解析 70

SA8000：2014 标准解析 71

7. Working Hours 工作时间

本条款良好做法建议：

（1）不超时加班；

（2）提供真实考勤记录；

（3）加班自愿；

（4）保证员工每周至少休息 1 天。

图 3－99　SA8000：2014 标准解析 71

SA8000：2014 标准解析 72

7. Working Hours 工作时间

如何证明合规性？

（1）确保基本工资满足员工的必要开支，以缓和员工加班的压力。

（2）增加轮班次数，实行弹性工作时制。

（3）协商好合理的生产周期及生产量。

（4）对工人进行加班指南及薪资事宜的培训。

（5）培训工人以增加生产力。

（6）外包到合格分包商。

图 3－100　SA8000：2014 标准解析 72

SA8000：2014 标准解析 73

7. Working Hours 工作时间

如何检验合规性？

本条款良好做法建议：

（1）不超时加班；

（2）提供真实考勤记录；

（3）加班自愿；

（4）保证员工每周至少休息 1 天。

图 3 - 101 SA8000：2014 标准解析 73

SA8000：2014 标准解析 74

8. Remuneration 薪酬

准则：

8.1 组织应当尊重员工获得生活工资的权利，并保证一个标准工作周（不含加班时间）的工资总能至少达到法定、集体谈判协议（如适用）或行业最低工资标准的要求，而且满足员工的基本需要，以及提供一些可随意支配的收入。

8.1-01 组织尊重员工获得最低生活工资的权利。

8.1-02 制订了与薪酬有关的书面方针。

8.1-03 组织应保证在一个标准工作周内（不包括加班）所付工资始终至少达到法定集体谈判协议（如适用）或行业最低工资标准。

8.1-04 至少应支付法定最低工资、行业标准工资或集体谈判工资（取最高者）。

8.1－05 就正常工作周支付的工资应满足员工基本需要，以及提供一些可随意支配的收入。

8.1－06 使用定量和定性的方法来估计最低生活工资。

图3－102　SA8000：2014 标准解析74

SA8000：2014 标准解析75

8. Remuneration 薪酬

8.1－07 定量方法至少包含以下步骤：

－评估工人的开销；

－评估该范围内平均家庭规模；

－分析每个家庭雇用劳动者的典型人数；

分析政府对贫困水平的统计数据（贫困水平分析能说明居于贫困线以上人民的生活成本）。

图3－103　SA8000：2014 标准解析75

SA8000：2014 标准解析76

8. Remuneration 薪酬

8.1－08 定性法至少包含以下步骤：

与工人交谈，了解工人工资是否能够满足其本人及其家属的基本需求，并使用定量分析作为参考点。

8.1－09 使用最低生活工资步骤法，其包括：

已制定现有基线；

有证据可证明组织至少支付法律最低工资或集体谈判工资（如适用）；

已按照上述方法估计最低生活工资；

已估计最低生活工资，并已制定预付工资策略来达到或超出最低生活工资；

已使用指标和进度表来系统监督和记录工资支付进展（书面记录）。

图 3 - 104　SA8000：2014 标准解析 76

SA8000：2014 标准解析 77

8. Remuneration 薪酬

8.2 组织应当保证不以惩罚目的而扣减工资，除非同时满足以下两个条件：

a. 这种出于惩罚而扣减工资是国家法律允许的；

b. 存在一个有效力的自由协商的集体谈判协议允许以扣减工资方式进行惩罚。

8.2 - 01 组织不得出于惩戒目的而扣减工资。

8.2 - 02 组织不得出于惩戒目的而扣减工资。

a. 出于惩戒目的扣减工资行为得到国家法律许可；

b. 获得自由集体谈判协议的同意。

8.3 组织应当确保每一个工资支付周期向员工的工资和福利组成解释的清楚详细，并定期向员工以书面形式列明工资、待遇构成。组织应当依法并以方便工人的方式为所有工人支付工资和福利，但在任何情况下工资不能被推迟支付或以某些限制形式支付，比如，抵用券、优惠券或本票。

8.3 - 01 组织应定期以书面形式向员工清楚详细地列明每个支薪期的工资和福利构成。

8.3－02 除工资单外，组织应向所有工人提供其就各支薪期单独开具的付款单/存根（工资条）。该书面记录将显示工人所得工资、工资计算、基本工资和加班费、奖金、所有扣除款和最终工资总额。支付的工资应数额准确、有理有据。

图 3－105　SA8000：2014 标准解析 77

SA8000：2014 标准解析 78

8. Remuneration 薪酬

8.3－03 组织应按照法律规定以方便员工的形式支付工资和福利，但在任何情况下均不得以延迟或限制的形式支付（如购物代金券、优惠券或期票）。

8.3－04 组织应在法律规定的时间期限内支付所有工资（包括加班费）。若法律未规定时间期限，则至少每月向工人支付一次报酬。

8.3－05 任何工人均不得代领工资，除非有工人在完全自由状态下书面授权另一人为其代领工资。

8.3－06 组织已提供法律要求的所有福利，不接受任何形式的豁免。

8.3－07 工资单和社会保障记录中涵盖所有工人名单。

8.3－08 可提供内容完整、信息准确且更新及时的工资文件、日记账和记录（书面记录）。

8.3－09 可按要求提供涉及第三方组织（如劳动部门、安保或清洁公司、食堂等）所雇用工人的工资文件（书面记录）副本。

图 3－106　SA8000：2014 标准解析 78

SA8000：2014 标准解析 79

8. Remuneration 薪酬

8.4 所有加班应按照国家或集体谈判协议规定的倍率支付加班工资。若在某些国家没有法律或没有集体谈判协议规定加班工资倍率，则加班费应当以组织规定的额外的倍率或根据普遍接受的行业标准中最高的那个标准来确定。

8.4－01 员工加班将按照国家法律或已制定的集体谈判协议规定的溢价率获得补偿。

8.4－02 在法律或集体谈判协议未规定溢价率的国家，员工可按组织溢价率或现行行业标准（取较高者）获得加班补偿。

8.5 组织不应当采用纯劳务性质的合同、连续的短期合同、虚假的学徒工方案或其他方案来逃避劳动法规、社会保障法规中所规定的组织对员工应尽的义务。

8.5－01 组织未采取纯劳务合同安排、连续的短期合约或虚假的学徒工制度来规避其在适用法律法规项下应予履行的劳动和社会保障的义务。

图 3－107　SA8000：2014 标准解析 79

SA8000：2014 标准解析 80

8. Remuneration 薪酬

本条款良好做法建议：

（1）依据法规以实际工时计算工人工资，按法定加班工资支付加班费。

（2）所有员工（包括正式工、学徒工、合同工）的基本工资不低于法定最低工资。

（3）依据法规准时足额发放工资及工资条。

（4）依法享有法定假期和有薪假期。

（5）依法同员工签订劳动合同，并发放一份给员工。

图 3 - 108　SA8000：2014 标准解析 80

SA8000：2014 标准解析 81

8. Remuneration 薪酬

如何证明合规性？

（1）提供以员工的工作语言拟定的合同。

（2）按照可靠的数据来源计算并确保员工的基本需求工。

（3）完善生产规划。

（4）利用可靠的工程研究制定生产定额及表现指标。

图 3 - 109　SA8000：2014 标准解析 81

SA8000：2014 标准解析 82

8. Remuneration 薪酬

如何检验合规性？

观察	访谈	文件与数据核查
- 实地考察 - 员工餐厅区域 - 住宿条件	- 员工 - 经理 - 工会 - 利益相关者 - 合同工 - 外来工 **访谈内容** - 工资支付流程 - 非现金福利待遇	- 工资政策及程序 - 工资记录 - 奖励制度 - 工资单及扣款、奖金及加班项 - 社保 - 付款记录 - 工资计算方式

图 3 - 110　SA8000：2014 标准解析 82

SA8000：2014 标准解析 83

9. MANAGEMENT SYSTEMS 管理体系

9.1POLICIES，PROCEDURES AND RECORDS 方针、程序和记录

9.1.1 高级管理层应当以适当的语言写出政策声明并通知所有员工，告知组织已经选择遵守 SA8000 标准要求。

9.1.1－01 高层管理人员已制定书面方针声明，告知全体员工该组织选择遵守 SA8000 标准。

9.1.1－02 该方针以所有适当语言阐释。

9.1.2 该政策声明应包括该组织的以下承诺：符合所有 SA8000 标准的要求和尊重在前节中列出的国际公约规范要素及解释，国家法律、其他适用的法律和其他该组织需要遵守的要求。

9.1.2－01 该方针声明应包括该组织对于遵守 SA8000 标准所有要求及 SA8000 第二部分《规范性原则及其解释》中列出的国际契约的承诺。

9.1.2－02 该方针声明还包括该组织对于遵守国家及其他适用法律以及组织签署的其他规章要求的承诺。

9.1.2－02 组织应在方针说明中醒目标注 SAAS/SAI 的联系方式和相关认证机构的联系方式。

图 3－111　SA8000：2014 标准解析 83

SA8000：2014 标准解析 84

9. MANAGEMENT SYSTEMS 管理体系

9.1.3 在组织的工作场所，住宅和物业中（无论其是否拥有、租赁或者由合同服务商提供住宅或物业），这个政策声明和 SA8000 标准应当以适当的和可理解的形式、突出和明显地被表达出来。

9.1.3－01 组织应以适当及可被理解的形式将该方针声明展示在工作场所、住所和组织提供的物业（该物业为组织通过拥有、租住或承包方式使用）内的显而易见的位置。

9.1.4 组织应当制定政策和程序来实施 SA8000 标准。

9.1.4－01 组织应制定实施 SA8000 标准的方针和程序。

9.1.4－02 在方针中说明 SA8000 标准的所有要求，在程序中提供员工如何遵守该等方针的指示。

9.1.4－03 所有员工都能证明其对该等方针和程序的认识和理解。

9.1.4－04 说明有关童工条款所有要求的方针及有关求职人员工作资格的方针。

9.1.4－05 说明强迫或强制性劳动条款所有要求的方针。

图 3－112　SA8000：2014 标准解析 84

SA8000：2014 标准解析 85

9. MANAGEMENT SYSTEMS 管理体系

9.1.4－06 说明关于健康与安全条款所有要求的方针，该方针应说明组织如何管理健康与安全问题，并提供组织为确保识别和解决健康与安全危险而采取的措施。

9.1.4－07 说明关于结社自由及集体谈判权条款所有要求的方针，该方针应说明员工在结社自由及集体谈判方面的权利及国家法律在此方面的规定。

9.1.4－08 说明关于歧视条款所有要求的方针。

9.1.4－09 说明关于惩戒性措施条款所有要求的方针，该方针应清晰阐述组织采取的渐进式惩戒措施。

9.1.4 - 10 说明关于工时条款所有要求的方针。

9.1.4 - 11 说明关于薪酬条款所有要求的方针，该方针应明确规定：

员工可借此提出工资质疑并及时获得澄清的制度。

员工工资，包括工资计算方法、奖励制度及员工在适用法律项下有权获得的福利和奖金。

9.1.4 - 12 书面方针和程序应涉及 SA8000 标准的所有条款，组织应持续评审方针和程序的有效性，并对其作出修改，以确保其得到不断完善。

图 3 - 113　SA8000：2014 标准解析 85

SA8000：2014 标准解析 86

9. MANAGEMENT SYSTEMS 管理体系

9.1.5 这些政策和程序应当以所有适当的语言有效地同所有员工沟通且让他们有渠道了解。这些沟通也应当清晰地与客户、供应商、分包商和次级供应商进行分享。

9.1.5 - 01 应以所有适当语言将方针和程序有效传达给所有员工。

9.1.5 - 02 所有员工都能展示其对组织方针说明的认识和理解。

9.1.5 - 03 对员工的认识和理解进行正式评估。

9.1.5 - 04 组织应与其客户、供应商和分包商清晰阐述其方针和程序。

9.1.6 组织应当保持适当的记录以证明 SA8000 标准的实施及合规性。这些记录包括管理系统这个要素中所列明的要求。应保留相关记录，并以书面或口头总结方式提供给 SA8000 工人代表（们）。

9.1.6-01 组织应保留适当书面记录，以证明其对 SA8000 标准（包括第 9 条提到的管理体系要求）的遵守和实施情况。

9.1.6-02 组织应保留相关记录，并把书面或口头总结传达给 SA8000 工人代表。

图 3-114　SA8000：2014 标准解析 86

SA8000：2014 标准解析 87

9. MANAGEMENT SYSTEMS 管理体系

9.1.6-03 SA8000 工人代表应能展示其对该书面和口头总结的认识和理解。

9.1.6-04 组织应定期评审记录流程，确保与 SA8000 体系实施相关的综合信息得到准确记录和妥善保管。

9.1.7 为了持续改善，组织应当定期对政策声明、方针、执行此标准的程序及执行结果进行管理评审。

9.1.7-01 组织应对其方针声明、方针、程序和绩效进行定期管理评审，以促其不断改善。

9.1.7-02 管理评审应能证明组织的绩效相较于其为遵守 SA8000 标准所设定目标的情况，并对其管理评审的记录予以保留。

9.1.7-03 组织在制定经营策略时应考虑社会绩效。

9.1.7-04 就管理评审而言，不同业务单元（部门/领域）应为提高 SA8000 标准实施的有效性而全力投入并相互合作。

图 3-115　SA8000：2014 标准解析 87

SA8000：2014 标准解析 88

9. MANAGEMENT SYSTEMS 管理体系

9.1.8 组织应当以有效的形式和方式对利益相关方公开其政策声明。

9.1.8－01 组织应在要求下以有效形式和方式向利益相关方公开提供方针说明。

9.1.5－02 组织至少应将方针说明公布在其网站上。

SOCIAL PERFORMANCE TEAM（SPT）社会责任绩效团队

9.2 社会责任绩效团队

9.2.1 应当建立一个社会责任绩效团队来执行所有 SA8000 的所有要求。这个团队应当由以下代表均衡构成：

a. SA8000 工人代表（们）；

b. 管理人员。

高层管理应当完全承担实现标准合规性的责任。

图 3－116　SA8000：2014 标准解析 88

SA8000：2014 标准解析 89

9. MANAGEMENT SYSTEMS 管理体系

9.2.1－01 组建社会绩效组（SPT）来执行 SA8000 标准的所有条款。

9.2.1－02 组建社会绩效组（SPT）来执行 SA8000 标准的所有条款。

SA8000 工人代表及管理人员。

9.2.1－03 社会绩效组包含不同业务单元（部门/领域）的代表。

提供明确规定社会绩效组成员职责及履职时间的书面材料。

9.2.1－04 社会绩效组成员应能证明其为促进组织充分持续遵守 SA8000 标准而履行职责的认识和理解。

9.2.1－05 社会绩效组成员应能证明其履行职能、获得高级管理人员的明确授权。

9.2.1－06 社会绩效组成员应能证明其已获得适当培训并具备充足资源来履行其职能。

图 3－117 SA8000：2014 标准解析 89

SA8000：2014 标准解析 90

9. MANAGEMENT SYSTEMS 管理体系

SOCIAL PERFORMANCE TEAM（SPT）社会责任绩效团队

9.2.2 在已经成立工会的组织，社会责任绩效团队中的工人代表应当为工会代表（们）（如果他们同意）。在工会未有指定代表或组织尚未成立工会的情况下，员工可以在他们中间自由选择一个或多个 SA8000 工人代表（们）。在任何情况下，不得将 SA8000 工人代表视为工会代表的替代。

9.2.2－01 在工会设施中，社会绩效组中的工人代表由获得认可的工会代表出任，若其自愿选择出任。

9.2.2－02 若不存在工会或工会选择不干预，则工人就此可从其队伍中自由选择一名或多名 SA8000 工人代表。

9.2.2－03 工人代表不可视为取代工会代表。

9.2.2－04 组织没有提议或发起选举 SA8000 工人代表。

9.2.2－05 工人为自己独立自由地开展 SA8000 工人代表选举；工人自愿参加该选举。

图 3－118 SA8000：2014 标准解析 90

SA8000：2014 标准解析 91

9. MANAGEMENT SYSTEMS 管理体系

9.3 风险识别和评价 IDENTIFICATION AND ASSESSMENT OF RISKS

9.3.1 社会绩效团队应当对不符合此标准的实际或潜在项进行定期书面风险评估并确定优先改善项。还应向高层管理人员推荐改善行动计划以解除这些风险。解除这些风险的行动优先次序根据其严重程度或延迟响应将使其无法解决的情况来决定。

9.3.1-01 社会绩效组应定期进行书面风险评价，对实际的或潜在的不符合 SA8000 标准所有要求的方面进行识别并按优先顺序处理。

9.3.1-02 社会绩效组还应为高层管理人员应对该等风险提供措施建议。

9.3.1-03 应按照风险严重程度或延迟响应将致其无法解决的情况而对风险解决措施进行优先选择。

9.3.1-04 应根据风险严重程度、发生可能性及利益相关方的投入（凭感觉）而对风险进行优先顺序排列。

9.3.1-05 应根据已识别及优先排列的风险的根本原因分析提供措施建议。

图 3-119　SA8000：2014 标准解析 91

SA8000：2014 标准解析 92

9. MANAGEMENT SYSTEMS 管理体系

SOCIAL PERFORMANCE TEAM（SPT）社会责任绩效团队

9.3.1-06 风险评价涵盖组织内、外经营环境。

9.3.1-07 应按需要（如：当业务活动或经营环境发生变化时）定期评审和更新风险评价流程和程序。

9.3.1-08 社会绩效组成员应能证明其对风险评价程序的认识和理解。

9.3.2 社会绩效团队应当基于推荐的数据、数据收集技巧，并通过与利益相关方之间有意义的磋商来进行风险评估。

9.3.2-01 社会绩效组应根据其推荐的数据、数据收集技术及与利益相关方开展的有价值协商进行评价。

9.3.2-02 数据来源包括：

内、外部审核报告，健康与安全合规性监督报告；

对法律规定、地方劳动条件及业务部门趋势的评审，与利益相关方的协商；

员工访谈，投诉，外部专家提供的信息，供应商、分包商、民办职业中介机构和次级供应商提供的风险评价。

图 3-120　SA8000：2014 标准解析 92

SA8000：2014 标准解析 93

9. MANAGEMENT SYSTEMS 管理体系

9.3 风险识别和评价 IDENTIFICATION AND ASSESSMENT OF RISKS

9.3.2-03 外部专家（如健康与安全问题专家、风险评价员、医生）、承包商、主要供应商及其他外部利益相关方均参与风险评价流程。

9.4.1 社会绩效团队应当有效地监督工作场所活动以确保：

a. 符合此标准；

9.4MONITORING 监督

b. 落实解除由社会绩效团队识别的风险；

c. 系统可以有效运行，实现符合组织政策及此标准的要求。

在执行监督过程中，社会绩效团队有权收集信息，或邀请利益相关方参与其监督活动，还应当与其他部门研究、定义、分析或解决任何可能与 SA8000 标准不符合项。

图 3-121 SA8000：2014 标准解析 93

SA8000：2014 标准解析 94

9. MANAGEMENT SYSTEMS 管理体系

9.4MONITORING 监督

9.4.1-01 社会绩效组应出于以下目的持续监督工作场所的活动：

遵守 SA8000 标准；

实施解决方案来有效应对社会绩效组识别的风险；

为有效实施管理制度而遵守组织制订的方针，满足本标准提出的要求。

9.4.1-02 监督活动包括：

结果产出或内外部审核；

风险评价；

管理评审结果和任何改进方案；

现场巡视及抽样文件评审；

与负责人和工人访谈；

与利益相关方的协商；

投诉和关注点；

有关供应商、分包商、民办职业中介机构和次级供应商社会绩效的文件；

对业务伙伴社会绩效的考察、研究或现场观察。

图 3 – 122　SA8000：2014 标准解析 94

SA8000：2014 标准解析 95

9. MANAGEMENT SYSTEMS 管理体系

9.4.1 – 03 社会绩效组有权在其监督活动中收集利益相关方提供的信息或将利益相关方纳入监督活动中。

9.4.1 – 04 社会绩效组会同其他部门研究、确定、分析或解决任何可能存在的 SA8000 不符合项。

9.4.1 – 05 社会绩效组保留其监督活动相关记录。

9.4.2 社会绩效团队也应当推动日常内部审核，并将标准执行情况、改善行动的益处，以及纠正和预防措施的记录以报告形式提交给管理高层。

9.4.2 – 01 社会绩效组促进开展例行内部审核。

9.4.2 – 02 应至少每年一次就 SA8000 标准所有条款开展内部审核。

9.4.2 – 03 社会绩效组就高层管理人员遵守 SA8000 标准所采取措施的效果和获益制定报告，包括对已识别的纠正和预防措施的报告。

9.4.2 – 04 高层管理人员应能证明其对所获社会绩效组监督报告的认识和理解。

9.4.2 – 05 为评审绩效报告及就必要措施做出决定，高层管理人员与社会绩效组应定期召开会议。

9.4.2 – 06 高层管理人员应定期评审社会绩效组的绩效和效率。

图 3 – 123　SA8000：2014 标准解析 95

SA8000：2014 标准解析 96

9. MANAGEMENT SYSTEMS 管理体系

9.4MONITORING 监督

9.4.3 社会绩效团队应定期举行会议，回顾进展和识别进一步加强标准实施的潜在行动。

9.4.3-01 社会绩效团队应定期召开会议来评审业务进展并识别潜在措施，以加强实施 SA8000 标准。

9.4.3-02 社会绩效团队应至少每半年会见一次来评审业务进展并识别潜在措施，以加强实施 SA8000 标准。

9.4.3-03 社会绩效团队应定期评审其所做的不断改进是否获得一定效果。

9.4.3-04 应根据风险评价和改进方案来定期评审和更新监督流程。

9.5 INTERNAL INVOLVEMENT AND COMMUNICATION 内部参与和沟通

9.5.1 组织应当证明员工有效地理解 SA8000 的要求，并应当通过日常沟通定期将 SA8000 的要求传达给员工。

9.5.1-01 组织证明全体员工有效理解 SA8000 各项要求。

9.5.1-02 组织通过定期日常交流传达 SA8000 要求。

图 3-124　SA8000：2014 标准解析 96

SA8000：2014 标准解析 97

9. MANAGEMENT SYSTEMS 管理体系

9.5.1-03 沟通包括

SA8000 培训；

员工与其代表之间的有关会议；

员工与主管或经理之间的有关会议；

组织中张贴的 SA8000 信息；

包括 SA8000 有关信息的员工手册；

常规通讯、公告栏、企业内部网或通告；

简介会；

生动的宣传册、传单、视频和海报。

9.5.1－04 员工应能证明其对 SA8000 要求的认识和理解。

9.5.1－05 员工能证明其对社会绩效组角色的认识并且能够识别 SA8000 员工代表。

图 3－125　SA8000：2014 标准解析 97

SA8000：2014 标准解析 98

9. MANAGEMENT SYSTEMS 管理体系

9.6 COMPLAINT MANAGEMENT AND RESOLUTION 投诉管理和解决方案

9.6 投诉管理和解决

9.6.1 组织应建立书面申诉程序，确保员工以及利益相关方可以在保密、公正、无报复的情况下对工作场所或 SA8000 的不符合项进行评论、建议、报告或投诉关切。

9.6.1－01 创建了保密、公正、非打击报复性质且全体人员和利益相关方均可接触使用的书面投诉程序，以给出与工作场所或 SA8000 不符合项相关的意见、建议、报告或投诉。

9.6.1－02 工人可轻易使用能有效交流、记录完好且使用适当语言进行表述的投诉程序。

9.6.1-03 程序允许工人向其直接主管提交投诉意见，不过如果工人愿意，还可选择提交至其直接主管导以外的其他人员。

9.6.1-04 程序规定了主管和经理为保护投诉提交人员安全而应采取的步骤。

图 3-126 SA8000：2014 标准解析 98

SA8000：2014 标准解析 99

9. MANAGEMENT SYSTEMS 管理体系

9.6.1-05 员工应能证明其对组织书面投诉程序的认识和理解。尤其应理解程序具备以下特点：

所有人员均可采用；

预期用于收集与工作场所或 SA8000 不符合项有关的意见、建议、报告或投诉；

保密；

公正；

非打击报复性质。

9.6.1-06 表达意见的途径包括：

门户开放政策；

意见箱；

专用电子邮箱或网络途径；

个人满意度调查；

向工会或选举产生的工人代表投诉；

向直接主管或人力资源部员工投诉（了解 SA8000 要求）；

告知社会绩效组；

工人委员会；

收集工人反馈信息的会议；

审核期间的员工会谈；

正式的投诉管理制度。

图 3 – 127 SA8000：2014 标准解析 99

SA8000：2014 标准解析 100

9. MANAGEMENT SYSTEMS 管理体系

9.6 COMPLAINT MANAGEMENT AND RESOLUTION 投诉管理和解决方案

9.6 投诉管理和解决

9.6.2 组织应当制定关于对工作场所或不符合本标准或实施的政策和程序所进行的投诉的调查、跟踪和结果沟通的程序。这些结果应当可以被所有员工及利益相关方自由获取。

9.6.2 – 01 制订了与工作场所或 SA8000 不符合项或其实施方针及程序相关投诉结果的调查、跟进和交流程序。

9.6.2 – 02 处理结果供所有员工免费使用，且需要时，还可向利益相关方提供。

9.6.2 – 03 高级管理人员定期对投诉解决方案进行评审。

9.6.2 – 04 指定一名或多名专门人员，负责对所接收投诉的结果进行调查、跟进和交流。员工应能证明其对所记录投诉程序的认识和理解。

9.6.2 – 05 员工证明组织按规定执行投诉程序。

9.6.2 – 06 员工获得所接收投诉结果的交流情况。

图 3 – 128 SA8000：2014 标准解析 100

SA8000：2014 标准解析 101

9. MANAGEMENT SYSTEMS 管理体系

9.6.2－07 将工人意见入改进计划并用于更新方针、程序、目的和目标。

9.6.2－08 投诉程序或其他程序应规定组织从外部利益相关方接收到投诉时应采取的步骤。

9.6.2－09 组织应确保利益相关方获知此类程序。

9.6.2－10 如果投诉与供应商、分包商、民办职业中介机构或次级供应商有关，则组织除执行其自有程序外，还需与对应合作伙伴通力合作，确保投诉处理得当。

9.6.3 **组织不得对向提供 SA8000 符合性及投诉工作场所的任何员工及利益相关方进行纪律处理、解雇或其他歧视性的惩罚。**

9.6.3－01 组织不得惩戒、解雇或歧视任何提供 SA8000 符合性信息或提出其他工作场所投诉的人员或利益相关方。

9.6.3－02 组织进行常规检查，确保未对作出投诉或提出意见的人员进行打击报复。

图 3－129　SA8000：2014 标准解析 101

SA8000：2014 标准解析 102

9. MANAGEMENT SYSTEMS 管理体系

9.7 EXTERNAL VERIFICATION AND STAKEHOLDER ENGAGEMENT

外部审核和利益相关方参与

9.7.1 对于验证组织是否符合本标准要求的审核，无论是在通知或不通知审核日期的情况下，组织均应当全力配合外部审核员确定导致不符合 SA8000 标准的问题的严重性和频率。

9.7.1 - 01 如果出于认证组织对 SA8000 要求是否满足的目的实施通知和不予通知的审核，组织必须全力配合外部审核员工作，确定在满足 SA8000 标准过程中所出现问题的严重度和频率。

9.7.2 组织应当邀请利益相关方参与，以达到可持续符合 SA8000 标准。

9.7.2 - 01 组织参与与利益相关方的会谈，以便持续符合 SA8000 要求。

组织建立配合外部审核员工作的程序，包括进入工作场所、查看记录及访问人员的规定。

9.7.2 - 02 已经确定社区有关利益相关方，且其已至少按照以下一种方式参与 SA8000 合规性过程：

在内部或外部审核期间进行咨询；

图 3 - 130　SA8000：2014 标准解析 102

SA8000：2014 标准解析 103

9. MANAGEMENT SYSTEMS 管理体系

讨论 SA8000 合规性问题的会议；

工人和/或经理就 SA8000 合规性问题组织的协同训练；

报告与 SA8000 合规性问题有关的投诉和解决方案；

在调查工人对 SA8000 合规性问题理解上的合作；

通过结构化角色，审查与 SA8000 合规性有关的组织进度和程序评审。

9.7.2 - 03 保留与利益相关方之间的沟通记录及其在上述领域的参与记录。

9.7.2－04 涉及的利益相关方包括：

工会和其他工人协会；

行业协会；

外部顾问和专家；

本地或全国非政府组织（NGOs）；

社区小组；

政府部门；

涉及劳工问题的国际组织。

图 3－131　SA8000：2014 标准解析 103

SA8000：2014 标准解析 104

9. MANAGEMENT SYSTEMS 管理体系

9. 8 CORRECTIVE AND PREVENTIVE ACTIONS 纠正和预防措施

9.8.1 组织应当提供足够的资源并制定政策和程序以确保及时实施纠正和预防措施。社会绩效团队应确保这些行动计划有效实施。

9.8.1－01 明确表述了果断执行纠正和预防措施的方针和程序。

9.8.1－02 建立了果断执行纠正和预防措施的书面程序。

9.8.1－03 程序规定社会绩效组负责监督上述措施的执行。

9.8.1－04 提供了充足资源。

9.8.1－05 社会绩效组证明组织提供了执行纠正和预防措施所需的充足资源。

9.8.1－06 社会绩效组确保高效执行上述措施。

9.8.2 社会绩效团队应当至少保持以下记录：时间表、SA8000标准不符合项、根本性原因、纠正及预防措施和改善结果。

9.8.2－01 社会绩效组保存相关记录，至少包括时间轴、清单、及与 SA8000 相关的不符合项、根本原因、采取的纠正和预防措施及实施结果。

9.8.2－02 记录包括外部或内部审核识别的全部不符合项。

9.8.2－03 记录规定指定实施纠正和预防措施的人员姓名、需采取的措施及目标完成日期。

图 3－132　SA8000：2014 标准解析 104

SA8000：2014 标准解析 105

9. MANAGEMENT SYSTEMS 管理体系

9.9 TRAINING AND CAPACITY BUILDING 培训和能力建设

9.9.1 组织应当根据风险评估的结果，对所有员工实行有效执行 SA8000 标准的培训计划。组织应定期衡量培训的有效性和记录培训内容和频率。

9.9.1－01 根据风险评价结果，制定全体员工参与的培训计划，有效执行 SA8000 相关要求。

9.9.1－02 组织定期估测培训效果并记录培训性质和频率。

9.9.1－03 SA8000 实施的相关培训计划（书面记录）和培训资料（书面记录）可以取用，且包括全体员工。

9.9.1－04 培训计划和资料至少一年更新一次，以与风险评价结果保持一致。

9.9.1－05 通过检验、调查或会谈定期估测培训效果。

9.9.1－06 依据部门、工人和经理的情况量身定做培训资料。

9.9.1－07 基于风险评价结果，组织将其重要的商业合作伙伴纳入能力培养和培训计划中。

图 3－133　SA8000：2014 标准解析 105

SA8000：2014 标准解析 106

9. MANAGEMENT SYSTEMS 管理体系

9.10 MANAGEMENT OF SUPPLIERS AND SUBCONTRACTORS 供应商和分包商的管理

9.10.1 组织应针对标准执行合规性对其供应商/分包商，私营就业服务机构和次级供应商进行尽职调查。同样的调查方法适用于新的供应商/分包商，私营就业服务机构和次级供应商的筛选。组织应当至少采取以下行动以确保符合此要求，并进行记录：

a. 向供应商/分包商，私营就业服务机构和次级供应商的高层核心管理层有效传达此标准的要求；

b. 评估供应商/分包商，私营就业服务机构和次级供应商不合规项带来的重大风险；

备注："重大风险"的解释可在指导文件中获得。

c. 作出合理努力确保这些重大风险已得到供应商/分包商、私营就业服务机构和次级供应商的充分解决。组织应当根据其能力、资源及优先程度在适当的时间及地点来影响这些实体。

备注："合适的努力"的解释可在指导文件中获得。

d. 进行监督和可追踪记录确保供应商/分包商，私营就业服务机构和次级供应商解除重大风险及改善情况，确保这些重大风险项被有效地解决。

图 3－134　SA8000：2014 标准解析 106

SA8000：2014 标准解析 107

9. MANAGEMENT SYSTEMS 管理体系

9.10 MANAGEMENT OF SUPPLIERS AND SUBCONTRACTORS 供应商和分包商的管理

9.10.1-01 组织对其供应商、分包商、民办职业中介机构和次级供应商的 SA8000 合规性进行尽职调查。

9.10.1-02 选择新供应商、分包商、民办职业中介机构和次级供应商时，也需执行上述尽职调查。

9.10.1-03 制定对供应商/分包商、民办职业中介机构和次级供应商 SA8000 合规性执行尽职调查的书面程序。

9.10.1-04 记录的措施应至少包括以下内容：

9.10.1-05 有效地向供应商、分包商、民办职业中介机构和次级供应商高管传达 SA8000 要求。

9.10.1-06 供应商、分包商、民办职业中介机构和次级供应商评定其自身的重大不符合项风险。

9.10.1-07 作出合理努力，确保供应商、分包商、民办职业中介机构和次级供应商以及组织能应对上述重大风险（适用时），并依据组织影响这些实体的能力和资源，对风险进行优先级排序。

9.10.1-08 进行监督活动并追踪供应商、分包商、民办职业中介机构和次级供应商的表现，确保其对上述重大风险足够重视。

图 3-135 SA8000：2014 标准解析 107

SA8000：2014 标准解析 108

9. MANAGEMENT SYSTEMS 管理体系

9.10 MANAGEMENT OF SUPPLIERS AND SUBCONTRACTORS 供应商和分包商的管理

9.10.1-09 组织对其供应链执行风险评价。

9.10.1-10 风险评价和监督信息源包括：

遵守 SA8000 要求及组织方针的书面承诺；

自我评价调查问卷；

第二方审核结果；

内部或外部审核结果；

相关证书；

纠正措施计划和实施情况；

改进计划和实施情况；

检查结果；

许可和授权；

现场考察和相关文件评审；

与工人、相关员工和经理的会谈；

利益相关方咨询和基于媒体的研究；

投诉。

图 3 - 136　SA8000：2014 标准解析 108

SA8000：2014 标准解析 109

9. MANAGEMENT SYSTEMS 管理体系

9.10 MANAGEMENT OF SUPPLIERS AND SUBCONTRACTORS 供应商和分包商的管理

9.10.1-10 保留含有以下信息的记录：

将 SA8000 要求告知供应商、分包商、民办职业中介机构和次级供应商高管人员的方法；

供应商、分包商、民办职业中介机构和次级供应商可能会产生的重大风险；

做出努力，确保能充分应对重大风险；

执行绩效监督活动，确保供应商、分包商、民办职业中介机构和次级供应商充分应对重大风险。

PRIVATE EMPLOYMENT AGENCIES 民办职业中介机构

9.10.1－11 组织保留一份与其存在合作关系的民办职业中介机构清单（书面记录）。

9.10.1－12 清单至少应包括民办职业中介机构地址及其合作的次级中介机构的相关信息。

9.10.1－13 组织与合作的全部民办职业中介机构均签署合同（书面记录）且规定了明确定义的绩效指标。

9.10.1－14 组织同其合作的民办职业中介机构建立并实施书面方针。

图 3－137　SA8000：2014 标准解析 109

SA8000：2014 标准解析 110

9. MANAGEMENT SYSTEMS 管理体系

9.10 MANAGEMENT OF SUPPLIERS AND SUBCONTRACTORS **供应商和分包商的管理**

9.10.1－15 方针应至少规定以下内容：

民办职业中介机构依据当地法律成立，具备有效的商业运营执照/许可证（包括在工人原籍国运营的民办职业中介机构）；

工人无需支付部分或全部就业费用或成本；

招聘广告应在显著位置显示"无需支付就业费用或成本"；

如果组织发现工人支付了部分或全部费用或成本，则组织应全款报销；

招聘时表述的就业条款必须与在组织中提供的条款保持一致（包括所述工作类型）；

雇用关系生效前（如适用，应在工人离开其原籍国/地区前），需依据法律要求、使用当地语言，通过口头形式或雇佣信函/协议/合同等书面形式，告知工人其主要就业条款；

外来工的合同和待遇需与其同事保持一致。

图 3-138　SA8000：2014 标准解析 110

SA8000：2014 标准解析 111

9. MANAGEMENT SYSTEMS 管理体系

9.10.2 组织在同供应商/分包商或次级供应商处接收、处理、推广商品或服务的过程中，如发现有家庭工被使用，组织应当采取有效行动确保那些家庭工获得一定程度上的保护（相同于在该标准下该组织内部员工所获得的保护）。

9.10.2-01 当组织接受、处理或推广来自被划分为家庭工人的供应商/分包商或次级供应商的商品或服务时，应采取有效措施，确保在 SA8000 要求下，此类家庭工人受到的保护等级与直接雇佣人员相类似。

9.10.2-02 保留含有下列信息的记录：

向组织提供服务的家庭工人清单。

清单包括家庭工人的地址、提供的服务类型、SA8000 合规性、监督结果以及正在实施的纠正和预防措施清单和情况。

图 3-139　SA8000：2014 标准解析 111

SA8000：2014 标准解析 112

9. MANAGEMENT SYSTEMS 管理体系

本条款良好做法建议：

（1）采用工厂所在地使用的语言和文字（中文简体），发行 SA8000 – 2014 文件；

（2）将 SA8000 政策植入厂牌、网站、海报等多种文宣形式分享给员工和相关方；

（3）由公司管理层人员和工人代表组建社会绩效团队（SPT）；

（4）参照标准要求实施内审和管理评审；

（5）建立投诉管理渠道，解决员工反映问题意见；

图 3 – 140 SA8000：2014 标准解析 112

SA8000：2014 标准解析 113

9. MANAGEMENT SYSTEMS 管理体系

本条款良好做法建议：

（6）落实 SA8000 培训计划，保留相关培训实施记录；

（7）SPT 定期进行书面风险评估不符合标准要求；

（8）SPT 确保纠正和预防行动有效实施；

（9）加强供应商和分包商的管理考核、评审。

图 3 – 141 SA8000：2014 标准解析 113

SA8000：2014 标准解析 114

9. MANAGEMENT SYSTEMS 管理体系分包商：如何证明合规性

（1）公司可以控制和管理分包商；

（2）确定一些主要（一级）供应商；

（3）向他们阐明行为守则或标准及期望；

（4）与他们一起讨论未来的对接战略；

（5）拟定共同的目标和宗旨；

（6）跟踪及记录整个流程；

（7）实行激励机制；

－ 额外奖励（作为酬报）

－ 优选供应商名单（作为酬报）

（8）实行确保合规性的合同协议。

图 3－142　SA8000：2014 标准解析 114

SA8000：2014 标准解析 115

9. MANAGEMENT SYSTEMS 管理体系

分包商：如何检验合规性

观察	访谈	文件与数据核查
－ 不适用	－ 员工访谈 － 经理访谈 － 访谈内容 － 付款流程 － 就业代理协议及关系 － 分包商工作时数	－ 涉及分包商的政策及程序 － 供应商行为准则 － 分包商图解 － 分包商审核结果 － 证书 － 提供给供应商的培训材料及介绍 － 供应商的自我评价 － 就业代理合同

图 3－143　SA8000：2014 标准解析 115

SA8000：2014 内部审核

内部审核

图 3 – 144 SA8000：2014 内部审核 1

SA8000：2014 内部审核

社会责任审核的定义

社会责任审核，就是客观地获取审核证据并予以评价，以判断公司的社会责任表现是否符合指定标准的一个系统化的、独立的验证过程，为利益相关者提供值得信任的依据。

图 3 – 145 SA8000：2014 内部审核 2

SA8000：2014 内部审核

审核的核心原则

■ 客观性
■ 独立性
■ 系统性

图 3 – 146 SA8000：2014 内部审核 3

SA8000：2014 内部审核

审核的种类

■ 第一方（供方）– 内部审核

由公司内部进行的审核

■ 第二方（买方）- 外部审核

由采购方或代表采购方对分供方/供方/出售商进行的审核

■ 第三方（独立）- 外部审核

由独立发证机构或类似团体所进行的审核

图 3 – 147　SA8000：2014 内部审核 4

SA8000：2014 内部审核

审核的目的

1. 确定被审核方建立的体系是否符合管理体系标准。

2. 判断管理体系是否有效地实施和维持。

3. 确定管理体系的充分性、适用性和有效性。

4. 识别被审核方管理体系中需要改进的项目。

5. 对商业合作伙伴的管理体系进行评价，如供应商认证。

图 3 – 148　SA8000：2014 内部审核 5

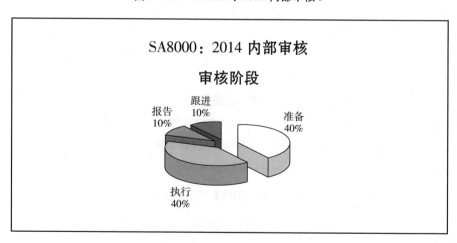

图 3 – 149　SA8000：2014 内部审核 6

失败的准备，就是准备失败。

SA8000：2014 内部审核

确定审核准则

1. SA8000 社会责任国际标准或其他标准。

2. 客户（买家）提供的供应商社会责任守则。

3. 公司社会责任管理手册，程序文件及其他社会责任管理体系文件。

4. 适用于被审核方的劳动保护及安全卫生法律法规和其他要求。

图 3 - 150　SA8000：2014 内部审核 7

SA8000：2014 内部审核

选择审核员

曾受完整的审核训练

审核经验

对被审核的部分的运作及相关应用技术有基本认识

独立性

审核员个人特质

图 3 - 151　SA8000：2014 内部审核 8

SA8000：2014 内部审核

审核员的特性

■ 思想开放	■ 良好沟通的能力
■ 成熟	■ 有敏锐的观察能力
■ 正直诚实	■ 良好聆听的能力
■ 要有好奇心	■ 有分析能力

■ 感情稳定，冷静　　　　■ 合作的能力

■ 有礼貌　　　　　　　　■ 组织能力

■ 通情达理　　　　　　　■ 练达及有外交技巧

图 3 - 152　SA8000：2014 内部审核 9

SA8000：2014 内部审核

检查表

检查表是一连串的问题，作为审核的途径，以确保覆盖有应该审核的范围。

图 3 - 153　SA8000：2014 内部审核 10

SA8000：2014 内部审核

审核员的行为

■ 公正地评价客观证据

■ 执行审核时，不为其他事物分心

■ 不能因外在压力而改变结论

■ 以开放的态度听取他人的意见

■ 不超越权限

■ 专业性和建设性

■ 不断地评估审核结论和人员相互作用的影响

■ 不会因害怕或倾向而偏离审核的目的

■ 集中所有精力进行审核

■ 避免以审讯者的语气提问

■ 保持客观的态度

■ 如实报告缺陷

图 3 - 154　SA8000：2014 内部审核 11

SA8000：2014 内部审核

检查表内容

SA8000 标准的要求和要素

相关劳动、安全、卫生法规要求

内部文件（作业程序，工作指引）的要求

需要审查的记录

图 3－155 SA8000：2014 内部审核 12

SA8000：2014 内部审核

使用检查表的好处

确保准备工作的完整性

作为审核员之引导及备忘录（aide-memoir）

审核的客观证据

减少笔记时间

帮助准备审核结束会议

帮助撰写审核报告

图 3－156 SA8000：2014 内部审核 13

SA8000：2014 内部审核

SA8000 内部审核检查表

序号	涉及要素	审核内容	符合性判断	备注

图 3－157 SA8000：2014 内部审核 14

SA8000：2014 内部审核

确定审核方案

审核时间表/行程表

年计划

覆盖全部要素及部门

以部门/功能作审核单位

时间分配需考虑

- 审核的项目

- 审核单位的操作员数目

- 审核单位的工作内容

- 位置及面积

图 3 - 158　SA8000：2014 内部审核 15

SA8000：2014 内部审核

审核通知/开始会议

发出审核时间表

说明审核目的、内容、方法和时间安排

与被审核部门/项目的负责人确认审核时间和人员安排

——确保审核方案的有效性

图 3 - 159　SA8000：2014 内部审核 16

SA8000：2014 内部审核

审核执行

■ 沟通

■ 观察/收集证据

■ 评审

图 3 - 160　SA8000：2014 内部审核 17

SA8000：2014 内部审核

沟通

■ 单向沟通

■ 双向沟通

沟通技巧

■ 提问的技巧

■ 信息的理解（聆听技巧）

图 3-161 SA8000：2014 内部审核 18

SA8000：2014 内部审核

有效的听

■ 专注

■ 查对

■ 澄清

■ 反应/反馈

■ 记录

■ 需要时作出摘要，与讲话一方确认

图 3-162 SA8000：2014 内部审核 19

SA8000：2014 内部审核

观察/收集证据

■ 通过会见人员，检查文件/记录，及观察有关活动以收集符合要求的证据。

■ 留意检查表内容以外的有关不符合事项的线索。

■ 验证通过面谈、感官观察或测量记录而获得的资料（包括数据的汇总和分析）。

图 3 - 163　SA8000：2014 内部审核 20

SA8000：2014 内部审核

检查方法

■ 抽查的方向不一定需要从头到尾，可从任何一点展开

■ 抽查的文件/人员/记录间应有连贯关系

采购文件 <--> 申购单 <--> 采购单 <-->

审批者要求 <--> 合格分供方名单 <-->

分供方评审记录 <--> 分供方评审要求 <-->

图 3 - 164　SA8000：2014 内部审核 21

SA8000：2014 内部审核

评审观察点

■ 记录下所有的观察点

■ 评审观察点以确定不符合事项

■ 对所有不符合事项须有证据作为依据

图 3 - 165　SA8000：2014 内部审核 22

SA8000：2014 内部审核

准备不符合事项报告

■ 分析观察所得的不符合事项，以准备不符合事项报告

- 不符合事项的类别

- 不符合事项的模式

图 3 - 166　SA8000：2014 内部审核 23

SA8000：2014 内部审核

不符合项的定义和类型

关键问题
（对人权、生命、安全及 SA8000 名誉造成严重影响）
主要问题
（系统性失误）
次要问题
（一次失误，非系统性失误）

图 3 – 167　SA8000：2014 内部审核 24

SA8000：2014 内部审核

不符合事项报告

客观证据

案例：

在某鞋厂成型车间审核时，审核员发现工号 1462 的员工刘小勤，正从事刷胶工作，查该员人事资料，发现其真实年龄为 17 周岁。

发现问题

结论：违反 SA8000 – 2014 标准 1.3 要求。

图 3 – 168　SA8000：2014 内部审核 25

SA8000：2014 内部审核

不符合项报告

审核公司：	不符合号码：1
审核的领域：管理系统	SA8000 条文：9.5.1
不符合分类：关键主要次要时限改善建议观察项	
不符合项：员工不清楚 SA8000 要求	
审核标准：SA8000 第 9.5.1 条规定，本组织应证明人员有效地理解 SA8000 的要求和应通过定期沟通传达 SA8000 的要求	
审核证据：进行巡查时发 SA8000 标准和政策声明（9.1.1，9.1.3）都不被显示。在访谈 20 名工人被发现，没有工人听说 SA8000 标准，也不知 SA8000 的要求。	

图 3－169　SA8000：2014 内部审核 26

SA8000：2014 内部审核

审核报告

- 报告目的

- 将所作的结论通知管理阶层

- 对审核发现的结果作出适当的总结

- 让管理层作出回应

- 讨论必要的纠正措施和跟进日期

- 对必要的措施达成协议

- 提供合适的审核结论

图 3－170　SA8000：2014 内部审核 27

SA8000：2014 内部审核

审核报告的内容

- ■ 审核的范围和目的
- ■ 审核的资料
- ■ 计划、审核组成员、接触的人员和日期
- ■ 所审核的文件
- ■ 审核的结果
- ■ 不符合事项
- ■ 观察事项
- ■ 审核小组对体系与有关文件和品质标准的符合程度所作的判断

图 3 – 171　SA8000：2014 内部审核 28

SA8000：2014 内部审核

纠正及预防措施

纠正措施

■ 为消除已发现的不合格或其他不希望出现的情况的原因所采取的措施

让问题不再发生

预防措施

■ 为消除潜在的不合格或其他潜在不希望出现的情况的原因所采取的措施

让问题不发生

图 3 – 172　SA8000：2014 内部审核 29

SA8000：2014 内部审核

纠正及预防措施

必须针对不符合事项的起因（Root Cause）

- ■ 文件不当

- ■ 设计失误—方法和工具

- ■ 没有按规定要求执行工作

  ——训练不足

  ——管理不善

图 3 - 173　SA8000：2014 内部审核 30

SA8000：2014 内部审核

纠正及预防措施

- ■ 需跟进相关的纠正/预防措施和确认

  执行情况

  有没有在规定期限内实施

  有效性

  实施之后，不符合事项有没有改正

  问题有没有解决

- ■ 需记录确认结果

图 3 - 174　SA8000：2014 内部审核 31

SA8000：2014 内部审核

审核结束

在所有纠正措施的有效性都已经完全确认时，审核才正式结束。

图 3 - 175　SA8000：2014 内部审核 32

SA8000：2014 内部审核

常见问题分析与现场答疑

SA8000 历年评审常见不符合项

1. 内审员没有内审员资格证书；

2. 内审员自己审核自己的工作；

3. 公司的空气质量及噪声的监测机构没有得到相关授权；

4. 公司的饮水卫生检验合格证据在 2017 年度尚不能提供；

5. 服务分供方"××市保安公司"未列入社会责任供应商之列；

图 3－176　SA8000：2014 内部审核 33

SA8000：2014 内部审核

常见问题分析与现场答疑

SA8000 历年评审常见不符合项

6. 储气罐的压力表、安全阀超过半年未及时检测－公司的 2 台货梯（C、H）未经劳动部门检测；

7. 食堂的卫生许可证于 2017.5.9 过期未及时报审，食堂厨师张××的健康证于 2017.5.10 过期，厨师王××没有健康证；

8. 电工熊朝贵的电工证过期未及时年审；

9. 化学物料丁酮、环己酮、502 胶水没有 MSDS；

10. 在员工访谈中，被访者都不清楚公司的社会责任方针的具体内容，虽然此方针在各生产区域都有张贴。公司应加强对员工的宣贯。

图 3－177　SA8000：2014 内部审核 34

SA8000：2014 内部审核

常见问题分析与现场答疑

SA8000 历年评审常见不符合项

11. 生产厂房 H 栋有人员在内居住生活。

12. 公司没有对一些新进的员工进行健康与安全及 SA8000 政策方面的培训。

13. 抽查 12 月薪资发放记录，发现有一名员工的月薪低于当地最低工资标准元。

14. 审核发现某些满一年的员工未给足有薪年假之补偿。

图 3 – 178　SA8000：2014 内部审核 35

SA8000：2014 内部审核

常见问题分析与现场答疑

图 3 – 179　SA8000：2014 内部审核 36

SA8000 – 2014 内审员培训 – 试卷及答案

一、填空题（3 分/空 × 15 空 = 45 分）

1. 近日，SAI（Social Accountability International）在其官网上正式发布了 SA8000：2014 版标准，意味着 SA8000 企业社会责任标准升版认证工作正式进入倒计时状态。

2. 按计划，每隔五年，SAI 组织都将对 SA8000 标准进行一次修订，以确保它的连续性和适用性。

3. 自2016年1月1日起，唯一可接纳的社会责任认证标准将统一为 SA8000：2014 版。

4. 本标准目的在于提供一个基于联合国人权宣言，**国际劳工组织（ILO）**和其他**国际人权**惯例，劳动定额标准以及国家法律的标准，授权并保护所有在公司**控制**和**影响**范围内的生产或服务人员，包括公司自己及其供应商、分包商、分包方雇用的员工和家庭工人。

5.《国际劳工组织公约》第181号（私营职业介绍所）。

6.《国际劳工组织公约》第183号（孕妇保护）。

7. 私营职业介绍所定义：为**劳动**市场提供一项或多项服务的一切实体、独立的公共组织。

8. 贩卖人口定义基于剥削的目的，通过使用**威胁**、**武力**、其他形式的**强迫**或欺骗，进行人员的雇用、调动、窝藏或接收。

二、判断题（3分/题×5题=15分）

1. GBZ1 工业企业设计卫生标准，目前最新版本为 2008 年版本。（×）

2.《中华人民共和国企业劳动争议处理条例》（1993.7.6 中华人民共和国国务院令第 117 号发布）已废止。（√）

3. 风险评估定义，识别健康、安全、组织的劳工政策和实践并为存在的相关风险确定优先处理顺序的程序。（√）

4. 社会绩效定义：一个组织取得全面且持续不符合 SA8000 标准要求和不断提高的成绩。（×）

5. 工人组织定义：一个由工人自发组成的自愿性协会，目的是促进和捍卫工人。（√）

三、简答题（10分/题×4题=40分）

1. 简述生活工资定义？

答：生活工资定义：工人收到的标准工作周的薪酬应使工人和她/他的家人在其所在地区足以支付中等生活标准。中等生活标准的组成包括食物、水、住房、教育、医疗、交通、服装等基本需求，包括留出资金以备应对突发事件。

2. 简述预防行动定义？

答：预防行动定义：消除潜在的不符合项的原因和根本原因的行动。

注：预防纠正行动是为了预防发生。

3. 简述审核的核心原则？

答：审核的核心原则是指：客观性、独立性、系统性。

4. 简述社会责任管理体系在建立和实施过程中可能出现的三类不符合？

答：社会责任管理体系在建立和实施过程中可能出现的三类不符合：

a. 体系性不符合；

b. 实质性不符合；

c. 效果性不符合。

第三节　培训讲义案例——员工访谈培训 PPT

以下为第三讲，SA8000：2014 社会责任管理体系**培训讲义案例——员工访谈培训**，如图 3 – 180 至图 3 – 185 所示。

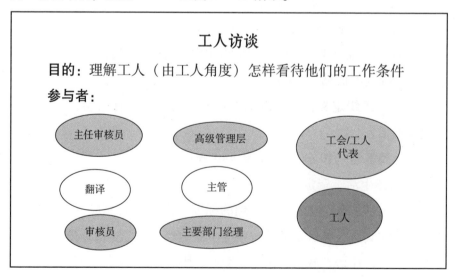

图 3 –180　员工访谈培训 PPT

工人访谈：要点

1. 提供数据给审核报告
2. 三角数据—尽可能验证工人提供的信息
如你问及员工工资时，应在文件及审查时以此信息验证工资记录
3. 提供数据用来核实和确认
4. 是存在固有的偏见的
5. 会有矛盾的信息
6. 工人可能被教唆过

图 3 – 181 人工访谈要点

员工访谈：具体情境

具体情境：

在员工访谈中，你发现好像所有的员工都已被管理层培训了？
你会中止访谈吗？

图 3 – 182 人工访谈具体情境

工人访谈：技巧

1. 解释情况和你们来的目的
2. 要求记笔录的许可
3. 建立关系（通常是给工人递上名片）
4. 减少恐吓（不允许管理人员在附近）
5. 确保匿名性
6. 表现出兴趣和关心
7. 保证工人所花的时间是付费的
8. 留意工人的身体语言

图 3 – 183 人工访谈技巧

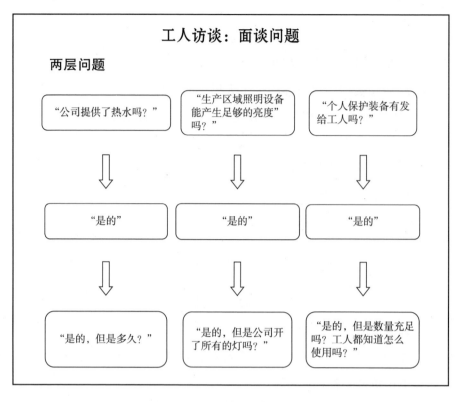

图 3-184　人工访谈：面谈问题

工人访谈：常见错误

1. 把自己当作面谈者的上级，审核员处在一个"有权势"的位置—在工人看来

2. 没有认真倾听对方所说的

3. 不让工人说完整他们的回答

4. 妄自断定—工人最后的回答就会被"过滤"来确认审核员的结论

5. 用导向性问题来获得审核员想要的答案

6. 眼睛不看着被面谈者

图 3-185　人工访谈：常见错误

员工访谈问答清单，如表 3 - 1 所示。

表 3 - 1　员工访谈问答清单

通用问题	
问　题	答　案
1　你是何年何月何日出生的？家庭住址？	一定要按照当初进厂时的身份证上的出生年月和地址来回答
2　你在这个公司工作几年了？	按《人事资料》的入厂日期回答
3　你有没有与厂方签订劳动合同？你自己有没有一份？	有签订劳动合同
4　你是否明白厂方工资制度及最低薪金标准？	明白。我们都是拿计时工资的，每月可以领取 3000 多元的工资 最低工资标准是：1860 元/月（当地最低工资标准）
5　你的底薪（基本工资）是多少？工资包括哪些部分组成？	基本工资 1860 元/月（如有的超过 1860 元，依据工资条回答），实行计时制，工资包括：基本工资、平时加班费、星期六的加班费
6　加班费如何计算？法定假日放假是否扣工资？	我们周一至周五偶尔加班 2 小时。我们知道算法：正常上班每天 8 小时，每小时工资是 10.70 元 计算方法：基本工资 1860/21.75/8 = 10.70 元 平时加班费 = 10.70 × 1.5 倍 = 16.05 元 周六加班费 = 10.70 × 2 = 21.40 元 法定假日都休息。法定节日放假工资按底薪照发，法定节假日公司一律安排放假
7　每天的上班时间是怎样的？	8：00 - 12：00，13：30 - 17：30，加班 18：30 - 20：30
8　《劳动法》对工作时间及加班时间的规定是怎么样的？	《劳动法》规定：每天正常上班 8 小时，每日加班不超过 3 小时，保证每周至少休息一天

通用问题	
问　题	答　案
9	你是否是愿意加班的？	加班都是自愿。若不愿加班可以同组长讲一声，都会同意
10	你每周有多少天休息日？	一般是至少1天
11	国家法定假日要不要上班？如有上班，工资怎样计算？	法定假日不会上班，所以暂时没领过法定假日的加班工资 但知道算法，假如加班的话，加班费是正常班的3倍
12	国家法定假日有哪些？	法定假日有：元旦1天、五一1天、国庆3天、春节3天，中秋1天、端午1天，清明1天
13	你的工资是凭什么计算的？	我们上下班都要打卡，自己输入工号，工资是按我们打的工卡计算的
14	是不是你们另外还要打一张加班卡？	我们只打一张卡的
15	你们厂有哪些福利性假期？	我们厂的福利性假期有：法定假日、有薪年资假、婚假、丧假、产假、看护假等
16	入厂时有没有交押金及其他什么费用？	不用交押金
17	公司会扣住宿费用及伙食费用吗？	我们免费提供吃住
18	公司发工资是否准时？什么时候发工资？	发工资是准时的。每月20日左右发上一个月的工资 如深圳市要求每月7号前发放上一个月的工资
19	你是怎样领取工资的？	先核对工资表，确认正确无误后就在工资单上签名，公司以现金形式支付
20	你最近一次领工资是什么时候？领了多少钱？领的是几月份的工资？	（1）最近一次领工资的时间是6月23号。 （2）领到的工资数额请按验厂工资单上的"实发工资"来回答。 （3）领取的是5月份的工资
21	工资是否会算错？	一般很少算错。即使算错了，只要核对清楚，少一块钱都会在下个月补回的

续表

通用问题	
问 题	答 案
22	厂方扣压过你的工资吗？	从来没有
23	每年有多少天有薪年假（又称为：年假）？	（1）在本厂工作满 1 年以上 10 年以下者，为 5 天； （2）10 年以上 20 年以下者，为 10 天； （3）20 年以上者，为 15 天
24	你有没有享受过有薪假待遇？	满一年以上员工答有。工厂在过春节时一起补于当月工资中。工厂统一在春节放年假
25	公司对已婚育龄妇女有没有带薪产假福利？	有，128 天产假期间有基本工资。**但需有政府的计划生育准生手续才可享受**
26	若你有病请假时，工厂需要什么程序？	提交请假条即可，若病情较重，由厂车直接送去医院，并由主管陪同。根据情况，提交医生开具诊断证明，可给基本工资
27	辞工如何办手续？要提前多久？是否扣工资？	如果需辞工，可提前 30 天写辞工书，不用扣工资。
28	工厂有没有为员工购买社会保险？有哪些险种？	有买。有工伤、养老、医疗、生育、失业五种保险
29	工厂为员工购买的社会保险需要员工交钱吗？	**员工不需要交纳个人交纳部分，由公司出**
30	劳保用品需要员工付钱吗？（比如，口罩、耳罩、眼罩等）	不需要，是厂里发的，免费使用。 厂部有规定，不戴会影响身体健康，并强调一定要戴
31	就有关最低年龄限制工厂有没有公告过？	有公告过，工厂不招收 16 岁以下童工（童工指 16 周岁以下，16～18 周岁称为未成年工）
32	工厂有没有张帖过的有关厂纪厂规规定？	有张贴于各部门公告栏内发
33	当你完成工作后，是否可以随时离开厂区？	可以。如果没有到下班时间，要经管理人员批准才能提前离开厂房

通用问题	
问　题	**答　案**
34	工作中间有没有时间休息？	工作中间去卫生间或有事可以暂时离开工作岗位，不需要请示，工作中有休息时间。若有事时出去工厂，要经主管同意方可离开
35	管理员和保安是否有殴打员工？	没有。保安为了保护工厂及员工的财产安全，不负责车间的纪律管制，并且在执勤时礼貌待人，态度平和
36	主管与员工之间的关系怎样，有没有辱骂员工的现象？	主管交待工作语气平和，从不辱骂员工
37	当违反厂规时，怎样处罚？会不会罚款？	上级会警告。不会罚款。（一定要回答"不会罚款"）由相关主管一一指出，并耐心劝说我们，讲解道理，轻者口头批评，若第二次就给予口头警告；三次以上者给予书面警告
38	损坏工具是否会扣款或罚款？	不会，从来没有
39	你有没有感觉到性别、籍贯、年龄、残疾等方面受到歧视？	没有
40	公司举行消防演习吗？你参加过吗？你会使用灭火器吗？	举行过，一年最少做2次。会使用灭火器
41	最近一次消防演习是什么时候进行的？	最近一次消防演习是今年1月份举行的
42	如何使用灭火器？	方法是：（1）拉出保险销； （2）先摇几下，然后按下压把； （3）对准火焰根部喷射
43	发生火灾时应该怎样做？	（1）打119电话。 （2）就近取用灭火器扑灭小火。 （3）火势太大，自己无法扑灭时，就赶紧逃生，到安全的地方再报警
44	你知道厂方的疏散程序并看得懂疏散标志吗？	知道。应急程序文件在通告栏里。疏散标志有紧急出口的灯箱、指示牌、逃生通道指示图、地面上的逃生通道指示箭头

续表

通用问题	
问　题	答　案
45	你觉得公司工作环境如何？	不错。车间有空调，抽风系统，空气流通
46	工作上是否觉得危险，例如机器操作？有没有工伤事故？	没有觉得多么危险，工厂会提供安全培训。没有见过工伤事故
47	当你上班时不小心受到创伤，是如何进行处理的？	车间里准备了一些急救药品，若受伤不严重，会用急救药品进行处理，若受伤严重，公司会马上送到就近医院就医，但是现在没有发生严重受伤
48	发生火警时，是否有安全出口？	有。每个车间至少有两个安全出口
49	厂方培训过你们设备安全及消防逃生等方面的知识吗？	培训过。主要有机械设备的安全操作，消防安全知识、安全用电知识等
50	有没有职业体检，多长时间查一次？	有，一年一次
51	你是否受过工伤？你是否见过别人受工伤？	我没有受过工伤。也没见过别人受工伤
52	厂里有工会吗？有员工代表吗？是谁？是公司领导任命的吗？	没有工会。但我们选举了员工代表，员工代表是：张××，是我们自己推选的
53	如果对公司有意见或建议，有哪些途径反映？	（1）可以向员工代表反映； （2）可以写意见书投放到意见箱里； （3）也可以口头向部门负责人提出
54	在这个做得开心吗？对厂方有哪些意见，哪些要改善？	开心。没有什么意见，都感觉厂部对我们员工很好
55	可以到医疗室拿药吃吗？	我们有急救箱。工厂不提供内服药，只提供急救用的外用药，如止血、消毒等，生病一般需到医院看医生
57	厂方是否给你们提供娱乐条件？	
58	车间的消防器材有检查吗？	有，每个月都有专人检查
59	据我所知，今天你有同事没来上班，是不是？	没有啊，都来了
60	今天你回答的问题是有人教你这样回答的是吗？	没有，我是根据实际情况回答的

附：员工访谈中的注意事项：

（1）当被抽中访谈时，千万不要紧张。

（2）回答问题时尽量简短，等考虑清楚之后一般只回答"是"或"不是"，不要多说。

（3）当问及全厂的人数时，应回答"不知道"。

（4）当问及别的部门的情况时，应回答"不知道"。

（5）当被问及"某天工作到几点钟下班"时，请先问清楚那天是星期几？然后再进行回答。

（6）如果碰到自己没有把握回答的问题，可以保持沉默，不可胡乱回答。

（7）当验厂人员故意与你聊天话家常时，不要随便与他们闲谈，尽量保持沉默。

（8）除了问到前面两天加班多少（待定需要等待具体审核日期，再核对我的考勤表，有加班就有，没有加班就没有），如果问到上周或者更久远的时间时候都说不记得了。

第四章

SA8000 : 2014 社会责任管理体系尾期——认证篇

第一节　认证审核记录案例——管理手册

以下为完整的社会责任管理手册，读者可在此基础上修改使用，如表4-1至表4-31所示。

表4-1　社会责任管理手册1

MICT 认证检测	社会责任管理手册	文件编号	版本版次	页次
管理手册		MICT-SA-001	A/0	1/30
深圳 MICT 国际认证检测有限公司 SA8000：2014 社会责任管理手册 　　　　　编写：　　　日期： 审核：　　　日期： 批准：　　　日期： 分发部门：文件需求部门				

深圳 MICT 国际认证检测有限公司版权所有

表 4 – 2　社会责任管理手册 2

管 MICT 认证检测 管理手册	社会责任管理手册	文件编号	版本版次	页次
		MICT-SA-001	A/0	2/30

序号	项目名称	页码
0	目录	2
1	管理手册修订记录	3
2	概述	4
3	管理手册发布令及任命书	5
4	公司简介	5
5	社会责任管理方针	6
6	目标、指标及管理方案	7
7	社会责任管理目标与指标一览表	8
8	公司结构图	9
9	管理职责	10
10	目的和范围	11
11	定义	12
12	法律法规及其他要求	13
13	童工	14
14	强迫和强制性劳动	15
15	健康与安全	16
16	结社自由及集体谈判权利	17
17	歧视	18
18	惩戒性措施	19
19	工作时间	20
20	薪酬	21
21	管理系统（附表：公司架构）	22 ~ 26
22	程序文件清单	27

表 4 – 3　社会责任管理手册 3

MICT 认证检测	社会责任管理手册		文件编号	版本版次	页次
管理手册			MICT-SA-001	A/0	3/30

项次	修订日期	前版本版次	修订页次	修订内容	修订人	核准

深圳 MICT 国际认证检测有限公司版权所有

表 4 – 4　社会责任管理手册 4

MICT 认证检测	社会责任管理手册		文件编号	版本版次	页次
管理手册			MICT-SA-001	A/0	4/30

概　述

　　本手册明确了公司的社会责任政策、基本原则和基本程序，为公司制定程序文件、作业文件及具体实施提供了指导，确保公司政策的稳定性。

　　公司社会责任管理者代表负责编制、实施本手册，不断完善公司社会责任管理体系，以适应公司及利益相关方的期望和要求，从而持续改善公司的社会责任表现。

　　本手册经总经理批准后发布、执行。

　　本手册的编写、保存及修订按照《文件及记录控制程序》进行。

　　手册的解释权归公司社会责任管理者代表。

深圳 MICT 国际认证检测有限公司版权所有

表4-5　社会责任管理手册5

MICT 认证检测	社会责任管理手册	文件编号	版本版次	页次
管理手册		MICT-SA-001	A/0	5/30

规范性要素及其解释

公司应遵守国家及所有其他适用的法律、工业标准、公司签署的其他规章以及本标准。当国家及其他适用法律、工业标准、公司签署的其他规章以及本标准所规范议题相同时，应采用其中对员工最为有利的条款。

公司也应尊重下列国际协议的原则：

《国际劳工公司公约》第1号（工作时间–工业）及推荐116（减少工作时间）

《国际劳工公司公约》第30号（强迫劳动）及第105号（废止强迫劳动）

《国际劳工公司公约》第87号（结社自由）

《国际劳工公司公约》第98号（公司和集体谈判权利）

《国际劳工公司公约》第100号（同工同酬）及第111号（歧视—雇用和职业）

《国际劳工公司公约》第102号（社会安全–最低标准）

《国际劳工公司公约》第131号（最低工资确定）

《国际劳工公司公约》第135号（员工代表）

《国际劳工公司公约》第138号及推荐第146号（最低年龄）

《国际劳工公司公约》第155号及推荐第164号（职业安全与健康）

《国际劳工公司公约》第159号（职业康复与雇用—伤残人士）

《国际劳工公司公约》第169号（土著人）

《国际劳工公司公约》第177号（家庭工作）

《国际劳工公司公约》第181号（私营就业服务机构）

《国际劳工公司公约》第182号（童工的最恶劣状况）

《国际劳工公司公约》第183号（孕妇保护）

《国际劳工公司关于艾滋病及其携带者的就业守则》

《世界人权宣言》

《关于经济、社会和文化权利的国际公约》

《关于公民和政治权利的国际公约》

《联合国关于儿童权利的公约》

《联合国关于消除所有形式的女性歧视行为公约》

《联合国关于反对消除所有形式的种族歧视的公约》

《联合国商业和人权指导原则》

表 4 - 6　社会责任管理手册 6

MICT 认证检测	社会责任管理手册	文件编号	版本版次	页次
管理手册		MICT-SA-001	A/0	6/30

发布令

　　本《社会责任管理手册》依据 SA8000：2014 标准，在严格遵守中华人民共和国法律和宁波市人民政府地方法规的基础上，结合公司的实际情况而编制。

　　手册阐明了公司社会责任管理体系的政策和目标，做出了对社会责任的承诺，是公司在日常管理工作中的法规性文件，也是向利益团体公开承诺企业社会责任的展示性文件。

　　本《社会责任管理手册》经公司管理层代表审定，本人批准，本手册于 2015 年 11 月 03 日发布起执行。全体员工须认真学习，严格执行。

此令。

总经理：＿＿＿＿＿＿

任命书

为了更好地贯彻企业社会责任行为规范，兹任命

刘××女士为公司的社会责任管理层代表，负责建立本公司的企业社会责任管理体系并使之有效运行，具体如下：

保证公司的管理制度与行为符合国际社会责任标准及国家与当地法律法规的要求；

向员工、供货商及社会公众传达和宣导公司社会责任政策；

有效维持社会责任管理体系的实施并持续改进；

向员工及相关的团体解答沟通公司的 SA8000 的工作内容及要求；

公司人事政策和内容的授权解释者；

协调解决公司和员工的争议和矛盾。

总经理：

深圳 MICT 国际认证检测有限公司版权所有

表4-7 社会责任管理手册7

MICT 认证检测	社会责任管理手册	文件编号	版本版次	页次
管理手册		MICT-SA-001	A/0	7/30

任命书

为了更好地贯彻企业社会责任行为规范，兹任命

本公司任命刘×先生为主管健康、安全、福利和一般设施的高级管理者代表。

全面负责本公司健康、安全、福利及常规设施等事宜。

负责确保为所有员工提供一个健康与安全的工作环境，并且负责执行本标准中有关健康与安全的各项要求。

在作业现场统筹协调员负责管理消防程序和应急准备计划，以保证消防程序和应急准备计划全部到位，且具有效作用。

总经理：

201×年××月××日

表4-8 社会责任管理手册8

MICT 认证检测	社会责任管理手册	文件编号	版本版次	页次
管理手册		MICT-SA-001	A/0	8/30

公司简介

深圳 MICT 国际认证检测有限公司成立于 2017 年，是一家专业致力于质量环境安全社会责任管理体系认证和产品、环境、安全检测的国际集团公司。

注册地址：中国广东省深圳市光明新区××

办公地址：中国广东省深圳市光明新区××

E-MAIL：moody××@163.com

表4-9 社会责任管理手册9

MICT 认证检测 管理手册	社会责任管理手册	文件编号	版本版次	页次
		MICT-SA-001	A/0	9/30

社会责任管理方针

本公司及全体管理层认识到遵守国际劳工标准和维护劳工权益是一个负责的公司所具备的基本条件，也是消费者、客户、公众和政府等利益相关者的期望。

本公司承诺遵守国家劳动法律法规、遵守国际公认的劳工标准及其他适用的行业标准和国际公约，持续改善工作条件和员工福利。

对公司政策进行定期评审以持续改善。评审时应考虑法律的变化，自身行为准则要求及公司其他要求的变化。

公司政策应被有效地记录、实施、维持、传达并以明白易懂的形式供所有员工随时获取，包括总经理、部门主管及员工，无论是直接聘用、合同制聘用或其他方式代表公司的人员。

适当时根据要求，以有效的形式和方法对相关利益方公开。

与质量管理一样，社会责任管理也是本公司日常运作的一个有机组成部分，履行社会责任是公司提供良好产品满足客户需要的一个必要条件。公司任命高层经理负责社会责任管理，建立、实施、维持良好的社会责任管理体系，并将这一要求延伸到供应商和分包商。

深圳 MICT 国际认证检测有限公司社会责任管理方针：

禁止使用童工，不接受任何使用童工或者强迫劳动，损害员工的健康安全的供应商或分包商。

尊重员工的自由，禁止任何形式的强迫劳动。

提供健康安全的工作和生活条件，确保员工的作业安全和职业健康。

尊重员工的基本人权，禁止任何形式的侮辱人格的行为。

提供平等和公平的工作社会责任，禁止任何形式的歧视行为。

合理安排员工的工作时间和休息时间。

提供合理的工资福利，至少满足员工的基本需要。

深圳 MICT 国际认证检测有限公司版权所有

表 4 – 10　社会责任管理手册 10

MICT 认证检测 管理手册	社会责任管理手册	文件编号	版本版次	页次
		MICT-SA-001	A/0	10/30

目标、指标及管理方案

1. 总则

根据公司社会责任政策和确定的重大社会责任因素，根据法律法规和标准的要求，制定公司社会责任目标和指标，制定目标和指标的控制措施，制定适当的管理方案，确保目标和指标的实现。

2. 职责

办公室负责建立制定公司的目标、指标。

管理者代表负责对公司的目标、指标进行审核修订，并报总经理批准。

公司各部门根据目标、指标及管理方案的要求，制定各个部门的行动计划和措施，确保目标和目标的实现。

3. 控制要点

目标和指标的制定依据是公司社会责任政策、法律法规及其他要求、客户和其他利益相关者的要求和期望、公司工作经营活动的实际情况、公司发展和市场战略部署。

办公室制订管理方案应考虑公司工作经营的实际情况，考虑技术需要和可行性，考虑支持人力物力财力和时间资源的保证。

目标、指标及管理方案应经过管理者代表审核，并报总经理批准，确保实施过程得到足够的资源保障和优先考虑。

各部门每月对公司目标和指标的实施情况进行统计，汇报办公室之后进行汇总，确保公司社会责任表现持续改进。

表 4 – 11　社会责任管理手册 11

MICT 认证检测 管理手册	社会责任管理手册	文件编号	版本版次	页次
		MICT-SA-001	A/0	11/30

社会责任管理目标与指标一览表

序号	社会责任目标	社会责任指标
1	员工提案管理处理提案率	100%
2	严禁招收童工	100%
3	工伤事故（可在工厂处理）	小于 3 起
4	工伤事故（需到医院处理）	0
5	工资发放及时率	98%
6	人员变动率	小于 10%

表 4 – 12　社会责任管理手册 12

MICT 认证检测	社会责任管理手册	文件编号	版本版次	页次
管理手册		MICT-SA-001	A/0	12/30

公司架构图

```
                        总经理
                          │
                      管理者代表
                          │
 ┌────┬────┬────┬────┬────┬────┬────┬────┬────┬────┬────┐
业务部 品质部 生产部 采购部 人力资源部 资材部 工程部 财务部 员工代表 健康安全者 SPT
```

总经理

××年××月××日

表 4 – 13　社会责任管理手册 13

MICT 认证检测	社会责任管理手册	文件编号	版本版次	页次
管理手册		MICT-SA-001	A/0	13/30

管理职责

为了更为有效地执行 SA8000 标准，特对以下人员赋予其职责。

1. 总经理职责

对公司的社会责任表现承担最终的责任。负责公司社会责任政策的制定和执行，定期评估公司的社会责任表现，为社会责任管理体系的正常运作提供适当的资源保障，主持管理评审工作，推动社会责任的持续改善。

2. 管理者代表职责

建立、实施与维持社会责任管理体系，定期向总经理报告社会责任管理体系运行情况，开展内部审核活动，监督相应部门采取有效的纠正和预防措施，并验证其效果以确保公司达到 SA8000 要求。

MICT 认证检测	社会责任管理手册	文件编号	版本版次	页次
管理手册		MICT-SA-001	A/0	13/30

3. 健康安全代表职责

统筹全厂健康、安全、工作环境等有关活动。负责为全体员工提供一个健康与安全的工作环境，并且负责落实 SA8000 标准有关健康与安全的各项规定。应定期组织公司工厂各主管召开安全会议，评估工作场所的安全状况及制定各应急预案。

4. 人力资源主管职责

负责执行公司人力资源管理程序和制度，包括员工招聘、工资标准、员工福利、员工培训及奖惩措施，负责建立和维持社会责任管理体系，推动、协调和监督社会责任活动的实施，负责制定和推广公司安全卫生程序和制度，定期审核公司安全卫生表现，提供定期安全卫生培训，确保公司活动符合当地安全卫生法规，确保公司员工生命安全和健康，确保公司财产安全。

5. 财务主管职责

根据公司社会责任政策和原则，负责制定公司工资福利计划，确保工资福利符合当地法规要求。

6. 业务部主管职责：负责公司 SA8000 事项的内外部沟通事宜，明确相关方要求和期望。

7. 员工代表职责

员工代表由员工选出，代表员工利益，他与公司各个部门和层次的员工沟通，了解他们对公司政策、体系和运行的意见和建议，并将这些意见和建议提交给公司管理层，和公司管理层探讨解决问题的方法和措施，协助公司解释和推广公司的改善措施，并参与公司管理评审。

8. 生产部主管职责

根据公司社会责任政策和原则，负责合理安排生产计划，严格控制工作时间，保持良好的工作条件，确保机器设备处于安全卫生状况。

9. 社会责任绩效团队（SPT）职责

负责建立社会责任绩效团队来执行 SA8000 所有要求，对不符合项定期进行书面风险评估和改善，有效地监督工作场所活动确保符合 SA8000 标准、解除 SPT 识别的风险、系统可以有效运行。

深圳 MICT 国际认证检测有限公司版权所有

表 4 – 14　社会责任管理手册 14

MICT 认证检测	社会责任管理手册	文件编号	版本版次	页次
管理手册		MICT-SA-001	A/0	14/30

目的与范围

　　本手册根据 SA8000：2014 社会责任国际标准和中国相关劳动法律法规，结合行业的发展趋势及公司实际情况编制而成。

　　本手册规定了公司在社会责任方面的政策、原则、目标、程序和实践，作为公司履行社会责任、维持良好的劳资关系、创造和改善健康安全的工作条件和持续改善员工工资福利待遇的基础，公司将定期安排内部审核和管理评审，必要时，及时采取有效补救措施和纠正行动，以确保公司经营活动始终符合国际劳工标准和中国的劳动法律法规，并向外部（政府部门、顾客及审核机构等）和内部（本公司所有员工）证明本公司的政策、程序及实施情况均符合 SA8000：2014 社会责任国际标准的要求。

　　本手册适用于公司所有涉及社会责任方面的活动，包括禁止童工和保护未成年工、禁止强迫和强制性劳动、健康与安全、结社自由和集体谈判的权利、禁止歧视、禁止不当的惩戒性措施、工作和工作时间、工资福利，以及供应商和分包商管理等。

　　本手册适用于汽车线束、电脑周边连接线、通信网络周边连接线、家庭影音周边的线材及附件产品的生产的销售。

深圳 MICT 国际认证检测有限公司版权所有

表 4 – 15　社会责任管理手册 15

MICT 认证检测	社会责任管理手册	文件编号	版本版次	页次
管理手册		MICT-SA-001	A/0	15/19

定义

　　1. 应当：在本标准术语"应当"表示为要求。注：标注为斜体以示强调。

　　2. 可以：在本标准术语"可以"表示为允许。注：标注为斜体以示强调。

　　3. 儿童：任何十五岁以下的人。如果当地法律所规定最低工作年龄或义务教育年龄高于十五岁，

　　则以较高年龄为准。

　　4. 童工：由低于上述儿童定义规定年龄的儿童所从事的任何劳动，除非符合国际劳工公司建议条款第 146 号规定。

　　5. 集体谈判协议：由一个或多个公司（比如雇主）与一个或多个工人公司签订的有关劳工谈判的合约，详细规定了雇用的条件和条款。

　　6. 纠正措施：采取措施来消除导致不合规的原因及根本原因。注意：采取纠正措施，防止再次发生。

　　7. 预防措施：采取措施来消除导致潜在不合规的原因及根本原因。注意：采取预防措施，防止发生。

续表

MICT 认证检测	社会责任管理手册	文件编号	版本版次	页次
管理手册		MICT-SA-001	A/0	15/19

8. 强迫或强制性劳动：一个人非自愿性工作或服务，包括所有以受到惩罚进行威胁，或打击报复或作为偿债方式的工作或服务。

9. 家庭工：与公司、供应商、次级供应商或分包方签有合约，但不在其经营场所工作的人员。

10. 人口贩卖：基于剥削目的，通过使用威胁、武力、欺骗或其他形式的强迫行为进行人员雇用、运输、收容或接收。

11. 利益相关方：与公司的社会绩效或行动相关、受到影响的个人或团体。

12. 最低生活工资：一个工人在特定的地点获得的标准工作周的薪酬足以为该工人和她或他的家人提供体面生活。体面生活标准的组成要素包括食物、水、住房、教育、医疗、交通、衣服和其他核心需求，包括不可预计事件发生所需的必需品。

13. 不符合项：不符合要求。

14. 公司：任何负责实施本标准各项规定的商业或非商业团体，包括所有被雇用的员工。注：例如，公司包括：公司、企业、农场、种植园、合作社、非政府公司和政府机构。

15. 员工：所有直接或以合同方式受雇于公司的个人，包括但不限于董事、总裁、经理、主管和合同工人，如保安、食堂工人、宿舍工人及清洁工人。

16. 工人：所有非管理人员。

17. 私营就业服务机构：独立于政府当局，它提供一个或多个以下劳动力市场服务的实体：

匹配雇用机会的供给与需求，该机构不与任何一方发生雇用关系；

雇用工人，使他们可被第三方实体聘用，分配工人任务并监督其执行任务。

表4-16　社会责任管理手册16

MICT 认证检测	社会责任管理手册	文件编号	版本版次	页次
管理手册		MICT-SA-001	A/0	16/30

18. 童工救助：为保障从事童工（上述定义）和已终止童工工作的儿童的安全、健康、教育和发展而采取的所有必要的支持及行动。

19. 风险评估：识别公司的健康、安全和劳工政策与实践的流程，并将相关风险进行主次排列。

20. SA8000工人代表：以促进同管理代表和高级管理层就 SA8000 相关事宜进行沟通为目标，由工人自由选举产生的一个或多个工人代表。在已经成立工会公司的，工人代表（在他们同意服务的前提下）应当来自该被认可的工会公司。如果工会不指定代表或公司未成立工会，工人可以自由选举工人代表。

MICT 认证检测	社会责任管理手册	文件编号	版本版次	页次
管理手册		MICT-SA-001	A/0	16/30

21. 社会绩效：一个公司实现 SA8000 完全合规并持续改进。

22. 利益相关方参与：利益相关方的参与，包括但不限于公司、工会、工人、工人公司、供应商、承包商、购买者、消费者、投资者、非政府公司、媒体、地方和国家政府官员。

23. 供应商/分包商：在供应链上为公司提供产品或服务的任何单位或者个人，它所提供的产品或服务构成公司生产的产品或服务的一部分，或者被用来生产公司产品或服务。

24. 次级供应商：在供应链上向供应商提供产品或服务的任何单位或者个人，它所提供的产品或服务构成供应商生产的产品或服务的一部分，或者被用来生产供应商或公司的产品或服务。

25. 工人组织：为促进和维护工人的权益、由工人自主自愿组成的协会。

26. 未成年工：任何超过上述定义的儿童年龄但不满十八岁的工人。

深圳 MICT 国际认证检测有限公司版权所有

表 4－17　社会责任管理手册 17

MICT 认证检测	社会责任管理手册	文件编号	版本版次	页次
管理手册		MICT-SA-001	A/0	17/30

法律法规及其他要求

1. 总则

公司建立了《法律法规及其他要求收集和更新控制程序》，收集适用于公司的法律法规及其他要求，并及时更新，确保本公司社会责任管理持续符合标准及相关法律法规的要求。

2. 职责

2.1 人力资源部负责收集和更新适用于公司的法律法规及其他要求，发放到公司有关部门；

2.2 管理者代表负责评估法律法规及其他要求对公司管理体系的要求，必要时对管理体系做出修订。

3. 控制要点

3.1 法律法规包括国家和本地区的与 SA8000 标准有关的所有法律法规及其实施细则。其他要求主要包括客户和其他利益相关者制定的要求公司执行的守则和公约。

3.2 公司应定期收集并确认适用于公司的法律法规及其他要求，建立并保持法律法规及其他要求清单，并及时更新。

MICT 认证检测	社会责任管理手册	文件编号	版本版次	页次
管理手册		MICT-SA-001	A/0	17/30

3.3 公司应定期评估法律法规及其他要求的修改和变化对公司的影响，若有必要，及时修正公司政策和管理体系。

4. 相关文件

4.1 法律法规及其他要求收集和更新控制程序

表 4 - 18 社会责任管理手册 18

MICT 认证检测	社会责任管理手册	文件编号	版本版次	页次
管理手册		MICT-SA-001	A/0	18/30

一、童工

1. 总则

公司建立了并维持公司禁止使用童工，保护未成年工的政策和程序，确保公司活动符合国家法律法规和 SA8000 标准的要求。

2. 职责

人力资源人事负责建立并维持禁止使用童工，保护未成年工及救济童工的政策和程序。

3. 控制要点：

3.1 公司建立了《员工招聘控制程序》，杜绝使用童工，并坚决反对任何使用童工的行为，不与任何故意使用童工的供应商合作。

3.2 公司建立了《救济童工及未成年工保护控制程序》，一旦发现公司有童工参加工作，必须立即停止其工作，专人安排身体健康检查，查清原因，并通知当地劳动局，如果该童工身体健康，则经劳动局同意后公司安排专人将其送到父母身边，公司负担所有费用，并提供适当的经济资助和其他资源，确保该童工完成法定的义务教育。

3.3 公司如果聘用未成年工，需按照强制教育法规的限制，他们只可以在上课时间以外的时间工作。在任何情况下，未成年工每天的上课、工作和交通所有时间不可以超过 10 小时，且每天工作时间不能超过 8 小时，同时未成年工不可以安排在晚上上班。

3.4 根据国家法律法规要求，建立未成年工档案，安排上岗前和每年定期体检，不得安排未成年工从事对他们的身心健康和发展不安全或危险的环境中。

3.5 公司建立了《救济童工及未成年工保护控制程序》，如果聘用未成年工，确保未成年工得到适当的教育，持续符合标准要求。

MICT 认证检测	社会责任管理手册	文件编号	版本版次	页次
管理手册		MICT-SA-001	A/0	18/30

4. 相关文件

4.1 员工招聘控制程序

4.2 救济童工及未成年工保护控制程序

表 4－19　社会责任管理手册 19

MICT 认证检测	社会责任管理手册	文件编号	版本版次	页次
管理手册		MICT-SA-001	A/0	19/30

二、强迫和强制性劳动

1. 总则

建立并维持公司禁止强迫劳动的政策，保障员工人身自由，确保公司活动符合国家法律法规和 SA8000 标准的要求。

2. 职责

人力资源人事负责制定和实施公司禁止强迫劳动的制度，定期调查评估制度的执行效果。

3. 控制要点

3.1 公司不得使用或支持 ILO 公约 30 条中规定的强迫和强制性劳动，也不得要求员工在受雇起始时交纳"押金"或寄存身份证件。

3.2 公司及为公司提供劳工的相关中介机构不得扣留员工的部分工资、福利、财产或证件，以迫使员工在公司连续工作。

3.3 所有员工有权在完成标准的工作时间后离开工作场所。员工在给公司的合理通知期限后，可以自由终止聘用合约。

3.4 公司建立了《强迫性劳工管理控制程序》，并告知所有员工，避免强迫和强制员工的情况发生，如果发生强迫和强制员工的情况出现，员工可遵照《员工申诉管理控制程序》执行。

4. 相关文件

4.1 强迫性劳工管理控制程序

4.2 员工申诉管理控制程序

表 4 – 20　社会责任管理手册 20

MICT 认证检测	社会责任管理手册	文件编号	版本版次	页次
管理手册		MICT-SA-001	A/0	20/30

三、健康与安全

1. 总则

建立并维持公司健康安全和环境保护的政策和程序，提供健康安全的厂房，机器设备和工作环境，保护员工的安全和健康，确保公司活动符合国家和本地区法律法规和 SA8000 标准的要求。

2. 职责

管理者代表负责制定并推行公司健康与安全程序，定期检查、检测及评估公司健康安全状况，确保全体员工的安全和健康。

3. 控制要点

3.1 公司出于对普遍行业危险和任何具体危险的了解，建立了《健康与安全控制程序》《危害辨识和风险评估管理控制程序》，提供一个安全、健康的工作环境，并应采取有效的措施，在可能条件下最大限度地降低工作环境中的危害隐患，以避免在工作中或因工作发生事故对健康的危害。

3.2 公司应任命一名高层管理人员为管理者代表，负责为全体员工提供一个健康与安全的工作环境，并且负责落实本标准有关健康与安全的各项规定。具体见本手册《任命书》。

3.3 公司建立了《员工培训控制程序》，以定期提供给员工有效的健康和安全指示，包括现场指示，（如必要）专用的工作指示，并对新进、调职及在发生事故地方的员工进行培训。

3.4 公司建立了《紧急反应及演习控制程序》以检测、防范及应对可能危害任何员工健康与安全的潜在威胁。公司建立了《事故报告、调查及处理控制程序》，并应保留发生在工作场所和公司控制的住所和财产内所有事故的书面记录。

3.5 公司建立了《员工劳保用品管理制度》和《紧急医疗救助管理程序》，免费为员工提供适当的个人防护设备并购买工伤保险，当员工因工作受伤时提供急救，并协助员工获得后续的治疗。

3.6 公司应评估工作行为之外孕妇所有的风险，并确保采取合理的措施消除或降低其健康和安全的风险。

3.7 公司应给所有员工提供干净的厕所、可饮用的水及必要时提供储藏食品的卫生设施。

3.8 公司如果提供员工宿舍，应保证宿舍设施干净、安全且能满足员工基本需要。本公司现未提供员工宿舍，如有按本条款要求执行。

3.9 所有人员应有权利离开即将发生的严重危险，即使未经公司准许。

4. 相关文件

4.1 健康与安全控制程序。

MICT 认证检测	社会责任管理手册	文件编号	版本版次	页次
管理手册		MICT-SA-001	A/0	20/30

4.2 危害辨识和风险评估管理控制程序。

4.3 员工培训控制程序。

4.4 紧急反应及演习控制程序。

4.5 事故报告、调查及处理控制程序。

4.6 员工劳保用品管理制度。

4.7 紧急医疗救助管理程序。

表 4 – 21　社会责任管理手册 21

MICT 认证检测	社会责任管理手册	文件编号	版本版次	页次
管理手册		MICT-SA-001	A/0	21/30

四、结社自由及集体谈判权利

1. 总则

公司尊重并保护员工自由结社和集体谈判的权利，建立并维持有效的申诉和投诉程序，确保公司活动符合国家和本地区法律法规和 SA8000 标准的要求。

2. 职责

人力资源部人事负责维持有效的申诉和投诉程序，支持员工选举员工代表。

3. 控制要点

3.1 公司尊重并保护员工所有人员自由组建、参加和公司工友会的权利，并代表他们自己和公司进行集体谈判。公司应尊重这项权利，并应切实告知员工可以自由加入所选择的公司。员工不会因此而有任何不良后果或受到公司的报复。公司不会以任何方式介入这种员工公司或集体谈判的建立、运行或管理。

3.2 在结社自由和集体谈判权利受法律限制时，公司应允许员工自由选择自己的员工代表。

3.3 公司应保证参加员工公司的人员及员工代表不会因为工会成员或参与工会活动而歧视、骚扰、胁迫或报复，员工代表可在工作地点与其所代表的员工保持接触。

3.4 公司建立了与员工代表定期对话的制度，至少每半年安排一次对话，必要时，可以召开临时会议。

3.5 有关结社自由及集体谈判权详见《结社自由和集体谈判的权利管理控制程序》。

4. 相关文件

4.1 结社自由和集体谈判的权利管理控制程序。

表4－22　社会责任管理手册22

MICT 认证检测	社会责任管理手册	文件编号	版本版次	页次
管理手册		MICT-SA-001	A/0	22/30

五、歧视

1. 总则

制定和维持公司禁止歧视的政策，确保公司活动符合国家和本地区法律法规和 SA8000 标准的要求。

2. 职责

人力资源部人事负责制定和推行公司禁止歧视的政策，调查有关歧视方面的投诉并及时采取纠正行动。

3. 控制要点

3.1 公司建立了《反歧视管理程序》，禁止一切形式的歧视行为，在涉及聘用、报酬、培训机会、升迁、解职或退休等事项上，坚持公平、平等的原则，不得从事或支持基于种族、民族或社会出身、社会阶层、血统、宗教、身体残疾、性别、性取向、家庭责任、婚姻状况、工会会员、政见、年龄或其他的歧视。

3.2 公司禁止干涉员工行使遵奉信仰和风俗的权利，或为满足涉及种族，民族或社会出身，社会阶层、血统、宗教、残疾、性别、性取向、家庭责任、婚姻状况、工会会员、政见或任何其他可引起歧视的情况所需要的权利。

3.3 公司禁止在任何工作场所或由公司提供给员工使用的住所和其他场所内进行任何威胁、虐待、剥削的行为及强迫性的性侵扰行为，包括姿势、语言和身体的接触。

3.4 公司禁止在任何情况下要求员工做怀孕或童贞测试。

3.5 公司建立了申诉和投诉机制，任何人员发现有歧视行为，可以直接向员工代表或更高层经理甚至总经理投诉，公司应安排没有任何利益冲突的人员查清事实，及时采取纠正行动。

4. 相关文件

4.1 反歧视管理程序。

表 4 – 23　社会责任管理手册 23

MICT 认证检测	社会责任管理手册	文件编号	版本版次	页次
管理手册		MICT-SA-001	A/0	23/30

六、惩戒性措施

1. 总则

建立并维护合理的惩戒性措施政策，确保公司惩戒性措施符合法律法规和 SA8000 标准的要求。

2. 职责

人力资源部人事负责制定和执行公司惩戒性措施的政策，负责调查员工投诉并及时采取纠正行动。

3. 控制要点

3.1 公司应有尊严地对待和尊重所有员工，禁止从事或支持体罚、精神或肉体胁迫以及言语侮辱。也不得以粗暴、非人道的方式对待员工。

3.2 公司应根据国家法律法规的要求制定合理的奖惩制度，警示、教育和帮助违反劳动纪律的员工。

3.3 公司在决定实施惩罚前必须由没有利益冲突的人员查清事实，取得证据，经过讨论，征求员工代表的意见，并允许本人的申辩。

4. 相关文件

4.1 奖惩管理制度。

深圳 MICT 国际认证检测有限公司版权所有

表 4 – 24　社会责任管理手册 24

MICT 认证检测	社会责任管理手册	文件编号	版本版次	页次
管理手册		MICT-SA-001	A/0	24/30

七、工作时间

1. 总则

建立并维持合理的工作时间和休息休假的政策和程序，根据劳动法的要求安排工作和休息时间，保证至少达到国家法律法规和 SA8000 标准的要求。

2. 职责

2.1 人力资源部人事负责制定和推行公司工作和休息时间的政策，严格执行考勤制度。

2.2 人力资源部人事负责根据公司工作和休息时间政策制定工作计划，合理安排员工的工作和休息时间。

MICT 认证检测 管理手册	社会责任管理手册	文件编号	版本版次	页次
		MICT-SA-001	A/0	24/30

3. 控制要点

3.1 公司应遵守劳动法有关工作时间和公共假期的规定。标准工作周（不含加班时间）应根据法律规定，不得超过四十小时。

3.2 员工每连续工作六天至少须有一天休息。不过，在以下两种情况下允许有其他安排：

a. 国家法律允许加班时间超过该规定；

b. 存在一个有效的经过自由协商的集体谈判协议，允许平均工作时间涵盖了适当的休息时间。

3.3 除非符合3.4条（见下款），所有加班必须是自愿性质，且每周加班时间不得超过十二小时。

3.4 如公司与代表众多所属员工的员工公司（依据上述定义）通过自由谈判达成集体协商协议，公司可以根据协议要求员工加班以满足短期业务需要。任何此类协议应符合上述各项要求。

3.5 公司应严格执行考勤制度，员工工作时间应有完整记录，包括上班时间、下班时间和加班时间。

3.6 公司建立了《工作时间管理控制程序》，严格执行国家相关法律法规，并保留相关记录。

4. 相关文件

4.1 工作时间管理控制程序。

深圳 MICT 国际认证检测有限公司版权所有

表 4-25 社会责任管理手册 25

MICT 认证检测 管理手册	社会责任管理手册	文件编号	版本版次	页次
		MICT-SA-001	A/0	25/30

八、薪酬

1. 总则

建立并维护合理的薪酬和福利政策和程序，根据劳动法要求制定薪酬和福利标准，保证公司薪酬和福利至少达到本地区法规和 SA8000 标准的要求。

2. 职责

2.1 人力资源部人事负责制定并实施公司薪酬和福利政策。

2.2 财务部负责核实并发放薪酬和福利。

MICT 认证检测	社会责任管理手册	文件编号	版本版次	页次
管理手册		MICT-SA-001	A/0	25/30

3. 控制要点

3.1 公司应按国家法律法规和本标准的要求建立《工资福利管理程序》，保证尊重员工获得生活工资的权利，并保证在一个标准工作周内所付工资总能至少达到法定或行业最低工资标准并满足员工基本需要，以及提供一些可随意支配的收入。

3.2 公司应保证不因惩戒目的而扣减工资，除非符合以下条件：

a. 这种出于惩戒扣减工资得到国家法律许可；

b. 获得自由集体谈判的同意。

3.3 公司应每月编制工资表，向员工清楚详细地列明工资、待遇构成，公司还应保证工资、待遇与所有适用法律完全相符。工资、待遇应用现金形式支付。

3.4 所有加班应按照国家规定支付加班津贴，如果在一些国家法律或集体协议未规定加班津贴，则加班津贴应以额外的比率或根据普遍行业标准确定，无论哪种情况应更符合员工利益。

3.5 公司禁止采用纯劳务合同安排，连续的短期合约及/或虚假的学徒工制度以规避涉及劳动和社会保障条例的适用法律所规定的对员工应尽的义务。

4. 相关文件

4.1 工资福利管理程序。

深圳 MICT 国际认证检测有限公司版权所有

表 4 - 26　社会责任管理手册 26

MICT 认证检测	社会责任管理手册	文件编号	版本版次	页次
管理手册		MICT-SA-001	A/0	26/30

九、薪酬

1. 总则

建立并维护合理的薪酬和福利政策和程序，根据劳动法要求制定薪酬和福利标准，保证公司薪酬和福利至少达到本地区法规和 SA8000 标准的要求。

2. 职责

2.1 人力资源部人事负责制定并实施公司薪酬和福利政策。

2.2 财务部负责核实并发放薪酬和福利。

续表

MICT 认证检测	社会责任管理手册	文件编号	版本版次	页次
管理手册		MICT-SA-001	A/0	26/30

4. 控制要点

3.1 公司应按国家法律法规和本标准的要求建立《工资福利管理程序》，保证尊重员工获得生活工资的权利，并保证在一个标准工作周内所付工资总能至少达到法定或行业最低工资标准并满足员工基本需要，以及提供一些可随意支配的收入。

3.2 公司应保证不因惩戒目的而扣减工资，除非符合以下条件：

c. 这种出于惩戒扣减工资得到国家法律许可；

d. 获得自由集体谈判的同意。

3.3 公司应每月编制工资表，向员工清楚详细地列明工资、待遇构成；公司还应保证工资、待遇与所有适用法律完全相符。工资、待遇应用现金形式支付。

3.4 所有加班应按照国家规定支付加班津贴，如果在一些国家法律或集体协议未规定加班津贴，则加班津贴应以额外的比率或根据普遍行业标准确定，无论哪种情况应更符合员工利益。

3.5 公司禁止采用纯劳务合同安排，连续的短期合约及/或虚假的学徒工制度以规避涉及劳动和社会保障条例的适用法律所规定的对员工应尽的义务。

4. 相关文件

4.1 工资福利管理程序。

深圳 MICT 国际认证检测有限公司版权所有

表 4 - 27　社会责任管理手册 27

MICT 认证检测	社会责任管理手册	文件编号	版本版次	页次
管理手册		MICT-SA-001	A/0	27/30

十、管理系统

1. 总则

建立系统化的管理体系，确保适合的法律法规和 SA8000 标准的要求得到实施，并持续改进社会责任管理体系的符合性和有效性。

2. 职责

管理者代表负责社会责任管理体系的策划、实施、维持，确保本公司达到本标准（SA8000：2014）的要求。

3. 控制要点

政策、程序和记录。

MICT 认证检测	社会责任管理手册	文件编号	版本版次	页次
管理手册		MICT-SA-001	A/0	27/30

3.1 高层管理阶层应以员工所用语言，制定公司书面的社会责任和劳动条件政策（具体见本手册），并把这个政策和 SA8000 标准展示在公司内容易看到的地方，通知员工公司自愿选择符合 SA8000 标准的要求，这个政策应清楚地包括以下承诺：

a. 遵守本标准所有规定；

b. 遵守国家及其他适用法律，及公司签署的其他规章以及尊重国际条例及其解释（如本标准第二节所列）；

c. 对公司政策进行定期评审以持续改善。评审时应考虑法律的变化，自身行为准则要求及公司其他要求的变化；

d. 应看到公司政策被有效地记录、实施、维持、传达并以明白易懂的形式供所有员工随时获取，包括董事、总裁、经理、主管以及员工，无论是直接聘用、合同制聘用或其他方式代表公司的人员；

e. 根据要求，以有效的形式和方法对相关利益方公开其政策。

社会责任绩效团队

3.2 公司建立了一个社会责任绩效团队来执行所有 SA8000 的所有要求。

这个团队由以下代表均衡构成：

a. SA8000 工人代表（们）。

b. 管理人员，高层管理应当完全承担实现标准合规性的责任。

3.3 公司暂未成立工会，在管理代表的公司下，我们成立了员工代表大会。由员工代表逐层向上级反映员工意见和建议。

深圳 MICT 国际认证检测有限公司版权所有

表 4 - 28   社会责任管理手册 28

MICT 认证检测	社会责任管理手册	文件编号	版本版次	页次
管理手册		MICT-SA-001	A/0	28/30

风险的识别和评估

3.4 社会绩效团队应当对不符合此标准的实际或潜在项进行定期书面风险评估并确定优先改善项，还应当向高层管理人员推荐改善行动计划以解除这些风险，解除这些风险的行动优先次序根据其严重程度或延迟响应将使其无法解决的情况来决定。

3.5 社会绩效团队应当基于推荐的数据、数据收集技巧，并通过与利益相关方之间有意义的磋商来进行风险评估。

监督

3.6 社会绩效团队应当有效地监督工作场所活动以确保；

a. 符合此标准；

续表

MICT 认证检测	社会责任管理手册	文件编号	版本版次	页次
管理手册		MICT-SA-001	A/0	28/30

b. 落实解除由社会绩效团队识别的风险；

c. 系统可以有效运行，实现符合公司政策及此标准的要求。

在执行监督过程中，社会绩效团队有权收集信息，或邀请利益相关方参与其监督活动，还应当与其他部门研究、定义、分析或解决任何可能与 SA8000 标准不符合项。

3.7 社会绩效团队也应当推动日常内部审核，并将标准执行情况、改善行动的益处，以及纠正和预防措施的记录以报告形式提交给管理高层。

3.8 社会绩效团队应定期举行会议，回顾进展和识别进一步加强标准实施的潜在行动。

内部参与和沟通

3.9 公司应证明员工有效地理解 SA8000 的要求，并应当通过日常沟通定期将 SA8000 的要求传达给员工。

投诉管理和解决

3.10 公司建立了书面申诉程序，确保员工及利益相关方可以在保密、公正、无报复的情况下对工作场所和/或 SA8000 的不符合项进行评论、建议、报告或投诉关切。

3.11 公司应当制定关于对工作场所和/或不符合本标准或实施的政策和程序所进行的投诉的调查、跟踪和结果沟通的程序。这些结果应当可以被所有员工及利益相关方自由获取。

3.12 公司不得对向提供 SA8000 符合性及投诉工作场所的任何员工及利益相关方进行纪律处理、解雇或其他歧视性的惩罚。

深圳 MICT 国际认证检测有限公司版权所有

表 4－29 社会责任管理手册 29

MICT 认证检测	社会责任管理手册	文件编号	版本版次	页次
管理手册		MICT-SA-001	A/0	29/30

外部审核和利益相关方参与

3.13 对于验证公司是否符合本标准要求的审核，无论是在通知或不通知审核日期的情况下，公司均应当全力配合外部审核员确定导致不符合 SA8000 标准的问题的严重性和频率。

3.14 公司应当邀请利益相关方参与，以达到可持续符合 SA8000 标准。

纠正和预防措施

MICT 认证检测	社会责任管理手册	文件编号	版本版次	页次
管理手册		MICT-SA-001	A/0	29/30

3.15 公司建立了《员工申诉管理控制程序》，确保提供一个保密手段让所有员工向公司管理层和员工代表对违反此标准做出举报。当员工和其他利益相关方质疑公司是否符合公司政策或本标准规定的事项之时，公司应该调查、处理并做出反应；员工如果提供关于公司是否遵守本标准的资料，公司不可对其采取惩处、解雇或歧视的行为。

3.16 公司建立了《纠正和预防措施控制程序》，以便如果识别出任何违反公司政策和本标准规定的事项，公司应识别根本原因，并根据其性质和严重性，调配相应的资源及时执行改正和预防措施。

培训和能力建设

3.17 公司应当根据风险评估的结果，对所有员工实行有效执行 SA8000 标准的培训计划。公司应定期衡量培训的有效性和记录培训内容和频率。

供应商和分包商管理

3.18 公司应针对标准执行合规性对其供应商/分包商，私营就业服务机构和次级供应商进行尽职调查。同样的调查方法适用于新的供应商/分包商，私营就业服务机构和次级供应商的筛选。公司应当至少采取以下行动以确保符合此要求，并进行记录：

a. 向供应商/分包商，私营就业服务机构和次级供应商的高层核心管理层有效传达此标准的要求；

b. 评估供应商/分包商，私营就业服务机构和次级供应商不合规项带来的重大风险；

c. 做出合理努力确保这些重大风险已得到供应商/分包商，私营就业服务机构和次级供应商的充分解决。公司应当根据其能力、资源及优先程度在适当的时间及地点来影响这些实体。

d. 进行监督和可追踪记录确保供应商/分包商，私营就业服务机构和次级供应商解除重大风险及改善情况，确保这些重大风险项被有效地解决。

3.19 公司在同供应商/分包商或次级供应商处接收、处理、推广商品或服务的过程中，如发现有家庭工被使用，公司应当采取有效行动确保那些家庭工获得一定程度上的保护（相同于在该标准下该公司内部员工所获得的保护）。

深圳 MICT 国际认证检测有限公司版权所有

表4-30　社会责任管理手册30

MICT 认证检测 管理手册	社会责任管理手册	文件编号	版本版次	页次
		MICT-SA-001	A/0	30/30

附录：

序号	文件编号	文件名称
1	MICT-SAP-001	法律法规控制程序
2	MICT-SAP-002	员工招聘控制程序
3	MICT-SAP-003	救济童工及未成年工保护控制程序
4	MICT-SAP-004	禁止强迫性劳工管理控制程序
5	MICT-SAP-005	健康与安全管理控制程序
6	MICT-SAP-006	危害源辨识和风险评估管理控制程序
7	MICT-SAP-007	员工培训管理控制程序
8	MICT-SAP-008	应急响应控制程序
9	MICT-SAP-009	女工管理程序
10	MICT-SAP-010	事故报告、调查及处理控制程序
11	MICT-SAP-011	紧急医疗救助管理程序
12	MICT-SAP-012	结社自由和集体谈判的权力管理控制程序
13	MICT-SAP-013	反歧视管理程序
14	MICT-SAP-014	工作时间、薪资管理程序
15	MICT-SAP-015	管理评审控制程序
16	MICT-SAP-016	内部审核控制程序
17	MICT-SAP-017	供应商、分包商管理控制程序
18	MICT-SAP-018	纠正和预防措施控制程序
19	MICT-SAP-019	对内对外沟通控制程序
20	MICT-SAP-020	文件及记录控制程序
21	MICT-SAP-021	防止惩戒性管理程序
22	MICT-SAP-022	反腐败贿赂管理程序
23	MICT-SAP-023	员工申诉管理控制程序
24	MICT-SAP-024	举报政策及程序
25	MICT-SAP-025	员工合理化建议管理程序
26	MICT-SAP-026	奖惩管理程序
27	MICT-SAP-027	消防应急管理程序

表4-31　社会责任管理手册31

MICT 认证检测	社会责任管理手册	文件编号	版本版次	页次
管理手册		MICT-SA-001	A/0	30/30

附录：

序号	文件编号	文件名称
28	MICT－SAP－028	社会责任绩效团队管理程序
29	MICT－SAP－029	化学品管理及标识管理程序
30	MICT－SAP－030	有害废物处理及贮存管理程序

深圳 MICT 国际认证检测有限公司版权

第二节　认证审核记录案例——程序文件

以下为社会责任程序文件，读者可在此基础上直接使用，如表4－32 至表4－92 所示。

深圳 MICT 国际认证检测有限公司

社会责任程序文件

编　制：

审　核：

批　准：

表 4 – 32 程序文件修订页

MICT 文件类别	程序文件修订页					文件编号	版本版次	页次
作业程序书								
项次	修订日期	前版本版次	修订页次	修订内容		修订人	核准	
部门	总经办	管理者代表	资材部	业务部	生产部	工程部	采购部	品质部	人力资源部	财务部
份数										
汇签										
制订单位	制订日期		核准		审核		制订		发行管制章
人力资源部									

表 4 – 33 法律法规控制程序

MICT 文件类别	法律法规控制程序	文件编号	版本版次	页次
作业程序书		MICT – SAP – 001	A/0	1/1

1. 目的

为了识别、获取并更新适用的社会责任法律、法规、标准及其他要求，特制定本程序。

2. 范围

本程序适用于公司识别、获取和更新社会责任法律、法规及其他要求，以及确认其适用性。

3. 权责

人力资源部负责获取社会责任法律、法规、标准和其他要求并确认其适用性，并及时更新。

MICT 文件类别	法律法规控制程序	文件编号	版本版次	页次
作业程序书		MICT – SAP – 001	A/0	1/1

4. 定义

无

5. 作业内容

5.1 获取途径

从专业报纸、杂志及专业咨询机构等渠道获取；从本地劳动和社会保障局、安全生产管理部门、消防管理部门、总工会等部门获取；也可以从社会责任在线获得相关资料。

5.2 确认适用性

a. 人力资源部根据公司需要，确认社会责任法律、法规及其他要求的适用性；

b. 根据国际标准、国家标准、行业标准和地方标准，确定公司生产经营过程中各个社会责任标准的适用性；

c. 人力资源部将收集到的法律、法规及标准的具体适用内容传达相关部门；

d. 当现行的法律、法规、标准和其他要求有标准更新时，应重新确认；

e. 人力资源部应随时获取并每年进行一次社会责任法律、法规适用性评审。

5.3 社会责任法律、法规、标准和其他要求的管理

a. 人力资源部获取和确认的社会责任法律、法规和其他要求应妥善保管并建立台账，负责跟踪其变化。

b. 人力资源部将适用的法律、法规和其他要求及时转发到公司各有关部门，对过期或作废的社会责任法规文件应及时收回。

c. 人力资源部每年要进行一次法律、法规、标准及其他要求的获取工作，同时每年要监督检查各部门目标、指标、社会责任活动表现与法律、法规及要求的符合性。

6. 参考文件

无

7. 使用表单

7.1 法律法规清单。

表 4–34　员工招聘控制程序

MICT 文件类别	员工招聘控制程序	文件编号	版本版次	页次
作业程序书		MICT – SAP – 002	A/0	1/1

1. 目的

为了确保招工过程符合国家法规规定，避免误招童工和发生歧视性事件，特制定本程序。

续表

MICT 文件类别	员工招聘控制程序	文件编号	版本版次	页次
作业程序书		MICT – SAP – 002	A/0	1/1

2. 范围

本程序适用于公司招工过程，特别是非管理层员工。

3. 权责

人力资源部负责根据"公开招工，全面考核，择优录取"的招工原则，根据公司需要招聘员工。

4. 定义

无

5. 作业内容

5.1 人力资源部人事根据公司发展需要，制定招工要求职位、工作岗位、技术及工作经验等；该要求应避免任何歧视性条款。招工广告通过劳动力市场等渠道发布。

5.2 招工时必须采取有效方法查验身份证，鉴别员工的真实年龄，确保员工入职时至少达到 16 周岁，防止因提供虚假年龄文件而误招童工。不能提供有效身份证明者一律不予录取。

5.3 招工时不得因种族、社会等级、国籍、宗教、残疾、性别、性别取向、工会会员资格或政党等方面的原因采取歧视行为。禁止以任何形式歧视女工，特别是怀孕女工。

5.4 招工时不得向员工收取任何形式的押金或抵押物，也不得通过招工代理机构收取。

5.5 招工时必须同时建立并保持完整的人事档案，包括入职日期、出生日期、教育经历、工作经历、家庭地址及紧急联络办法等，至少还应附加身份证复印件、学历证明复印件等。

5.6 经面试合格后，并经体检身体正常时，应与员工签订正式的《劳动合同》一式两份（企业、员工）。

5.7 根据法规要求，建立未成年工档案，安排上岗前和每年定期检查，办理未成年工登记，不得安排未成年工从事任何可能危害身体健康和安全的工作。

5.8 公司建立申诉和投诉机制，发现违反公司政策和法规的行为，可以直接向社会责任管理代表甚至总经理投诉，公司应及时查清事实，采取纠正行动。

6. 参考文件

无

7. 使用表单

7.1 员工花名册。

7.2 未成年工登记表。

7.3 员工体检登记表。

7.4 劳动合同。

表 4－35　救济童工及未成年工保护控制程序 1

MICT 文件类别	救济童工及未成年工 保护控制程序	文件编号	版本版次	页次
作业程序书		MICT－SAP－003	A/0	1/2

1. 目的

为了确保童工并遭遣散的儿童及未成年工的安全、健康、教育和发展，而采取所有必要的支持行动，特制定本程序。

2. 范围

本程序适用于所有曾在本公司的童工及正在本公司的未成年工。

3. 权责

3.1 人力资源部人事负责童工及未成年工的识别。

3.2 SA8000 管理代表确保本公司行为符合本程序规定。

3.3 员工代表代表劳动者就本程序执行情况与管理层沟通。

4. 定义

4.1 童工：根据《中华人民共和国劳动法》的规定，在年龄未满 16 周岁的工人定义为"童工"。

4.2 未成年工：根据《中华人民共和国劳动法》的规定，年龄已满 16 周岁而未满 18 周岁的工人。

4.3 拯救儿童：为了保障曾经担任童工并遭遣散的儿童的安全、健康、教育和发展，而采取的所有必要的支持和行动。

5. 作业内容

5.1 人力资源部人事在招聘员工时需辨识身份证明，本公司不允许有雇用童工的行为。

5.2 人力资源部人事如有童工则给予遣散，被遣散之童工报酬全额发放，并保留必要的记录。

5.3 本公司如果有童工则给予遣散，在保证健康安全的同时由本公司护送回原居住地。

5.4 本公司在新员工招聘时进行严格的人事资料的审核，并不定期检查是否聘用任何童工。

5.5 若发现本公司有任何不满 16 周岁之雇员时，应立即通知 SA8000 管理者代表或人力资源人事停止童工的使用并采取必要的支持行动，公司还应给这些儿童提供足够财务及其他支持以使之接受学校教育直到超过上述定义下儿童年龄为止。

5.6 未成年工的保护

5.6.1 对于本公司的未成年工人，必须对其合法权益给予保护，人力资源人事在招聘时需辨识身份证明，如果录用则保存其身份证明复印件于其档案中，识别未成年工并通知用人部门，各部门未成年工人与成年工人实行同工同酬。

5.6.2 未成年工管理应按照有关法律法规并进行注册管理，安排适当的工作，未成年工不准安排其在重型机器上工作，不准做夜间工作，不准安排进行加班加点。未成年工每天的上课、工作和交通所有时间。不可以超过 10 小时，且每天工作时间不能超过 8 小时。

续表

MICT 文件类别	救济童工及未成年工	文件编号	版本版次	页次
作业程序书	保护控制程序	MICT – SAP – 003	A/0	1/2

5.6.3 不得安排未成年工于危险、不安全或不健康的工作环境，不得从事电工、重体力工，不得操作各种危险机器。不得使用化学药水，以保证未成年工不在危险性较大的环境中作业。

5.6.4 不得安排未成年工从事有毒有害及国家规定的4级劳动强度和其他禁忌从事的劳动。

表4－36 救济童工及未成年工保护控制程序2

MICT 文件类别	救济童工及未成年工	文件编号	版本版次	页次
作业程序书	保护控制程序	MICT – SAP – 003	A/0	2/2

5.6.5 不得安排未成年工从事国家标准中第一级以上的有尘、有毒作业，第二级以上的高处作业，第三级以上的高低温作业。

5.6.6 不得安排未成年工从事接触放射性物质的作业及易燃易爆的危险性作业。

5.6.7 不得安排未成年工连续负重每小时超过6次以上且每次超过20公斤，间断每次超过25公斤的作业。

5.6.8 不得安排未成年工工作，需要长时间保持低头等强迫体位和动作频率每小时超过50次的流水线作业。

5.6.9 用人公司应按要求在安排未成年工工作岗位之前，工作满一年和年满18周岁，距前一次体检已超过半年的未成年工，同样需要每年一次规定项目之健康检查。

5.6.10 未成年工健康检查按有关未成年工健康检查表列出的项目进行。

5.6.11 本公司将按照未成年工体检情况安排其从事适合的劳动，对不能胜任原工作岗位的应根据医务部门的证明减轻劳动或安排其他工作。

5.6.12 对未成年工的使用和保护实行登记制度，招收未成年工需向当地劳动问好办理相关手续并遵照其有关规定。

5.6.13 未成年工上岗前应对其进行有关的职业安全教育培训，未成年工的体检和登记由本公司统一办理并承担相关费用。

5.6.14 人力资源人事应当对招工工作加强管理，在办理录用和备案手续时，必需严格检查应招人的年龄，不符合规定的，一律不给办理。

5.7 对童工及未成年工的特别规定

5.7.1 本公司若不慎使用童工应立即将其送回原地，并承担所需费用。

5.7.2 在童工被遣送回原地前若有患病或伤残，本公司应当负责医治并承担由此引起的一切费用和责任。

续表

MICT 文件类别	救济童工及未成年工	文件编号	版本版次	页次
作业程序书	保护控制程序	MICT – SAP – 003	A/0	2/2

5.7.3 被遣送的童工确实需上学而家中又有困难者，厂方应按当地标准支付学费至 16 周岁止，以确保其能继续接受义务教育。

5.7.4 对工作中的未成年工，当其以需离职接受教育时，公司不得以任何理由推迟办理，并全额发放工资，以支持未成年工继续接受教育。

6. 参考文件

6.1《中华人民共和国劳动合同法》。

6.2《国际劳工组织公约》。

7. 使用表单

7.1 童工救济报告。

表 4 –37 禁止强迫性劳工控制程序 1

MICT 文件类别	禁止强迫性劳工	文件编号	版本版次	页次
作业程序书	控制程序	MICT – SAP – 004	A/0	1/2

1. 目的

为了保障员工人身自由，确保本公司所雇用之员工均属自愿受雇，特制定本程序。

2. 范围

本程序适用于公司全体员工。

3. 权责

3.1 人力资源部负责制定本程序。

3.2 管理者代表负责审核本程序，并监督执行。

3.3 人力资源部负责执行本程序。

4. 定义

4.1 童工：根据《中华人民共和国劳动法》的规定，在年龄未满 16 周岁的工人定义为"童工"。

4.2 未成年工：根据《中华人民共和国劳动法》的规定，年龄已满 16 周岁而未满 18 周岁的工人。

4.3 拯救儿童：为了保障曾经担任童工并遭遭散的儿童的安全、健康、教育和发展，而采取的所有必要的支持和行动。

5. 作业内容

5.1 所有员工都需自愿被雇用，不得使用囚工、监狱工、抵债工等。

5.2 公司任何部门、任何人不得向进厂员工收取货币、实物等作为"入厂押金"，也不得扣留或者抵押员工的居民身份证、暂住证和其他证明个人身份的证件。

续表

MICT 文件类别	禁止强迫性劳工 控制程序	文件编号	版本版次	页次
作业程序书		MICT – SAP – 004	A/0	1/2

　　5.3 员工入厂及离职不须缴纳任何押金或培训费用，所有证件交人力资源部复印留底即可，原件返还给员工。

　　5.4 严禁任何部门、任何人对员工进行体罚、殴打、搜身和侮辱，以及锁闭工作场所和员工集体宿舍限制员工人身自由。

　　5.5 严禁任何部门、任何人以暴力、威胁或者非法限制人身自由的手段强迫员工劳动。

　　5.6 员工在非工作时间可自由出入宿舍及厂区外，保安仅为防止未经许可的人或车辆进入厂区范围内并防止有人盗窃工厂财物。

　　5.7 保安岗位是为维护工厂正常安全生产，生活秩序而设置；工厂不会使用保安对工厂员工进行恐吓、殴打等强迫性劳动；保安的一个重要职责是维护本厂员工人身财产安全不受伤害。

　　5.8 生产过程中的任一环节均不得派专人进行强制劳动、监禁劳动。

　　5.9 员工在工作时间内有饮水及去洗手间的自由，只需口头向组长报告，但不得成群离岗或以此方式故意怠工。

　　5.10 若员工离职遵循正常途径（即提前30天书面申请），工厂不会以任何方式惩罚。

　　5.11 本公司不容许有人做出任何恫吓的行为，例如令人产生惊恐、感到受辱或受欺的动作，粗暴言词、身体接触，均属不可接受的行为。

　　　表4–38　禁止强迫性劳工控制程序2

MICT 文件类别	禁止强迫性劳工 控制程序	文件编号	版本版次	页次
作业程序书		MICT – SAP – 004	A/0	2/2

　　5.12 员工有犯错误时应按正常的管理规程对员工进行沟通教育、口头警告或书面警告等。纪律措施，任何人不得使用保安向工人采取压迫性事件。

　　5.13 若员工感到有受到强迫劳动，可将事情反映给部门主管、员工代表或者书面形式投至"意见箱"中，由人力资源主管追查处理。如果对此有重大事情发生可以召开员工代表大会，并在员工代表会议上做出处理方案。

　　5.14 凡与本公司有业务来往的供应商都应遵守本公司的《禁止强迫劳动程序》规定。

　　6. 参考文件

　　6.1《中华人民共和国劳动合同法》

　　6.2《国际劳工组织公约》

　　7. 使用表单

　　无

表 4-39 健康与安全控制程序 1

MICT 文件类别	健康与安全控制程序	文件编号	版本版次	页次
作业程序书		MICT-SAP-005	A/0	1/5

1. 目的

公司职业健康安全进行管理和控制，全面提高公司安全生产、经营的管理水平，确保各项活动满足职业健康安全管理要求，特制定本程序。

2. 范围

本程序规定了公司管理过程中职业健康安全管理的控制内容和管理职责。适用于公司管理经营活动过程中职业健康安全管理过程控制。

3. 权责

3.1 总经理是公司职业健康安全管理的第一责任者，全面负责职业安全健康管理工作。

3.2 人力资源部是该程序的主管部门负责：

a. 安全事故处理的管理，负责职业健康安全运行的控制；

b. 组织设备的安全操作规程的制定和实施；

c. 负责监督设备的安全操作和事故应急处置预案实施；

d. 劳动防护用品的配置要求制定，对职工劳动保护用品的配置情况实施监督指导；

e. 组织职业健康安全意识方面的培训；

f. 全体职工健康体检的组织工作，对健康体检结果进行评定；

g. 明确员工代表并确保参与公司有关职业健康安全卫生的决定、意见；

h. 参与因公伤亡事故的调查及处理。

3.3 各部门负责本部门职业健康安全运行过程控制的实施。

4. 定义

无

5. 作业内容

5.1 安全宣传与培训教育。

5.1.1 公司及各岗位员工安全教育培训由人力资源部负责组织各实施，经考核合格后方可上岗操作。

5.1.2 公司各部门/各员工每季度安全培训时间不少于一次。

5.1.3 安全教育培训要有详细的记录。

5.2 安全检查及事故管理

5.2.1 公司安全检查工作实行分级管理。

a. 公司每季度组织对所属进行一次综合性安全大检查。

b. 各经理对各所管项目安全重点部位每月不少于一次检查。

c. 保安组每天组织安全检查，检查的重点应放在电器、火源、防盗等方面。

5.2.2 各类安全检查的部门均应认真填写并保持规范的检查记录。

表4-40　健康与安全控制程序2

MICT 文件类别	健康与安全控制程序	文件编号	版本版次	页次
作业程序书		MICT-SAP-005	A/0	2/5

5.2.3 对安全检查中发现问题、隐患，应执行《纠正和预防控制程序》，发《安全隐患整改通知书》，相关部门组织整改，检查部门对整改结果实施跟踪验证。对违章行为还应按行业有关规定严肃处理。

5.2.4 凡发生事故，各建立事故登记台账，重大以上事故，必须单独建档，做到资料齐全，数据准确。并应逐级上报，需要时按规定报当地政府有关部门，具体执行《纠正和预防控制程序》。

5.2.5 事故处理要按照"四不放过"（事故原因不清楚、事故责任者不明、整改措施不落实、教训不吸取）的原则，认真做好事故的调查和处理。

5.3 安全用电管理

5.3.1 工程部负责本公司用电作业的安全。

5.3.2 电源线、电器设备和配电设备必须符合国家安全规定，严禁使用不符合国家安全规定的电源线、电器设备和配电设备。

5.3.3 电器的使用

a. 严格按照电气设备维修制度和检修计划，按时维修、检修，发现问题应及时处理；

b. 检查要点：电气设备的接地线、接零线、开关、绝缘插头、插座是否良好，电线有无破损，线路是否安全合理，接线是否正确、牢固，有无编号。对手提电动工具、行灯，是否建立管理制度、并定期进行检查绝缘状况；

c. 在新装、迁装、改装电气设备时，应严格遵守电气安装规程，线路必须规范，安装完工后，要进行检查、验收。符合电气安全要求，方可投入运行。

5.3.4 临时用电管理

a. 在公司管理、办公、生活区域架设临时用电线路，使用部门首先写出书面申请，注明使用时间、地点、现场安全负责人，报总经理办理审批手续后，方可实施；

b. 临时线架设必须设立漏电保护的空气开关及配电箱，多路线应设总开关及分路开关；

c. 一切临时线路在使用期间，现场负责人应经常检查，严格管理，防止损坏和发生触电事故或火灾事故。

5.4 消防安全管理

5.4.1 消防安全工作必须坚持"预防为主，防消结合"的方针，人力资源人事负责组织制定有关消防安全管理制度，并负责组织各级实施消防安全检查与监督考核，及时纠正、改进影响消防安全的各类问题，具体执行《消防安全管理办法》。

表 4 – 41　健康与安全控制程序 3

MICT 文件类别	健康与安全控制程序	文件编号	版本版次	页次
作业程序书		MICT – SAP – 005	A/0	3/5

　　5.4.2 各部门按规定数量配置符合标准的灭火器材；库房及其他人员稠密场所均应按规定设置消防安全疏散通道和消防警示标志，并配置消防栓等大型灭火设施。

　　5.4.3 人力资源人事编制消防安全应急预案，建立消防应急反应系统，成立义务消防应急队伍并定期开展消防应急演练，提高本公司整体消防应急作战能力，具体执行《应急准备与响应控制程序》。

　　5.5 交通安全管理

　　5.5.1 保安组负责交通安全的管理，组织制定相关交通安全管理制度，并实施监督检查。

　　5.5.2 保安组负责对公司出入车辆进行管理，指挥引导车辆行驶及停放，避免发生交通事故。

　　5.5.3 保安组负责对公司内交通引导标识的设置及维护进行管理。

　　5.6 危险化学品安全管理

　　5.6.1 技术部：负责危险化学品的安全管理，组织制定危险化学品安全管理规定及相关安全知识的培训，并对实施情况进行检查与监督，危险化学品管理的具体事项执行《危险物品管理规定》。

　　5.7 劳动防护用品管理。

　　5.7.1 人力资源人事负责劳动防护用品配置的管理，负责按从事的工种发放相应的防护用品，并对劳动防护用品的使用进行检查督促。

　　5.7.2 劳动安全防护用品包括：

　　a. 各类漏电保护器、开关、电缆；各类应急配电箱、柜。

　　b. 各类设备的重要安全防护装置；各种安全护罩、工作帽；灭火器等。

　　5.7.3 人力资源人事负责制定公司年度防护用品发放计划，经总经理批准后，实施业务；

　　a. 业务特种防护用品应到具有资质的公司进行采购。所购产品应具有国家检测机构颁发的《产品安全合格鉴定标识》，否则不准购进；

　　b. 安全防护用品在入库前应由库管人员进行质量、规格、数量等方面的验收，凡质量不合格的防护用品不得入库。

　　5.7.4 各相关部门领取的公用安全防护用品，应落实到专人保管。

　　5.7.5 防护用品的使用

　　a. 员工应自觉加强安全意识，进入工作岗位必须正确穿戴和使用防护用品；否则不能进入工作岗位；

　　b. 各部门对员工使用劳动防护用品进行必要的日常检查监督，对不按要求使用防护用品的职工做出相应的处理。

　　5.8 工伤事故管理

　　5.8.1 生产部负责工伤事故处理。

表4-42 健康与安全控制程序4

MICT 文件类别	健康与安全控制程序	文件编号	版本版次	页次
作业程序书		MICT - SAP - 005	A/0	4/5

5.8.2 责任部门发生事故后应及时进行上报，生产现场立即启动应急预案进行调查和处理，执行《应急准备与响应控制程序》的规定。

5.8.3 人力资源人事负责组织员工的工伤伤残等级鉴定，联系地方劳动鉴定委员会确定的伤残鉴定机构，并负责工伤员工的待遇管理。

5.8.4 本公司工伤管理应符合国家有关法律、法规、政策和上级规定要求，明确工伤范围、认定条件、认定程序、伤残鉴定条件和伤残鉴定程序。

5.8.5 本公司工伤员工必须在指定的医疗机构进行治疗（如因医疗手段和医疗设备限制等特殊原因，确需到其他医疗机构治疗的，必须由指定医疗机构签署意见，并经本公司主管领导批准）。

5.8.6 各类工伤事故均应按"四不放过"的原则进行调查、分析、处理，调查结束后建立完整档案。符合工伤条件的，在规定的期限内研究上报认定。

5.9 员工健康管理

5.9.1 人力资源人事负责全体职工健康体检的组织工作，对健康体检结果进行评定。对各部门员工健康管理的实施情况进行监督检查。

5.9.2 各部门利用报纸、板报、宣传材料等传播媒介开展对员工的健康安全宣传教育。

5.9.3 人力资源人事依据国家职业卫生防护法，负责所有员工健康检查和职业病识别与防治工作，按计划和要求组织员工进行健康体检，并建立员工健康档案。

6. 参考文件

6.1 《中华人民共和国安全生产法》

6.2 《中华人民共和国消防法》

6.3 《企业职工伤亡事故报告和处理规定》（国务院75号令）

6.4 《劳动防护用品管理规定》劳动部1996颁布

6.5 《中华人民共和国妇女权益保障法》

6.6 《中华人民共和国未成年人保护法》

6.7 《企业职工伤亡事故和处理规定》

6.8 《纠正和预防控制程序》

6.9 《消防安全管理规定》

6.10 《防盗抢管理规定》

表4-43 健康与安全控制程序5

MICT 文件类别	健康与安全控制程序	文件编号	版本版次	页次
作业程序书		MICT - SAP - 005	A/0	5/5

6.11《交通安全管理规定》
6.12《应急准备与响应控制规定》
7. 使用表单
7.1 安全教育培训记录
7.2 安全检查记录
7.3 事故登记表
7.4 工伤事故调查记录

表4-44 危害辨识和风险评估控制程序1

MICT 文件类别	危害辨识和风险评估控制程序	文件编号	版本版次	页次
作业程序书		MICT - SAP - 006	A/0	1/2

1. 目的
　　为了对本公司能够控制和可望施加影响的危害因素进行辨识和评价，并从中评价出重要危害因素，为建立社会责任目标，实施运行控制和改善安全卫生行为提供依据，特制定本程序。
2. 范围
本程序适用于公司范围内及相关方危害辨识和危险评价。
3. 权责
3.1 各部门、各车间负责辨识和评价本部门、本车间的危险因素。
3.2 管理者代表负责重要危险因素评价结果的审批。
4. 定义
无
5. 作业内容
5.1 危害因素的辨识与风险评价工作程序。
5.1.1 危害因素的辨识与评价范围分两大部分：
5.1.2 公司内部：即公司各部门自身的日常办公活动以有人力资源管理活动范围。
　　5.1.3 相关方：即公司对人力资源管辖区域内建筑施工或供货商可望施加影响的活动、产品、服务范围。
　　5.1.4 各部门首先应按照本程序的内容和要求，分别识别出内部自身的和对口业务相关方的能够控制和可望施加影响的危害因素，并加以判断，评价出具有重大危害影响或可能具有重大危害影响的因素。辨识和评价的结果应分别填写在《危害辨识与风险评价清单》上，经部门负责人审核确认后递交安全负责人。

续表

MICT 文件类别	危害辨识和风险评估 控制程序	文件编号	版本版次	页次
作业程序书		MICT – SAP – 006	A/0	1/2

5.1.5 安全负责人对各部门交送的结果进行复核，必要时加以补充，将最终整理出的结果填写《危害辨识与风险评价清单》，交管理者代表审核。

5.1.6 各部门将本部门确认后的危害辨识及风险评价清单留存一份，向本部门的员工进行宣传，以便明确本部门的危害因素对其加以控制和施加影响。危害辨识与风险评价工作每年进行一次，由安全负责人组织进行。

5.1.7 各部门在发生以下情况时应重新辨识与评价危害因素，及时更新：

a. 相关的管理或服务发生变化（增加或减少）。

b. 有关的安全法律、法规修订或废除。

c. 本公司的发展规划作调整或开发建设发生较大变化。

d. 定期测量结果发生变化。

e. 材料、设施或设备发生变更。

f. 发生了紧急情况或安全事故。

表 4 – 45   危害辨识和风险评估控制程序 2

MICT 文件类别	危害辨识和风险评估 控制程序	文件编号	版本版次	页次
作业程序书		MICT – SAP – 006	A/0	2/2

g. 相关方有建议或抱怨。

5.1.8 重新辨识和评价危害因素的程序按 4.1.1 、4.1.2 、4.1.3 、4.1.4 款进行。

6. 参考文件

无

7. 使用表单

7.1《危害辨识与风险评价清单》

表 4 – 46   员工培训控制程序 1

MICT 文件类别	员工培训控制程序	文件编号	版本版次	页次
作业程序书		MICT – SAP – 007	A/0	1/3

1. 目的

为建立和保持 SA8000 管理体系按规定实施运行，消除或减少人员伤害和财产损失，特制定本程序。

MICT 文件类别	员工培训控制程序	文件编号	版本版次	页次
作业程序书		MICT – SAP – 007	A/0	1/3

2. 范围

适用于公司全体员工的培训工作。

3. 权责

3.1 人力资源部负责确定管理体系各岗位的任职能力要求及各层次人员的培训需求和培训计划并组织实施。

3.2 各相关职能部门根据培训计划，配合人力资源部实施培训计划，并对培训计划效果进行评价。

3.3 人力资源部负责对培训效果及能力进行鉴定。

3.4 各部门负责培训人员的输送及配合人力资源部进行具体培训的实施和培训效果的验证。

4. 定义

无

5. 作业内容

5.1 培训需求的识别：

5.1.1 人力资源部组织制定各岗位的"岗位工作标准"，对岗位人员的教育培训经历、技能要求做出规定，报最高管理者批准。

5.1.2 人力资源部应根据公司的年度计划和长远规划，以及"岗位工作标准"，评价现有人力资源能否满足体系运行需要，对不能满足的安排培训。

5.1.3 每年定期由各部门对员工进行管理体系、法律、法规和公司有关规章制度的培训需求进行分析和评价，并填写《年度培训计划》送交人力资源部。

5.1.4 每年定期由各部门识别培训需求，以提高员工业务能力，填写《年度培训计划》报人力资源部，人力资源部汇总后，编制公司年度培训计划，人力资源部负责人审核后，公司总经理批准。

5.1.5 各部门为提高员工业务能力，根据公司年度培训计划，填写《培训申请表》，向人力资源部提出培训需求，总经理批准。

5.1.6 未纳入公司年度计划的培训申请，申请部门填写《培训申请表》报人力资源部审核后，报公司领导批准。

5.2 培训计划：

5.2.1 年度培训计划的制定：人力资源部每年定期根据培训需求情况制定《年度培训计划》，明确培训目的、内容、形式、对象、时间和责任人。

表 4 – 47　员工培训控制程序 2

MICT 文件类别	员工培训控制程序	文件编号	版本版次	页次
作业程序书		MICT – SAP – 007	A/0	2/3

5.2.2 培训方式：

—— 本公司内部培训（含新进人员三级安全教育培训、跟班实习，拜师培训等）；

—— 员工自学；

—— 由公司统一组织相关人员参加外公司举办的专业培训班；

—— 聘请专业人员来公司进行定向培训；

—— 其他培训。

5.2.3 培训种类

—— 新进公司员工培训；

—— 公司领导、中层干部 SA8000 知识培训；

—— 公司全体员工 SA8000 知识培训；

—— 变换工种（转岗）教育培训；

—— 事故预防控制和应急措施培训。

5.2.4 培训计划的定期评审：

培训计划要定期评审，必要时予以修订以保证其适宜性和有效性，或根据培训需求的变化及培训效果，必要时人力资源部组织对培训计划进行评审和修订。

5.3 培训实施：

5.3.1 依照经批准后的培训申请，在培训实施前由人力资源部安排培训地点、课程进度和培训师资。

5.3.2 内部培训实施前，培训责任人须认真做好准备工作，实施时维持好课堂秩序，明确培训情况记录人，编制好管理体系教育的有关教材，所选用的教材应运用最新版本的法律、法规、国家标准等文件，培训实施结束后将《会议签到》交人力资源部保管。

5.3.3 参加外培的，总经理指定具体参培人员，相关部门督促其按时报到。参培人员要做好学习笔记，取得的结业证复印件应交档案室保存。

5.3.4 员工因提升能力需要，需向人力资源部提出申请，经总经理批准，参加与本职工作相关的业余函授学习，主管部门应给予支持，并在学习时间上要做出适当安排。

5.4 培训纪律：

5.4.1 培训责任部门要严格按照培训实施计划实施培训，不得随意更改，确因特殊情况需要更改的必须提前一周提出申请，经培训主管部门同意后重新调整计划。

5.4.2 培训实施时，所有参培人员均须按时参加。

5.4.3 所有参培人员必须参加考评考试。

表4-48　员工培训控制程序3

MICT 文件类别	员工培训控制程序	文件编号	版本版次	页次
作业程序书		MICT-SAP-007	A/0	3/3

5.4 培训纪律：

5.4.1 培训责任部门要严格按照培训实施计划实施培训，不得随意更改，确因特殊情况需要更改的必须提前一周提出申请，经培训主管部门同意后重新调整计划。

5.4.2 培训实施时，所有参培人员均须按时参加。

5.5 培训效果验证：

5.5.1 对集中培训的，由培训责任部门通过笔试验证培训效果。

5.5.2 委外培训的应带回培训机构发给的结业证书或考核成绩单，未进行考核发证的，由人力资源部组织验证。

5.5.3 对跟班学习和拜师培训的新进人员，主要通过实际操作，考核其是否具备了相应的能力。

5.6 培训有效性的评价：

每次培训后，人力资源部应根据验证结果，对培训的有效性进行评价，评价结果应在《年度培训效果评估》中反映。

5.7 资料管理

5.7.1 培训资料列入公司资料管理范畴，并按《文件控制程序》进行管理。

5.7.2 人力资源部及时做好各项培训内容和人员资料的登记存档工作。

5.8 员工自学、自学效果的验证及奖励

具体按《员工教育培训管理规定》执行。

5.9 对供方的培训

相关供方进入现场前，考虑人员素质要求，由人力资源部对供方相关人员进行入场安全教育，将公司的相关程序和重要因素通报供方，人力资源部将有关记录备案。由相关供方主要主管负责向供方内部进行传达，并遵照执行，以确保他们理解和认可本公司的相关要求。

6. 参考文件

无

7. 使用表单

7.1 培训计划

7.2 培训效果评估

表 4 - 49　应急响应控制程序

MICT 文件类别	应急响应控制程序	文件编号	版本版次	页次
作业程序书		MICT - SAP - 007	A/0	

1. 目的

公司应判定对潜在环境事故和紧急情况的应急计划，以确保对意外环境事故或事件做出及时、有效的反应，并通过对公司潜在火灾事故、紧急情况进行策划、管理和控制，确保预防或减少火灾事故及环境影响，特制定本程序。

2. 范围

本程序适用于公司各车间及部门的潜在环境及安全因素的控制，对公司潜在火灾环境事故、紧急情况的管理和控制做出了明文规定。

3. 权责

3.1 人力资源部配置火灾应急准备和响应各项资源，由相关部门负责监管实施。

3.2 由人力资源部负责建立"消防器材台账"并负责对所有消防器材进行日常检查和考核，对每次事故建立调查与分析报告，并负责定期组织火灾应急准备和响应演习。

3.3 管理者代表负责跟踪和记录公司发生的火灾环境突发事故，并组织检讨。

3.4 各车间负责对公司的机器设备进行保养并填写"设备维修保养记录"。

3.5 工程部负责对生产设备进行检修，对超过使用寿命而不能用于生产的机器设备进行报废申请，填"设备报废申请单"。

4. 定义

无

5. 作业内容

5.1 潜在的紧急情况的突发事件、事故、紧急情况可能包括：

火灾、爆炸事故；

现场机械故障以及意外伤害事件；

有毒有害物质意外泄漏、污染物意外泄漏事件；

台风、火灾；

饮食卫生意外事件；

交通事故；

现场设备物资失窃事件；

污水处理设备发生故障；

其他。

5.2 工作方法

5.2.1 各部门针对潜在事故的隐患、紧急情况，根据作业活动或场所的特点，编制相应的应急预案，以预防或减少事件的影响或产生。

MICT 文件类别	应急响应控制程序	文件编号	版本版次	页次
作业程序书		MICT－SAP－007	A/0	

5.2.2 人力资源人事负责编制公司《公司逃生路线图》，定期巡检消防设施完好性及配备充分性，巡检完毕，生产部安全组负责填制《公司消防器械巡检表》，若有不适宜现象，应依据《不符合、纠正与预防控制程序》进行纠正。

5.2.3 预案应具备以下要素：

a. 可能发生的事故后果；

b. 应急指挥者、参与者的责任、义务；

c. 应急服务信息（包括消防、救护、渗漏清理部门等）；

d. 内外部报警、联络步骤；

e. 疏散程序；

f. 危险物的确认和位置，所要求的应急行动；

g. 与公众的交流；

h. 应急器材。

5.2.4 应急预案由重要消防危险隐患部门负责人负责编制，经管理者代表批准后方可执行。

5.2.5 认真落实预案的各项要求，做到组织健全，责任明确，方法适宜，器材到位。

5.2.6 发生事故时，事故发生的部门应及时做好。

a. 根据预案的要求，组织队伍和人员，分工落实，实施抢险救援工作。

b. 立即与当地医疗、消防部门联系。

c. 立即上报事故情况。

d. 采取必要措施防止事故扩大。

e. 保护事故现场、配合调查人员进行事故调查验证。

f. 发生工伤事故应立即送伤员到就近医院就医。

5.2.7 接到事故报告后，公司分管领导、专业救援人员和保安人员必须立即赴事故现场，处理事故抢险及善后事宜。

5.2.8 人力资源部定期组织项目应急准备和响应预案的试验（演习），确保状态的正常完好。

a. 应急演习内容主要针对应急计划的项目，包括通信联络、应急设施的适宜性、有效性等。

b. 所有的应急演习应形成应急演习报告，包括参与演习人员、演习项目、效果评价、应急预案改进建议等。

续表

MICT 文件类别	应急响应控制程序	文件编号	版本版次	页次
作业程序书		MICT－SAP－007	A/0	

5.2.9 应急预案应在下列情况下由人力资源部及各相关部门进行评审：

——事故和紧急情况发生后

——应急演习后

——相关方的投诉或抱怨以及内、外审和其他发现问题时

5.2.10 评审内容可包括：

a. 应急措施的适宜性；

b. 应急设施的充分性；

c. 人员的临场安全意识、能力和行为；

d. 内部和外部联络方式及其通畅通情况。

5.2.11 经过评审而引起的文件修定应按《文件控制程序》执行。

5.3 人力资源部对应急程序的有效性应每隔半年检测一次，以确保其有效性。

6. 参考文件

改进、纠正和预防控制程序。

7. 使用表单

7.1 整改通知单

7.2 事故调查与分析报告

7.3 生产现场安全巡查记录

7.4 设备报废申请单

表 4－50 女工管理程序

MICT 文件类别	女工管理程序	文件编号	版本版次	页次
作业程序书		MICT－SAP－009	A/0	1/1

1. 目的

为确保女工的身心健康得到良好的发展，保护在本公司工作的女工，特制定本程序。

2. 范围

本程序适用于本公司工作的女工。

3. 权责

人力资源部负责获取社会责任法律、法规、标准和其他要求并确认其适用性，并及时更新。

4. 定义

女工：在本公司工作的女性。

MICT 文件类别	女工管理程序	文件编号	版本版次	页次
作业程序书		MICT – SAP – 009	A/0	1/1

5. 作业内容

5.1 根据劳动法律法规，做好女工保护工作，严禁安排女工从事危害身心健康及禁忌从事危险生育健康和有安全风险的工作。

5.2 女工怀孕，部门负责人或怀孕女工应上报人力资源人事。人力资源人事负责通知所属部门主管，安排一些较轻便的工作给予怀孕女工。

5.3 不得在女工怀孕时期、产期、哺乳期降低其工资或解除劳动。

5.4 严禁安排女工从事第四级体力劳动强度的劳动和其他女工禁忌的工作。

5.5 女工在月经期间，相关部门不得安排其从事高空、低温、冷水和国家规定的第三级体力劳动强度的劳动，并且在月经期提供热水洗澡。

5.6 怀孕期间，相关部门不得安排其从事第三级体力劳动强度的劳动和孕期禁忌工作，不得延长劳动时间，并对不能胜任原劳动的，可以适当减轻或调换到劳动强度较轻的工作岗位。

5.7 怀孕 7 个月以上的女工，一律不安排其从事夜间劳动，在劳动的过程中并安排一定的中间时间休息，在上班时间进行产前检查，应当算作上班时间。

5.8 有薪产假为 98 天，其中产前休假 15 天，难产者增加 15 天，多胞胎的，每多生一个婴儿，增加产假 15 天，如怀孕流产的根据医生证明，给予一定时间的产假。

5.9 有不满 1 周岁婴儿的女工。每天劳动时间给予两次哺乳时间，每次哺乳时间为 30 分钟，哺乳时间为劳动时间。

5.10 如在哺乳期内，不得安排其从事第三级体力劳动强度的劳动，和哺乳期禁忌从事的工作，并且不得延长劳动时间和夜间劳动。

5.11 如果任何女员工如受到不合理待遇、权利受到伤害时，则有权向公司领导、员工代表、人事部、人力资源人事、人力资源部等部门提出申诉。

6. 参考文件

6.1《劳动法》

6.2《中华人民共和国妇女权益保障法》

7. 使用表单

7.1 花名册

表 4－51 事故报告、调查及处理控制程序 1

MICT 文件类别	事故报告、调查及处理控制程序	文件编号	版本版次	页次
作业程序书		MICT – SAP – 010	A/0	1/5

1. 目的

对发生的事故（包含未遂事故）、事件及时进行报告、调查、分析和处理，防止类似事故、事件的重复发生，并最大可能地降低事故可能造成的损失，特制定本程序。

续表

MICT 文件类别	事故报告、调查及处理	文件编号	版本版次	页次
作业程序书	控制程序	MICT－SAP－010	A/0	1/5

2. 范围

本程序适用于事故（包含未遂事故）、事件发生后的报告、处置、调查、分析、处理、统计、记录、上报等工作，本程序中所指事故、事件不含质量事故、事件。

3. 权责

3.1 人力资源部负责公司重大事故进行调查与处理。

3.2 生产部负责生产事故的调查、处理，负责公司设备事故的调查与处理，生产、设备事故的统计、建账、上报工作。

4. 定义

4.1 事故：造成死亡、疾病、伤害、财产损失或其他损失的意外事件。

4.2 事件：导致或可能导致事故的情况。

5. 作业内容

5.1 事故类别与级别

5.1.1 事故的分类

事故依据其发生的性质分为火灾爆炸事故、人员伤亡事故、环境污染事故、厂内交通事故、生产事故、设备事故。

a. 火灾爆炸事故：在生产过程中，由于各种原因引起的火灾、爆炸，并造成人员伤亡或财产损失的事故。

b. 人员伤亡事故：指除火灾爆炸事故、交通事故以外，员工在作业过程中发生的人身伤害、中毒、窒息、死亡的事故。

c. 环境污染事故：导致环境受到污染，人体健康受到危害，社会经济与人民财产受到损害，造成不良社会影响的突发性事件。除自然灾害原因。

d. 厂内交通事故：机动车辆在生产厂区行驶过程中造成车辆损坏、财产损失或人员伤亡的事故。

e. 生产事故：在生产过程中，造成停产、减产、跑料、串料、泄漏等情况，但没有人员伤亡的事故。

f. 设备事故：在设备运行中，造成机械、动力、电讯、仪器（表）、容器、运输设备、管道等设备及建筑物等损坏，造成损失，但没有人员伤亡的事故。

表 4－52　事故报告、调查及处理控制程序 2

MICT 文件类别	事故报告、调查及处理	文件编号	版本版次	页次
作业程序书	控制程序	MICT－SAP－010	A/0	2/5

5.1.2 事故的等级划分

a. 为了便于事故管理，公司事故等级的划分执行公司内部划分标准，内部划分标准严于国家标准。依据国家有关法规要求，当公司发生对外上报事故时，事故等级的划分执行国家标准。

MICT 文件类别	事故报告、调查及处理	文件编号	版本版次	页次
作业程序书	控制程序	MICT – SAP – 010	A/0	2/5

b. 依据安全生产实际情况，公司各类事故按照造成的后果及产生的影响大小，分为公司级微小事故、公司级一般事故、公司级重大事故和公司级特大事故。

c. 事故级别划分标准：

级别 ＼ 后果	公司级微小事故	公司级一般事故	公司级重大事故	公司级特大事故
轻伤（人）	未达伤残等级最低级	1 – 9	10 – 29	≥30
重伤、急性职业中毒（人）	无	1 – 2	3 – 9	≥10
死亡（人）	无	无	1 – 2	≥3
生产装置着火、闪爆、爆炸	无	——	——	——
直接经济损失（万元）	<3	≥3	≥5	≥10
主要工艺生产装置	单套工艺单元停工24小时以内	单套工艺单元停工24小时		
以上	单套工艺单元停工72小时以上	单套工艺单元停工120小时以上		
有毒有害物质泄漏	环境轻微污染	生产厂区局部污染	生产厂区内严重污染、人员	
转移	厂区周边区域污染、人员转移			

d. 重伤、轻伤、直接经济损失、间接经济损失按照国家有关标准进行划分和计算，公司事故级别划分中的经济损失按直接经济损失计算。

e. 发生险肇事故和未遂事故时根据事件有可能导致的直接结果，按相应等级的已发生事故处理。

5.2 事故的报告、调查与处理

5.2.1 事故报告

5.2.1.1 事故发生后，事故现场人员必须立即将事故信息上报部门负责人，并及时采取应急措施进行现场处置，由事故部门的负责人将事故信息立即上报人力资源。

5.2.1.2 事故发生部门负责人在接到报警后，应立即根据事故现场情况按照应急管理要求组织事故现场的应急处置。事故的报告、应急处置具体执行《应急准备与响应控制程序》。

表 4 – 53　事故报告、调查及处理控制程序 3

MICT 文件类别	事故报告、调查及处理	文件编号	版本版次	页次
作业程序书	控制程序	MICT – SAP – 010	A/0	3/5

5.2.1.3 对于初步判断为公司级重大以上事故时，应立即报告公司人力资源部。按国家事故等级的管理要求，公司级重大以上事故中需向当地政府部门、主管部门报告的，由人力资源部负责人在 1 小时内，按照国家有关规定进行报告。

5.2.1.4 对于从现场获得的各类事故信息均应如实上报，不得以事故不清楚为由延迟报告或瞒报、谎报。

5.2.1.5 事故发生后，事故发生部门应严格保护事故现场。如因特殊原因需移动现场对象时，必须做好现场标识，妥善保存现场重要痕迹、物证，以便事故的现场调查。

5.2.1.6 外协施工、技术服务等相关方发生事故时按上述规定执行。

5.2.2 事故调查处理权限

5.2.2.1 当发生公司级微小事故时，由事故发生部门依据公司、部门的有关管理要求，负责对事故组织调查、处理。

5.2.2.2 当发生公司级一般事故时，根据事故的分类，由人力资源人事负责对事故组织调查与处理；负责将事故调查、处理信息备案。事故的发生部门负责协助事故调查。当发生的事故无法明确分类时，由公司总经理指定责任部门，负责组织事故的调查与处理。

5.2.2.3 当发生公司级重大及重大以上事故时，由公司人力资源部负责组织生产、设备等部门，进行事故的调查与处理。

5.2.2.4 当发生政府、上级主管部门介入的事故时，由公司人力资源部门负责协助政府、上级主管部门进行事故调查，落实事故的有关处理决议。

5.2.2.5 涉及外协施工、技术服务等相关方的事故，由双方共同组成事故调查组进行事故的调查、分析与处理。

5.2.3 事故调查处理要求

5.2.3.1 当事故发生后，事故的报告、现场处置、调查、分析、处理、记录、统计、上报等工作，应严格按照国家有关事故的调查、处理程序执行。

5.2.3.2 发生事故，无论事故大小均应按照"四不放过"的原则进行调查处理，未遂事件按照可导致直接结果的已发生事故处理。

5.2.3.3 事故调查应本着公平、公正的原则进行，查明事故发生的过程、原因、性质、人员伤亡和经济损失情况，尤其要查明管理上存在的薄弱环节和安全技术上存在的缺陷，客观、真实的反映事故发生的全过程。

5.2.3.4 事故调查中，调查人员有权向发生事故的部门、人员了解与发生事故有关的情况，并索取、搜集事故相关材料。任何部门和个人不得推诿、阻挠、拒绝，不得隐瞒和谎报，更不得出具伪证、破坏事故现场或阻挠事故的调查，应如实反映事故真实情况。

表4−54　事故报告、调查及处理控制程序4

MICT 文件类别	事故报告、调查及处理	文件编号	版本版次	页次
作业程序书	控制程序	MICT – SAP – 010	A/0	4/5

　　5.2.3.5 事故调查应通过现场勘察和调查询问的方法，采集与发生事故有关的原始证据和证人口述材料，填写《事故调查笔录》，核查与事故有关的各种记录和资料，掌握与事故有关的细节和因素等，为事故分析提供证据。

　　5.2.4 事故调查的内容应包括：

　　——事故发生的时间、地点、天气、事故部门；

　　——事故发生点的生产工况、事故经过、初步原因、事故损失情况；

　　——事故现场人员情况、事故应急处置情况；

　　——伤亡人员姓名、性别、年龄、工种、工龄、职称、职务、伤势部位和受过何种安全教育、技术培训、有无预防事故的措施；

　　——人证、物证、旁证，了解事故前的情况、事故中的变化和事故后的状况；

　　——其他有关内容。

　　5.2.5 事故分析

　　——采用适当的事故分析方法确定事故的直接和间接原因，进行责任分析。

　　——确定事故的责任者。根据事故调查所确认的事实，确定直接和间接责任者。

　　5.2.6 事故处理

　　5.2.6.1 事故调查分析后，应由事故调查部门编写事故报告（通报），进行事故处理。

　　5.2.6.2 事故报告（通报）内容应包括：

　　——事故的基本情况，包括部门名称、发生事故日期、类别、地点、人员伤亡情况、经济损失等；

　　——事故经过；

　　——事故原因分析，包括直接原因和间接原因；

　　——事故责任分析，包括直接责任者、领导责任者，并确定主要责任者；

　　——事故纠正与预防的措施、建议。对涉及相关方的事故，应分别提出处理意见和防范措施；

　　——对事故责任者的处理意见和建议；

　　——其他材料（包括影像资料、技术鉴定报告和图表资料）。

　　5.2.6.3 事故发生部门应本着"四不放过"的原则，根据事故报告（通报）中的纠正与预防措施，结合部门情况编制工作计划，组织落实整改工作。事故调查部门负责检查、验证防范措施的落实情况，填写《意外幸免事故年度统计分析报告》。

表 4－55　事故报告、调查及处理控制程序 5

MICT 文件类别	事故报告、调查及处理	文件编号	版本版次	页次
作业程序书	控制程序	MICT－SAP－010	A/0	5/5

　　5.6.4 当事故的应急处置中出现应急能力不足、应急措施不到位等影响应急效果的情况时，应急责任部门应及时修订、完善应急体系。具体执行《应急准备与响应控制程序》。

　　5.6.5 事故发生后，人力资源人事负责事故伤亡人员的工伤治疗费用支付、工伤鉴定、工伤赔付、工伤档案等管理工作，具体执行《工伤保险管理规定》；群众工作部负责事故中伤亡人员的善后处理工作。

　　5.7 事故材料的上报和统计、建档

　　5.7.1 在发生公司级微小事故后，由事故发生部门及时对发生的事故进行调查处理，并在三个工作日内向公司专业主管部门上报事故的调查、处理材料。

　　5.7.2 在发生公司级一般事故后，由公司事故调查部门负责及时对发生的事故进行调查处理，并在七个工作日内将事故材料及时上报至公司人力资源人事。

　　5.7.3 在发生公司级重大以上事故后，由人力资源人事负责事故的上报工作。

　　5.7.4 公司各部门负责对本部门发生的事故进行统计、建账；各专业管理部门负责对本专业范围内发生的事故进行统计、建账，并每月将事故材料报至人力资源部对各部门上报的事故进行统计、建账，并定期向公司总经理汇报。

　　5.7.5 事故信息的对外报道执行国家有关事故信息处理及公司应急管理的有关规定，任何部门、人员在无公司授权的情况下无权对外披露、发布事故信息。

　　6. 参考文件

　　6.1《应急准备与响应控制程序》

　　6.2《工伤保险管理规定》

　　7. 使用表单

　　7.1 事故调查与处理报告

表 4－56　紧急医疗救助管理程序

MICT 文件类别	紧急医疗救助管理程序	文件编号	版本版次	页次
作业程序书		MICT－SAP－011	A/0	1/2

　　1. 目的

　　减轻受伤害员工的病痛，将伤害减少到最低，为避免伤害事故进一步恶化，特制定本程序。

　　2. 范围

　　本程序适用于在本公司厂房、厂区、写字楼、食堂、宿舍等区域发生的伤害事故紧急救护。

MICT 文件类别	紧急医疗救助管理程序	文件编号	版本版次	页次
作业程序书		MICT – SAP – 011	A/0	1/2

3. 权责

3.1 急救员负责员工受伤的急救工作。

3.2 人力资源部负责员工受伤急救工作相关事宜的协调工作。

4. 定义

无

5. 作业内容

5.1 手脚出血

5.1.1 如果伤口被泥沙污染，应首先用消毒水或冷开水冲洗，切忌用肥皂洗涤。

5.1.2 出血伤口周围的血块、血浆等不要去擦洗，伤口内的玻璃片、小刀等异物也不要勉强拔出，因拔出后可能引起大出血，应马上送医院处理。

5.1.3 用消毒纱布垫在伤口上，直接压迫约 10～20 分钟止血

5.1.4 血止住后，用包带轻轻包扎，注意别包得过紧，以能压住出血为度，然后送医院就医。

5.1.5 切忌用脱脂棉花、草纸垫在伤口处，也不能在伤口上涂药物。

5.2 人工呼吸和心肺复苏术员工受意外伤害或患病而休克，呼吸或心跳停止后，应马上进行人工呼吸和心肺复苏术。同时拨打 120 急救。

5.3 骨折：骨折脱位损伤后，局部应减少活动，必要时制动。尤其疼痛剧烈难忍，应怀疑骨折，必须用简易木板棍棒等物结扎制动固定，急送医院处理或拨打 120。

5.4 开放性创伤：局部少量溢血或出血，疼痛。

5.4.1 清理创口：用药棉或棉签蘸 75% 医用酒精，由内至外画圆圈擦拭。如果口内污染较严重，须用双氧水冲洗伤口，把伤口内污染物清除。

5.4.2 消炎止血：用云南白药消炎止血。

5.4.3 包扎：创口面织小者，创口处撒上云南白药，用创可贴即可，如创口面织较大，创口处撒上云南白药，先盖上无菌纱布粘牢即可。

5.4.4 如伤势严重者，包扎止血后立即送医院就医。

5.5 闭合性创伤：立即送医院就医。

5.6 烧伤、烫伤：轻者立即涂抹药膏，严重者送医院就医。

5.7 中暑：患者出现头晕，恶心，呕吐，四肢乏力，甚至昏厥。

表 4 – 57 紧急医疗救助管理程序

MICT 文件类别	紧急医疗救助管理程序	文件编号	版本版次	页次
作业程序书		MICT – SAP – 009	A/0	2/2

5.7.1 立即将患者移至通风处，让患者平卧，采取稍呈头低脚高姿势，解开衣扣。尚未昏厥者，喂服藿香正气水，用冷湿毛巾敷患者额头，用药棉沾酒精擦拭患者额头、颈部、手臂内侧、腋窝内侧、腋窝等血管丰富处。

5.7.2 昏厥者，立即拨打 120 或急送医院就医，同时处理同未昏厥者一样，但不能喂服藿香正气水。

5.8 食物中毒

5.8.1 尽快让患者多喝水、牛奶以稀释毒物或喝吐根糖浆，催吐。

5.8.2 及时送往医院就医或拨打 120 急救。如有呕吐物，用容器收集并带往医院。

5.9 触电

5.9.1 切断电源并确保伤者已绝缘，无法关闭电源时，可以用木棒、木板等绝缘体将电线挑离触电者身体。切忌用手去拉触电者，不能因救人心切而忘了自身安全。

5.9.2 通知急救员进行急救。若伤者神志清醒，呼吸心跳均自主，应让伤者就地平躺，严密观察，暂时不要站立或走动，防止继发休克或心衰。

5.9.3 呼吸心跳均停止者，则实施人工呼吸和心肺复苏术。同时拨打 120 急救。

5.10 化学品伤害急救

5.10.1 眼睛接触——立即用大量清水冲洗眼睛 15～30 分钟，若仍感不适，立即求医诊治。

5.10.2 皮肤接触——立即用肥皂水及清水冲洗至少 10 分钟。

5.10.3 吞服——勿催吐，以清水漱口，并立即求医诊治。

5.10.4 吸入——若吸入气体后感到不适，移至空气流通处，若仍感不适者，立即求医诊治。

5.10.5 拨打 120 急救或送医院救治时，告诉医生有关化学品的类型。

5.11 煤气中毒

5.11.1 迅速打开门窗通风，将病人脱离中毒环境呼吸新鲜空气，寒冷天气要注意保暖。

5.11.2 患者呼吸停止，应就地进行人工呼吸；如果患者心跳停止，立即实施心肺复苏术。同时拨打 120 急救。

6. 参考文件

6.1《急救应用手册》

6.2《应急准备与响应控制程序》

7. 使用表单

7.1 事故调查与处理报告

表 4-58 结社自由和集体谈判的权力控制程序

MICT 文件类别	结社自由和集体谈判	文件编号	版本版次	页次
作业程序书	的权力控制程序	MICT – SAP – 012	A/0	1/1

1. 目的

为保障员工结社自由和集体谈判的权力，特制定本程序。

2. 范围

本程序适用适用于全公司员工。

3. 权责

人力资源部负责执行员工结社自由和记录相关事件。

4. 定义

无

5. 作业内容

5.1 本公司应尊重所有员工信仰和自由组建和参加工会以及集体谈判之权利。

5.2 在结社自由和集体谈判权利受法律限制时，公司协助所有员工通过类似渠道获取独立、自由结社以及谈判。

5.3 公司保证此类员工代表不受歧视并可在工作地点与其所代表的员工保持接触。

5.4 当员工结社自由权利受到侵害时，可向总经理反映，由总经理亲自处理，并将结果公布于众。人力资源人事应记录整个过程。

6. 参考文件

无

7. 使用表单

7.1 会议记录

表 4-59 反歧视控制程序

MICT 文件类别	反歧视控制程序	文件编号	版本版次	页次
作业程序书		MICT – SAP – 013	A/0	1/1

1. 目的

确保公司所有员工在聘用阶段和工作过程中不受各级组织的歧视，加强公司对社会的责任。

2. 范围

本程序适用适用于全公司员工。

3. 权责

无

4. 定义

无

续表

MICT 文件类别	反歧视控制程序	文件编号	版本版次	页次
作业程序书		MICT－SAP－013	A/0	1/1

5. 作业内容

5.1 不论在招聘工作或生产劳动过程中，任何部门的管理人员及员工对所有员工必须一视同仁，不得有针对性歧视行为。

5.2 男女同工同酬，凡由于生产或工作需要符合招工条件的妇女，享有男女平等的就业权利，在录用员工时，除国家规定的不适合妇女的工种或岗位外，不能以性别为由拒绝录用妇女或者提高妇女录用的标准。

5.2.1 严格贯彻执行《中华人民共和国妇女权益保障法》。

5.2.2 由于生产经营工作的变更，需经济性裁员时，按《劳动法》第二十七条和劳动部《企业经济性裁减人员规定》的程序进行。

5.3 员工在聘用、补偿、受训、晋升等不因民族、种族、性别、年龄、宗教、信仰、残疾等受到歧视。

5.4 本公司在对劳动人力资源管理部门行使监督检查时，应积极支持配合完成监督检查工作。

5.5 本公司不允许管理人员在任何情况下侵犯员工的基本人权和尊严，不允许强迫性、威胁性、凌辱性或剥削性的侵犯行为（如性骚扰），包括姿势、语言和实际接触。

5.6 员工可以书面或口头形式向公司投诉其遭受的歧视，投诉情况将由公司管理代表委派人员调查，并在15天内对投诉者做出口头或书面答复。

5.7 公司绝不干涉所有员工，遵奉设计种族、社会阶层、国籍、宗教、残疾、性别取向、社会会员资格和工会的信条规范或要求等权利，同时绝不会因此受到歧视。

6. 参考文件

6.1 《劳动法》第12、13、27、101条

6.2 《中华人民共和国妇女权益保障法》

7. 使用表单

7.1 员工意见书

表 4－60　工作时间、薪资管理程序 1

MICT 文件类别	工作时间、薪资管理程序	文件编号	版本版次	页次
作业程序书		MICT－SAP－014	A/0	1/2

1. 目的

为维护员工的合法权益，规范本公司的工资支付行为，根据《中华人民共和国劳动法》及省市有关规定，特制定本程序。

MICT 文件类别	工作时间、薪资管理程序	文件编号	版本版次	页次
作业程序书		MICT－SAP－014	A/0	1/2

2. 范围

本程序适用于本程序适用于公司所有员工。

3. 权责

人力资源部负责工资方案的解释和实施。

4. 定义

无

5. 作业内容

5.1 工作时间：

5.1.1 上午 08：00～12：00，下午 13：30～17：30。公司实行弹性工作制，如果完成工作任务，17：30 以后即可下班。

5.1.2 经与员工协商后并报经劳动部门批准后，可以安排员工加班，但每日不得超过 3 小时。

5.1.3 各部门视生产需要和法律更改而适当调整。

5.2 带薪假期：

5.2.1 假期：元旦一天，清明一天，劳动节一天，端午节一天，中秋节一天，国庆节三天，春节三天。

5.2.2 年假：本司工龄满 1 年未满 10 年者 5 天，本司工龄满 10 年未满 20 年者 10 天，本司工龄满 20 年以上者 15 天；公司暂定全部安排于春节期间发放。

5.2.3 产假：98 天；（需有合法准生手续）。

5.2.4 陪产假：10 天；（需有合法准生手续）；婚假：3 天，晚婚者 15 天（销假后请出示结婚证）。

5.2.5 丧假：3 天（限直系亲属）。

5.3 公司根据员工的工作能力来确定其不同时薪，但保证每位员工的月薪不低于同时期劳动法规定之最低工资标准，本地区现行最低工资标准为。

5.4 每月的平均工作时间 ＝ （365－52×2）÷12＝21.75 天。

5.5 公司在员工完成劳动定额或规定的工作任务后，安排员工加班的，按以下标准支付加班工资：

5.5.1 规定标准工作时间以外延长工作时间的，加班工资按平时工资标准的 150% 计。

5.5.2 休息日有安排工作，而又不能安排补休的，加班工资按平时工资标准的 200% 计。

5.5.3 法定节假日安排工作，加班工资按平时工资标准的 300% 计。

5.5.4 实行保底计薪的，其加班费取决于计件或计时计算出的加班费金额较大者。

表 4-61 工作时间、薪资管理程序 2

MICT 文件类别	工作时间、薪资管理程序	文件编号	版本版次	页次
作业程序书		MICT-SAP-014	A/0	2/2

5.6 停工工资：

5.6.1 停工、停产在一个工资支付周期（月）内的工资按其基本工资计发。

5.6.2 停工、停产超过一个工资支付周期（月）的，工资按年度最低工资标准计，否则按国家有关规定办理。

5.6.3 因员工本身过失造成的停工，公司不支付其停工工资。

5.7 合同期员工未能提前 30 天通知辞职者，公司可以视情况依法扣除未满天数作补偿给公司。

5.8 因公司原因而造成员工离职者，以审批未能提前 30 天通知者，依法补足未够天数工资。

5.9 员工津贴标准由公司高层领导根据员工的资历、学历、技术职称及其在本司的工作表现等情况进行考核评定。

5.10 证工本费：除居住证外其他免收。居住证按政府收取费用在办理的人员工资中扣除。

5.11 药费：工伤的医药费全免。

5.12 其他费用：按法规规定应由员工负担的社会保险费等费用在支付当月从员工工资中扣除，数额较大的分期扣除。

5.13 员工借款由员工当月工资中支付。数额较大的分期支付；满一年以上员工根据工作表表现进行调薪。

5.14 罚款及赔款：

5.14.1 经劳动部门批准的员工违规罚款可从员工当月工资中扣除，不能超当月工资 20%。

5.14.2 员工因过失发生的责任赔款从员工当月工资中扣除，但不应超过其当月工资额的 20%，且保证其扣除后当月工资额不低于最低工资。

5.15 工资发放：

5.15.1 日期为每月底之前，遇休息日提前一日。

5.15.2 发放工资同时于工资表上列清明细以便员工确认。

5.15.3 以现金的方式发放工资。

5.15.4 当员工发现工资有误时，请到人力资源人事校准。

5.16 社保：

5.16.1 公司为每位职员工购买了工伤保险、部分职工购买了养老保险、医疗保险及失业保险。

5.17 未成年工及职业病的体检费用全部由公司支付。

5.18 BNW，员工当月满勤工资若低于 BNW 水平，则补够 BNW 标准，BNW 由管理代表每年评估一次。

MICT 文件类别	工作时间、薪资管理程序	文件编号	版本版次	页次
作业程序书		MICT－SAP－014	A/0	2/2

6. 参考文件

无

7. 使用表单

7.1 BNW 调查表

表 4－62　管理评审控制程序 1

MICT 文件类别	管理评审控制程序	文件编号	版本版次	页次
作业程序书		MICT－SAP－015	A/0	1/2

1. 目的

通过定期对社会责任管理体系进行评审，以确保体系的持续适用性、充分性和有效性，并对政策、目标以及社会责任管理体系的其他要素加以修正，从而取得更好的社会责任表现，特制定本程序。

2. 范围

本程序适用于公司社会责任体系的管理评审。

3. 权责

3.1 总经理主持召开管理评审。

3.2 人力资源部负责组织准备所需资料，负责整改措施跟踪检查的组织和报告工作。

4. 定义

无

5. 作业内容

5.1 评审时机

公司每年召开一次管理评审会议，当发生下列情况时应考虑追加管理评审。

5.1.1 在第三方社会责任管理体系认证前一两个月；

5.1.2 公司的经营政策、经营策略、组织结构、产品结构发生重大调整时；

5.1.3 社会责任因素适用的法律与其他要求发生重大变化时；

5.1.4 利益相关者有合理的要求时；

5.1.5 市场发生重大变化时；

5.1.6 公司发生重大社会责任事故时。

5.2 评审内容

5.2.1 社会责任管理体系审核结果。

5.2.2 目标、指标及管理方案完成情况。

MICT 文件类别	管理评审控制程序	文件编号	版本版次	页次
作业程序书		MICT－SAP－015	A/0	1/2

5.2.3 法律、法规的符合性。

5.2.4 社会责任管理体系的适用性、充分性、有效性。

5.2.5 根据下列因素对社会责任政策的适宜性和更改需要评价：法律、法规要求的变化；利益相关者期望和要求的变化；公司的产品或活动的变化。

5.2.6 从社会责任事故中得到的教训（出现的不符合及纠正预防措施）。

5.2.7 有关投诉和抱怨的处理结果。

表 4 – 63　管理评审控制程序 2

MICT 文件类别	管理评审控制程序	文件编号	版本版次	页次
作业程序书		MICT－SAP－015	A/0	2/2

5.2.8 公司社会责任管理的下一步工作计划。

5.3 评审信息的收集，评审计划的编制及通知

5.3.1 管理者代表组织编制管理评审计划。

5.3.2 人力资源部负责编制管理评审计划，并通知相关部门。

5.4 评审参加人员

总经理、管理者代表、各部门主管、主管、内部审核员，必要时也可邀请其他有关员工参加。

5.5 评审实施

5.5.1 参加管理评审员工，在《管理评审会议签到表》上签到。

5.5.2 管理评审会议由总经理主持。

5.5.3 与会员工对评审资料进行审议。

5.5.4 总经理对管理评审结果做出决定。

5.6 评审后的结果应包括的内容

5.6.1 评审后社会责任政策的适宜性、目标、指标和管理方案的变更内容。

5.6.2 对社会责任体系的变更内容。

5.7 评审后由人力资源部做好会议记录，根据会议记录和总经理决定，编写管理评审报告，评审报告经相关部门主管会签，经管理者代表审核，报总经理批准后，才能发放实施。

5.8 评审结果的检查、追踪

5.8.1 各部门主管落实本部门纠正、预防措施的实施与检查。

5.8.2 人力资源部对各部门的实施情况进行跟踪检查、验证。

5.8.3 管理者代表对各部门采取的纠正与预防措施进行确认。

续表

MICT 文件类别	管理评审控制程序	文件编号	版本版次	页次
作业程序书		MICT – SAP – 015	A/0	2/2

6. **参考文件**

无

7. **使用表单**

7.1 管理评审计划表

7.2 管理评审报告

7.3 会议记录

表 4 – 64　内部审核控制程序 1

MICT 文件类别	内部审核控制程序	文件编号	版本版次	页次
作业程序书		MICT – SAP – 016	A/0	1/2

1. **目的**

为规范公司社会责任管理体系内部审核，特制定本程序。

2. **范围**

本程序适用于公司所有关注社会责任管理体系内部审核活动。

3. **权责**

3.1 管理者代表：策划社会责任管理体系审核计划纲要和所需的人力、物力和财力资源；任命审核组长，成立审核组。

3.2 审核组长：根据本程序准备和实施内部审核，向管理者代表提交审核报告。

4. **定义**

无

5. **作业内容**

5.1 编制审核计划

5.1.1 每年年初，管理者代表应编制一份年度审核计划表。各部门或各要素的审核频次应取决于其现状和重要性，并考虑前几次审核所发现的问题。审核计划应呈交最高管理者批准。

5.1.2 应在审核前 5 天内向各有关部门的领导通知确切的审核日期。

5.1.3 管理者代表应根据需要委派内部审核员。

5.2 实施审核

5.2.1 审核员应在实施审核前研究有关的程序文件，并决定是否需取得其他文件；编制检查表；决定是否需要陪同人员。

5.2.2 审核员应通知相关部门主管和主管何时开始审核。

5.2.3 审核员应使用编制好的检查表作为进行审核的工具之一。

5.2.4 审核的目的是寻找不符合适用标准或程序的客观证据，以便进一步改善，不应加入个人的责备。

续表

MICT 文件类别	内部审核控制程序	文件编号	版本版次	页次
作业程序书		MICT – SAP – 016	A/0	1/2

5.3 报告审核结果

5.3.1 审核员应在审核完成后通知有关的部门领导，并对审核结果作一次口头报告，并针对不符合项发出不符项报告。

5.3.2 纠正行动要求表可采用统一的格式。这种表格可由管理者代表根据审核员的需要发给，并编上序号。

5.3.3 审核员应在纠正行动要求表中填写不合格的详细内容。

5.3.4 审核报告可采用统一的格式编写，必要时还可采用续页。

5.3.5 审核报告和纠正行动要求表应由管理者代表批准，并发给有关的部门主管。

5.4 对纠正行动要求表的反应。

5.4.1 对每一份纠正行动要求表必须在 7 个工作日内做出书面反应，详细说明建议采取的纠正行动和完成期限。

a. 建议行动中应包括紧急纠正行动、短期纠正行动和长期纠正行动。

表 4 – 65　内部审核控制程序 2

MICT 文件类别	内部审核控制程序	文件编号	版本版次	页次
作业程序书		MICT – SAP – 016	A/0	2/2

b. 在纠正行动比较复杂的情况下，可以建议成立工作级并进行调查，要求制定一份计划表。这是对纠正行动要求表的一种可以接受的最初反应。

5.4.2 这些反应记录在纠正行动要求表中的"建议采取的纠正行动"一栏中，并退回给管理代表。如果该建议不能接受，则管理者代表将与接收纠正行动要求表的人员联系，并向他解释不接受的原因。在这种情况下，应编制一份修正的纠正行动建议。

5.4.3 对纠正行动要求表不做出反应时，管理者代表应加以追查并向最高管理者报告。

5.4.4 如果对纠正行动的需要或纠正行动的性质不能达成一致意见时，管理者代表应报告最高管理者进行仲裁。

5.5 跟踪检查

5.5.1 当纠正行动预定完成日期已到，或当管理者代表已接到完成的通知时，应委派一名审核员去验证其完成情况。

5.5.2 负责验证的审核员应检查纠正行动已被采取并证明有效后，在纠正行动要求表中的"验证"栏中签字。

5.5.3 在下次计划中对该部门进行审核时，审核员应检查此纠正行动是否仍然有效。如不再有效，则应发出一张新的纠正行动要求表，在表中说明原来发现的问题。

MICT 文件类别	内部审核控制程序	文件编号	版本版次	页次
作业程序书		MICT－SAP－016	A/0	2/2

5.5.4 如有规定的期限内未能完成纠正行动，管理者代表应对此进行跟踪。如无正当理由或未能规定出可接受的修正的期限，应向最高管理者报告。

5.6 记录的保存

管理者代表应保存一份档案，保存所有的审核报告及纠正行动要求表，并有一览表记录它们的完成状态，保存期至少3年。

6. 参考文件

无

7. 使用表单

7.1 审核计划

7.2 审核检查表

7.3 不符合项报告

7.4 审核报告

表 4－66　供应商、分包商管理程序

MICT 文件类别	供应商、分包商管理程序	文件编号	版本版次	页次
作业程序书		MICT－SAP－017	A/0	1/1

1. 目的

为了确保公司懂得社会责任标准的要求，并逐步改善其社会责任表现，特制定程序。

2. 范围

本程序适用于公司所有供应商、分包商和分供商。

3 权责

3.1 采购部在管理者代表的指导下负责管理供应商，并采取行动要求和协助供应商和分包商对分供商的社会责任管理。

4. 定义

无

5. 作业内容

5.1 采购部应根据供应商的社会责任表现挑选供应商/分包商，选择表现良好的供应商/分包商，淘汰表现不好的供应商/分包商，从而鼓励所有供应商采取措施改善社会责任表现。

5.2 采购部应建立供应商/分包商社会责任档案，保持供应商/分包商评估结果和改善措施的证据和记录。

MICT 文件类别	供应商、分包商	文件编号	版本版次	页次
作业程序书	管理程序	MICT – SAP – 017	A/0	1/1

5.3 所有供应商/分包商在得到订单或合同前都应签署社会责任承诺书，承诺遵守当地劳动法规和 SA8000 社会责任标准，并接受公司要求的现场审核。

5.4 采购部应每年至少安排一次供应商/分包商现场审核，评估供应商/分包商的社会责任表现，跟进改善措施。

5.5 发现供应商/分包商故意使用童工、强迫劳动或其他严重违反劳动法规的现象，应立即停止合作关系。

5.6 公司还应了解供应商和分包商与其分供商的商业关系，防止其分供商严重违反 SA8000 标准，如使用童工、监狱劳工和其他强迫劳动等。

6. 参考文件

无

7. 使用表单

7.1 供应商/分包商名录

7.2 供应商/分包商调查评估表

表 4 – 67　纠正和预防措施控制程序 1

MICT 文件类别	纠正和预防措施控制程序	文件编号	版本版次	页次
作业程序书		MICT – SAP – 018	A/0	1/2

1. 目的

当社会责任体系运行中发现不符合时，为了保证对不符合项进行调查，采取纠正与预防措施，制定并保持本程序。

2. 范围

2.1 运行监督发现的不符合；

2.2 内审、管理评审和外审发现的不符合。

3. 权责

3.1 人力资源部负责对社会责任体系的不符合项组织调查及监督。

3.2 公司各部门负责人对所管辖范围内的社会责任不符合项负有调查和纠正的责任。

4. 定义

无

5. 作业内容

5.1 运行监督发现的不符合的纠正步骤

5.1.1 人力资源部以信息联络单形式向发生不符合的部门通报。

5.1.2 发生不符合的部门或车间就不符合项目进行现场确认和原因分析。

MICT 文件类别	纠正和预防措施控制程序	文件编号	版本版次	页次
作业程序书		MICT－SAP－018	A/0	1/2

5.1.3 关于实施的纠正行动，评价其合理性，人力资源部和发生不符合的部门主管要对实施对策后的效果再确认。

5.1.4 修改纠正行动涉及的程序文件和作业文件等，彻底防止再发生。

5.2 内审、管理评审和外审发现的不符合的纠正步骤

5.2.1 对于内审发现的不符合，纠正步骤按《内部审核程序》进行。

5.2.2 管理评审、外部审核发现的不符合，纠正步骤按以下程序办理：

5.2.2.1 人力资源部召集有关部门召开社会责任问题研讨会，进行分析研究，并做会议纪要，对研讨的主要问题，要填写社会责任处理记录，以便明确问题、措施、责任者、完成日期，并进行跟踪确认。

5.2.2.2 关于实施的纠正行动，评价其合理性，人力资源部和发生不符合的部门负责人要对实施对策的效果再确认。

5.2.2.3 修改纠正行动涉及的体系文件，防止再发生。

5.3 预防措施

5.3.1 人力资源部应召集有关员工召开问题研讨会，依据有关记录、相关意见、审核结果，对潜在的重大社会责任因素发展趋势进行分析，并做会议纪要，以便明确问题、责任、完成日期，并进行跟踪确认。

5.3.2 对预防措施也要和纠正行动同样地进行观察，有可能的要采取针对性的检查和试验，对其效果进行验证，以确保其有效。

5.3.3 将预防措施和取得的结果提交社会责任管理者代表最终决定，并作为管理评审的内容之一。

5.3.4 人力资源人事不断对员工进行培训，提高员工的敬业精神和社会责任意识。

表4－68 纠正和预防措施控制程序2

MICT 文件类别	纠正和预防措施控制程序	文件编号	版本版次	页次
作业程序书		MICT－SAP－018	A/0	2/2

6. 参考文件

无

7. 使用表单

7.1 不符合项报告

表 4 - 69　对内对外沟通控制程序 1

MICT 文件类别	对内对外沟通控制程序	文件编号	版本版次	页次
作业程序书		MICT - SAP - 019	A/0	1/2

1. 目的

为规范公司对内对外信息沟通，确保体系的有效运行，特制定本程序。

2. 范围

本程序适用于公司所有对内和对外有关社会责任的信息沟通的活动。

3. 权责

3.1 人力资源部负责对公司社会责任政策、管理体系运行情况向各部门及时传达。

3.2 人力资源部对员工的咨询、质疑和投诉及时进行处理。

3.2 采购部负责与供应商和分包商的信息沟通。

3.3 业务部负责与客户（买方）的信息沟通。

3.4 管理者代表应提供指导和支持，必要时报高层经理批准。

3.5 其他部门和员工代表应支持和配合对内对外信息沟通。

4. 定义

无

5. 作业内容

5.1 总则

5.1.1 信息沟通可以采用口头或书面形式，也可以采用其他适当的方式，如电话、传真、电子邮件、座谈会、研讨会和新闻发布会等。

5.1.2 对内对外信息沟通均应保存适当的记录和证据。

5.1.3 一旦收到有关质疑、质询和投诉信息，应尽快核实质疑的投诉人的身份（包括姓名、职位、服务机构和联络电话等），查清质疑或投诉的原因。

5.1.4 应针对质疑或投诉的问题解释公司政策和程序，妥善处理质疑和投诉事件，并及时做出反应。重大问题应报高层经理批准。

5.1.5 一旦发现有违反公司政策、法律法规或 SA8000 标准的事项，应及时采取补救和纠正行动。情况严重时，应及时报告总经理。

5.1.6 信息沟通过程中，应注意保护个人隐私和公司商业秘密。

5.1.7 若有员工向外部提供公司资料，应解释公司内部投诉和申诉程序，不得采取惩罚或歧视性措施。

5.2 对内信息沟通

5.2.1 公司社会责任政策、管理体系运行情况，由人力资源部负责及时传达到公司各项部门及员工，社会责任管理体系运行中产生的信息资料，应根据政策和程序要

表 4-70 对内对外沟通控制程序 2

MICT 文件类别	对内对外沟通控制程序	文件编号	版本版次	页次
作业程序书		MICT-SAP-019	A/0	2/2

求及时传达到相关部门和人员，并记录其内容和处理结果。

5.2.2 员工的咨询、质疑和投诉，由人力资源人事收集，并负责答复。

5.3 对外信息沟通

5.3.1 与供应商和分包商的信息沟通由采购部负责，与客户（买方）的信息沟通由业务部负责，与当地政府、工会和其他外部利益相关者的信息沟通由人力资源部负责，管理者代表应提供指导和支持，必要时报总经理批准。

5.3.2 当地政府、工会或其他外部利益相关者提出的检查、参观或访问要求，由人力资源部接待，并报管理者代表协助。

5.3.3 外部利益相关者提出的意见、建议、投诉或质疑，应由责任部门负责调查核实情况，妥善处理，及时回复，并报管理者代表备案。

5.3.4 管理者代表定期访问本地利益相关者团体，征求他们的意见和建议，通报公司实施 SA8000 标准的进展和效果，提供相关的数据和资料，包括管理评审和监督活动的结果。

5.3.5 如果有合同要求，管理者代表应对利益相关者提供合理的资料和取得资料的渠道，以核实公司是否符合 SA8000 标准的要求。如果合同有进一步的要求，公司应该透过业务合同的条款，要求供应商和分包商提供上述安排和渠道。

6. 参考文件

无

7. 使用表单

7.1 信息反馈处理单

7.2 投诉/申诉报告

表 4-71 文件及记录控制程序 1

MICT 文件类别	文件及记录控制程序	文件编号	版本版次	页次
作业程序书		MICT-SAP-020	A/0	1/2

1. 目的

对文件记录的标识、收集、编号、查阅、归档、存放、保管和处理，对各个过程进行控制和管理。

2. 范围

适用于本公司社会责任管理体系文件、记录、外来文件的控制。

3. 权责

见 5.1。

续表

MICT 文件类别	文件及记录控制程序	文件编号	版本版次	页次
作业程序书		MICT－SAP－020	A/0	1/2

4. 定义

无

5. 作业内容

5.1 文件审核、核准权限

代号	文件类别	制定	批准
SAM	管理手册	管理者代表	总经理
SAP	程序文件	各部门/管理者代表	总经理

5.2 文件发行、分发

文件批准后，人力资源部做好盖章、分发及登记工作。

5.3 文件编号、版次之规定：

5.3.1 社会责任管理手册；

5.3.2 程序文件；

5.3.3 作业文件；

5.3.4 表格。

5.4 文件使用保管维护

5.4.1 部门负责人负责保管文件，并将失效文件交给档案室，档案室负责做好记录。

5.4.2 受控文件未经核准，不得擅自复印、涂改。如有其他需要，请示管理者代表。

5.5 文件变更申请

5.5.1 文件变更申请人于《文件更改通知单》上填好资料，附上修订提议参考资料，向人力资源部提出申请。

5.5.2 文件修改的内容用下划线进行标示。

5.5.3 文件变更审核、核准须经管理者代表审核，总经理批准。

5.5.4 文件作废、变更及过时之文件经核准后，由档案室负责销毁，避免新旧版本之混用；作废文件仍有参考价值时可以保存，但应盖［作废章］以识别。

表 4-72　文件及记录控制程序 2

MICT 文件类别	文件及记录控制程序	文件编号	版本版次	页次
作业程序书		MICT-SAP-020	A/0	2/2

5.6 记录的管理

5.6.1 记录的填写

5.6.1.1 从事各种活动的人员要按相应表格进行使用。记录时，字迹清晰、内容完整、数据要真实，并有日期和签名等。

5.6.1.2 不得使用易擦去的铅笔等书写工具作记录，需长期保存的记录必须使用钢笔、圆珠笔等不易褪色的书写工具记录或复印存档。

5.6.1.3 不得随意涂改记录。确需修改时，将需修改的文字圈起或划去，在旁边填写正确内容，更改人应在更改内容旁签名或盖章确认。

5.6.2 记录的归档保存

5.6.2.1 各部门指定专人负责文件的整理归档，并编制目录，方便查阅。

5.6.2.2 记录应妥善保管，保持适宜的储存条件，防止记录损坏、变质或丢失。

5.6.2.3 各职能部门设置专柜、专架对记录进行贮存。在贮存期间，各职能部门要做好防损坏、防霉、防火、防虫鼠等措施。

5.6.3 记录的查阅

借阅记录应经记录保存部门负责人同意。借阅记录应妥善保管，防止损坏和丢失，阅毕及时归档。

5.6.4 记录保存期

5.6.4.1 各种记录的保存期限随实际情况而定，具体参照《质量记录》。

5.6.4.2 超过保存期的各种记录，由各部门定期汇总，部门负责人确认之后由公司档案室进行归档或处理。

6. 参考文件

无

7. 使用表单

7.1 目录清单

7.2 发放/回收记录

7.3 文件更改通知单

7.4 外来文件清单

表 4-73　防止惩戒性管理程序

MICT 文件类别	防止惩戒性管理程序	文件编号	版本版次	页次
作业程序书		MICT-SAP-021	A/0	1/1

1. 目的

为明确厂纪和处罚办法，禁止从事及不支持对员工实行非法或不人道的惩戒性措施，有效执行各项规章制度，特制定本程序。

MICT 文件类别	防止惩戒性管理程序	文件编号	版本版次	页次
作业程序书		MICT – SAP – 021	A/0	1/1

2. 范围

公司管理与实务，以及可能的对供应商/承包商的要求。

3. 权责

人力资源部负责执行员工结社自由和记录相关事件。

4. 定义

无

5. 作业内容

5.1 制定政策和程序并传达给所有员工和其他利益相关者，禁止从事及不支持对员工实行肉体上的惩罚、心理或生理上的压制和语言上的凌辱。

5.2 根据《企业职工奖惩条例》等法规，结合本公司实际，制订相应的《员工手册》。

5.3 按《员工手册》和相应的规章制度来管理员工，以精神上的鼓励和批评教育为主，辅之以纪律和必要的人力资源处分。

5.4 各部门不准因员工工作或生活上的失误或差错而对其进行肉体上的惩罚或当众语言上的凌辱。严禁以暴力、威胁或者非法限制人身自由的手段强迫劳动，也不得侮辱、体罚、殴打、非法搜查和拘禁员工。违者将由公安机关对责任人处以 15 日以下拘留、罚款或者警告，构成犯罪的依法追究刑事责任。公司不应使用保安人员向员工采取纪律措施，保安人员只能维持工厂里的正常秩序，不能使用武力威胁员工。

5.5 如果出现严重的违纪甚至违法行为或者蓄意造成重大经济损失的，将依法送交上级劳动人力资源部或公安机关处理。

5.6 公司不应当反对或压制员工对管理层的不满，员工可以口头或书面形式直接向人力资源部投诉或将投诉书投递到意见箱，人力资源部将在一周内对员工意见或投诉进行调查并做出答复。

5.7 人力资源部负责本程序的制订、审查、修订。

6. 参考文件

6.1 《劳动合同法》

6.2 《企业职工奖惩条例》

6.3 《员工手册》

7. 使用表单

无

表 4 – 74　反腐败贿赂管理程序

MICT 文件类别	反腐败贿赂管理程序	文件编号	版本版次	页次
作业程序书		MICT – SAP – 022	A/0	1/1

1. 目的

为保证企业正常的经营秩序，维护公平竞争，规范商业购销行为，防止商业贿赂行为发生，特制定本程序。

2. 范围

本司的一切商业活动或对外接触的活动，包括与政府部门接触，与客户业务代表洽谈订单，客户 QC 验货，公正行产品检测，验货和审核等活动。

3. 权责

3.1 总经理负责对政府部门接触中不贿赂管理。

3.2 品质部负责客户 QC 验货，公正行进行产品检测，验货和审核不贿赂管理。

3.3 业务部负责洽谈订单中不贿赂管理。

3.4 财务部对企业资金运用的各个环节进行监督，防止企业资产的流失和浪费。

4. 定义

4.1 商业贿赂，是以获得商业交易机会为目的，在交易之外以回扣、促销费、宣传费、劳务费、报销各种费用、提供境内外旅游等各种名义直接或间接给付或收受现金、实物和其他利益的一种不正当竞争行为。

5. 作业内容

5.1 全体对外接触的工作人员学习《商业反贿赂法》，增强企业法制意识和法制观念。

5.2 健全财务管理制度，建立制约机制，落实监督措施。进一步落实监督措施，实施"阳光政策"，真正实行财务公开。

5.3 本司的任何对外商业活动中，禁止以下行为：

5.3.1 违反规定以附赠形式向对方单位及其有关人员给予现金或物品。

5.3.2 以捐赠为名，通过给予财物获取交易、服务机会、优惠条件或者其他经济利益。

5.3.3 提供违反公平竞争原则的商业赞助或者旅游以及其他活动。

5.3.4 提供各种会员卡、消费卡（券）、购物卡（券）和其他有价证券。

5.3.5 提供、使用房屋、汽车等物品。

5.3.6 提供干股或红利。

5.3.7 通过赌博，以及假借促销费、宣传费、广告费、培训费、顾问费、咨询费、技术服务费、科研费、临床费等名义给予、收受财物或者其他利益。

5.3.8 其他违反法律、法规的行为。

6. 参考文件

6.1《商业反贿赂法》

7. 使用表单

7.1 反贿赂/反腐败调查表

表4-75 员工申诉管理控制程序1

MICT 文件类别	员工申诉管理控制程序	文件编号	版本版次	页次
作业程序书		MICT-SAP-023	A/0	1/2

1. **目的**

规范公司各方面的运作，及时反映员工思想动态，及时解答并快速有效地处理员工的意见和建议。改善工作气氛，维护员工权力，做好劳资双方沟通的，特制定本程序。

2. **范围**

2.1 对公司各项规章制度有异议或有不明之处；

2.2 对公司各项管理及管理人员不满（工作失职、以权谋私、以势欺人）之处；

2.3 对公司经营管理策略或方案提出建议性意见或建议、献计献策。

3. **权责**

4. **定义**

5. **作业内容**

5.1 申诉渠道及处理时限

5.1.1 采用书信形式投递到公司设置之意见箱中，自开箱之日起，七日内答复。

5.1.2 直接向本部门管理人员投诉，自投诉之日起，七日内答复或即时答复。

5.1.3 向员工代表反映意见或建议，以员工代表向人力资源人事反映之日起，七日内答复。

5.2 处理程序

5.2.1 意见箱由人力资源人事负责每周定期开启一次，收集汇总相关意见，在当天转交有关部门有关部门调查处理后，于五日内以《员工投诉及答复记录》书面形式进行回复。

5.2.2 若直接向本部门管理人员提出意见或建议，由管理人员当面答复；不能答复的，由部门调查了解情况，做出处理，于五日内书面答复。

5.2.3 向员工代表投诉的意见或建议，员工代表力所能及之问题，可采取当面答复；或者通过员工总代表向人力资源人事反映所获取之意见或建议，由人力资源人事安排有关部门调查处理，有关部门在五日内将回复结果以《员工投诉及答复记录》形式进行反馈。

5.2.4 每月一次员工访谈日，管理层接获之意见或建议，视其情况给予当场答复（事后补做记录）或填写《员工投诉及答复记录》，责令相关部门答复。

5.3 审批与公布

5.3.1 拟定之《员工投诉及答复记录》经部门经理审核交人力资源人事查核回复内容是否符合有关规定、条例后，交总经理签署，视其情况，决定《员工投诉及答复记录》张榜公布或单独答复投诉者本人。

5.3.2 人力资源人事在投诉日七天内将《员工投诉及答复记录》于宣传栏内张榜公布，或转交投诉者阅知，投诉者阅后签名确认。

表 4-76　员工申诉管理控制程序 2

MICT 文件类别	员工申诉管理控制程序	文件编号	版本版次	页次
作业程序书		MICT - SAP - 023	A/0	2/2

5.4 资料存档

5.4.1 通过以上任一方式反映的意见或建议皆采用《员工投诉及答复记录》进行登记与记录，所有反馈书面答复之内容皆采用《员工投诉及答复记录》进行回复。

5.4.2《员工投诉及答复记录》由人力资源人事复印、分类、汇总存档。

5.5. 鼓励

5.5.1 年终前，由人力资源人事汇总一年来存档收集之意见、建议，分析其中之实用性或已采纳之措施，进行评选有建设性意见或合理化建议最多且被采纳者及为公司发展献计献策有功劳者。

5.5.2 在年终文艺晚会上，对以上选中之意见或建议者进行适当物质奖励或精神鼓励。

6. 参考文件

无

7. 使用表单

7.1 员工投诉及答复记录

表 4-77　举报政策及程序

MICT 文件类别	举报政策及程序	文件编号	版本版次	页次
作业程序书		MICT - SAP - 024	A/0	1/1

1. 目的

建立一套符合公司管理层以及审计目标的标准和程序，以保证公司各类申诉得以及时、妥善处理，特制定本程序。

2. 范围

本政策适用于全公司。

3. 权责

人力资源部负责将申诉材料及调查材料保存、归档。

4. 定义

无

5. 作业内容

5.1 原则

5.1.1 人力资源部应及时处理公司的申诉，以公开、秘密或匿名的形式直接提交给公司管理层。

5.1.2 保护举报者。根据公司政策，不得报复或容忍管理层或任何个人、团体以直接或间接的方式将要求身份保密的诚信申诉人的身份泄露出去，也不得尝试或容忍其他人或团体尝试获得匿名申诉人的身份。

MICT 文件类别	举报政策及程序	文件编号	版本版次	页次
作业程序书		MICT – SAP – 024	A/0	1/1

5.2 申诉程序。除了提供给员工的其他途径外，任何员工均可以公开、秘密或匿名的形式直接向人力资源部提出申诉。申诉可以口头形式或书面形式汇报给公司管理层，或根据申诉人的要求在可行的情况下立即提交给公司负责人。

6. 参考文件

无

7. 使用表单

7.1 举报登记表

表4-78　员工合理化建议管理程序1

MICT 文件类别	员工合理化建议管理程序	文件编号	版本版次	页次
作业程序书		MICT – SAP – 025	A/0	1/3

1. 目的

为鼓励和调动全体员工参与公司管理的积极性，充分发挥全体员工的创新能力，汇聚集体智慧与经验，促进公司管理持续改善和提升，提高公司经营效益，特制定本程序。

2. 范围

本程序适用于公司所有员工。

3. 权责

3.1 总经理

3.1.1 批准《员工合理化建议管理制度》；

3.1.2 批准员工合理化建议方案；

3.1.3 批准员工合理化建议奖励方案。

3.2 管理者代表

3.2.1 审核员工合理化建议方案；

3.2.2 主持评审员工合理化建议实施效果；

3.2.3 负责督促、加强员工合理化建议方案的完善和推广；

3.2.4 审核员工合理化建议奖励方案。

3.3 人力资源部

3.3.1 负责组织制定、修订、解释本管理制度；

3.3.2 负责员工合理化建议的收集、提交、登记、归档；

3.3.3 负责员工合理化建议方案实施的反馈、跟踪。

3.4 各部门负责人

3.4.1 负责对各部门进行宣导、落实、执行本制度；

3.4.2 制定本部门合理化建议实施方案并组织实施。

MICT 文件类别	员工合理化建议管理程序	文件编号	版本版次	页次
作业程序书		MICT – SAP – 025	A/0	1/3

4. 定义

无

5. 作业内容

5.1 合理化建议 – 受理范围

5.1.1 合理化建议主要归纳为生产技术工艺和管理两个类别；

5.1.2 员工对公司的管理、质量、工艺、技术等各方面提出的改进意见、建议、方案、设想、措施、办法等都属于合理化建议受理范围。

5.2 合理化建议 – 不予受理的范围

5.2.1 属职能职责范围内的；

5.2.2 未署申报人姓名或提案只有建议、无具体改进措施与步骤的；

5.2.3 侵犯专利及其他知识产权或与法律、法规有抵触的；

表 4 – 79   员工合理化建议管理程序 2

MICT 文件类别	员工合理化建议管理程序	文件编号	版本版次	页次
作业程序书		MICT – SAP – 025	A/0	2/3

5.2.4 正在改善的事项；

5.2.5 重复申报或已经其他员工建议后获奖的项目。

5.3 实施流程

5.3.1 合理化建议的申报

5.3.1.1 合理化建议申报形式：合理化建议可以以个人名义提出，也可以小组名义提出。

5.3.1.2 申报人到人力资源部领取并填写《合理化建议申报表》，将建议事项内容详细填写，申报人也可请他人协助填写。每份表格仅填写一项合理化建议，多项合理化建议分别提交。

5.3.1.3《合理化建议申报表》主要项目填写说明；

a. 申报主题：简要说明申报的中心内容；

b. 现状及问题描述：说明在建议未提出前，原有实际情形及存在问题；

c. 申报改善的内容：说明建议改善的具体办法、程序、实施方案等；

d. 预计可以达成的效益：说明该建议方案经采用后，可能收获的成效，包括提高效率、质量、节约成本、简化作业、创造利润或节省开支等项目。

5.3.1.4《合理化建议申报表》填写后，可以直接将申报表交给人力资源部，或由部门转交；

5.3.1.5 人力资源部负责在《合理化建议登记表》上对各建议申报进行登记、汇总。

MICT 文件类别	员工合理化建议管理程序	文件编号	版本版次	页次
作业程序书		MICT – SAP – 025	A/0	2/3

5.3.2 合理化建议的评审

5.3.2.1 各部门负责人收到员工合理化建议后，应于 3 个工作日内提出对建议的可行性意见后交人力资源部，由人力资源部转交副总经理/生产总监审核后交总经理审批，人力资源部并于收到建议后的 3 个工作日内公布审批结果。

5.3.2.2 人力资源部直接收到的员工合理化建议，应于 3 个工作日内转交副总经理/生产总监审核后交总经理审批，并于上报审批 3 个工作日后公布审批结果。

5.3.2.3 合理化建议的评审分为如下三类：

A 类：建议具有现实可行性，予以采纳并可在当前施行，人力资源部按总经理的审批意见反馈到相关部门予以改进实施，并跟踪、落实；

B 类：现实条件尚未达到，保留建议等到时机成熟时施行，由总经理批示可施行的预计时间，合理化建议暂由人力资源部和总经理各存一份，时机成熟时由人力资源部安排落实；

C 类：建议内容未能实际，或无实用价值不予采用。

5.3.3 合理化建议的采纳与实施

5.3.3.1 对于 A 类合理化建议，由人力资源部按总经理审批意见反馈到相关部门，相关部门应在收到合理化建议后 3 个工作日内就如何实施合理化建议提出实施方案并回复人力资源部；

5.3.3.2 对于可立即实施改善的合理化建议以及能直接应用于生产的技术工艺方面的合理化建议，执行部门应有计划安排实施，实施周期一般不得超过 3 个月，人力资源部予以配合、督促、跟踪，对不按要求执行的由人力资源部提出稽核处罚。

表 4－80　员工合理化建议管理程序 3

MICT 文件类别	员工合理化建议管理程序	文件编号	版本版次	页次
作业程序书		MICT – SAP – 025	A/0	3/3

5.3.4 合理化建议方案的完善和推广

5.3.4.1 管理者代表负责组织相关部门对实施后具有成效的合理化建议方案进行修订、完善并标准化。

5.3.4.2 人力资源部负责对已经过完善并标准化的员工合理化建议进行推广实施、对推广实施的情况进行跟进，对不按要求执行的由人力资源部提出稽核处罚。

5.3.5 奖励

5.3.5.1 所有员工合理化建议均应受到公司的感谢、鼓励和表彰；

5.3.5.2 人力资源部在收到总经理对合理化建议审批意见后，应在 3 个工作日内向合理化建议申报人回复感谢函；

MICT 文件类别	员工合理化建议管理程序	文件编号	版本版次	页次
作业程序书		MICT－SAP－025	A/0	3/3

5.3.5.3 公司对员工合理化建议进行评奖；

a. 成立评奖小组对合理化建议进行评奖，评奖小组由总经理、副总经理、人力资源部、人力资源部、人力资源部及相关部门组成；

b. 评奖小组必要时可向合理化建议申报人和执行实施合理化建议的部门详细了解合理化建议实施成效情况，对合理化建议实施效果进行分析、讨论、评估、奖励；

c. 评奖后报请总经理批准，人力资源部进行对合理化建议申报人发放"合理化建议成效奖"。

5.3.5.4 奖励

a. 对不同层次的操作、流程、管理等有很大改善，但不能具体量化的合理化建议奖励金额暂定为：

A 类			B 类
公司层次	部门层次	工序层次	具有一定合理性，但不具时效性的建议
300 元	200 元	150 元	50 元

b. 对技术、工艺、管理等有重大改善，可预见年度为公司节约或创造利润并可具体量化者奖金标准暂定为：

A 类		
重大改进项目（节约或创利 20 万元以上）	显着改进项目节约或创利 10～20 万元（含 20 万元）	一般改进项目节约或创利 5～10万元者（含 10 万元）
10000 元～50000 元	5000 元～10000 元	2500 元～5000 元

视其推广、税收及交费情况，总经理认为有必要可以调整以上奖励金额，具体奖励情况由公司另行公告。

5.3.5.5 对于提出 A 类和 B 类合理化建议的员工，人力资源部将在企业文化宣传栏通报表扬、颁发荣誉证书并记录存档，可列入当年年终评优的重要依据。

6. 参考文件

无

7. 使用表单

7.1 合理化建议登记表。

表4-81 奖惩管理程序

MICT 文件类别	奖惩管理程序	文件编号	版本版次	页次
作业程序书		MICT-SAP-026	A/0	1/2

1. 目的

1.1 规范公司各项规章制度的执行;

1.2 教育教导公司员工遵守纪律安全、奉行环保法规、养成健康良好的生活习性;

1.3 加强本公司劳动纪律,提高员工素质,增强公司活力,提高生产力及促进公司的发展。

2. 范围

本程序适用于公司所有员工。

3. 权责

4. 定义

奖惩划分:嘉奖、记功、记大功、警告、辞退、移交公安机关。

5. 作业内容

奖惩细则:

1. 嘉奖、记功、记大功

1.1 下列事迹者予以奖赏

1.1.1 品行端正,拾金不昧者;

1.1.2 工作努力,能及时完成或超额完成工作任务者;

1.1.3 热心工作,有具体事迹者;

1.1.4 热爱工厂,关心工厂,能一贯自觉遵守厂规者。

1.2 下列事迹者给予记功

1.2.1 对生产技术及管理制度提出合理化建议,经采纳实施有成效者;

1.2.2 节约物料或减少废料有成绩者;

1.2.3 领导有方,使业务发展有一定收获者;

1.2.4 见义勇为且措施得力者;

1.3. 下列事迹者记大功一次,并建议升职或加薪;

1.3.1 遇意外事件奋不顾身,不避危难因而减少工厂损失的;

1.3.2 保护公司人员安全不顾自身利益而执行任务,确有成绩的;

1.3.3 维护公司重大利益,避免重大损失者。

2. 有下列行为一经查实,给予警告。

2.1.1 因过失发生工作上的错误情节轻微者;

2.1.2 初次不服从管理人员合理指挥者;

2.1.3 浪费公物情节轻微者;

2.1.4 初次违犯厂规情节轻微者;

2.1.5 对上级指示或有期限之工作指令,未申报正当理由而未如期完成或处理不当者;

MICT 文件类别	奖惩管理程序	文件编号	版本版次	页次
作业程序书		MICT – SAP – 026	A/0	1/2

2.1.6 因疏忽大意，导致机器设备或物品材料遭受损坏或伤及他人，情节轻微者；

2.1.7 妨碍现场工作秩序者；

2.1.8 浪费工厂资源情节严重较轻者；

2.1.9 无正当理由旷工一日以上者，频繁迟到早退者；

2.1.10 第二次违犯厂规情节轻微者。

表 4 – 82　获惩管理程序 2

MICT 文件类别	获惩管理	文件编号	版本版次	页次
作业程序书		MICT – SAP – 026	A/0	2/2

2.2 有下列行为一经查实，给予辞退。

2.2.1 未经许可私自带外来人员入厂参观者；

2.2.2 投机取巧，隐瞒事实真相，谋取非分利益者（如贪污、受贿、挪用公款、虚报费用）；

2.2.3 对同事恶意攻击、诬告陷害、制造事端情节轻微者；

2.2.4 擅离工作岗位导致发生事故，使工厂蒙受轻微损失者；

2.2.5 张贴、散发煽动性文字、图书来影响员工工作者；

2.3 有下列情况之一经查属实一律辞退，情节严重者送公安机关处理。

2.3.1 在厂内打架斗殴；

2.3.2 玩忽职守或贻误要务，使工厂蒙受重大损失者；

2.3.3 故意毁坏公司财物或破坏机器设备者；

2.3.4 在工厂内赌博、酗酒闹事、抽烟引起火灾者；

2.3.5 偷窃同事或工厂财物，带危险品入厂区者；

2.3.6 利用工厂名义在外招摇撞骗致使工厂声誉蒙受损失者；

2.3.7 对本厂各级管理人员有恶意的威胁和侮辱行为者；

2.3.8 违规挟带厂区内技术资料出厂，泄露机密信息者；

2.3.9 违犯国家法律及治安条例而被处分者。

3. 惩罚制度：严禁使用武力威迫、体罚、变相体罚或有侮辱行为。

6. **参考文件**

无

7. **使用表单**

无

表4-83　消防应急管理程序1

MICT 文件类别	消防应急管理程序	文件编号	版本版次	页次
作业程序书		MICT - SAP - 027	A/0	1/3

1. 目的

按《消防法》等法规要求管理公司消防事务，确保消防设施配置合理，人员训练合格，器材维护和使用良好。

2. 范围

消防政策、训练及全厂范围内的消防栓、灭火器、消防沙、应急灯、出口灯、紧急信道及疏散标识、门窗、危险品及仓库的管理。

3. 权责

3.1 管理代表是公司直接安全责任人，负责消防管理和训练。

3.2 安全主任，负责公司安全、卫生的执行工作，并兼任消防队队长协助人力资源及人事部经理。

3.3 各部门及所有其他人员配合消防管理工作，按有关规定进行。

4. 定义

无

5. 作业内容

5.1 消防设施的规划配置、安装由安全主任依相关法规要求确定，总经理批准。

5.2 由安全主任制订消防演习计划，并每年举行两次，演习记录用照片进行保存（2年）。

5.3 公司范围内按要求配置消防栓和灭火器（每处2~5个，公司每$80m^2$一个，库房每$100m^2$一个，设有消防栓的，可相应减少30%）。灭火器设置位置和高度（宜在挂钩、托架或灭火器箱内，其顶部离地高度小于1.5m，底部离地高度大于0.15m）应便于取用。

5.4 消防栓、灭火器、应急灯、指示灯应明确区位，统一编号并附检查卡进行管理，每月由相关责任人保养检查一次，如有任何问题均应立即报告解决，保养检查应有记录（记录保存1年）。

5.5 保养要求：

5.5.1 灭火器部件完整、清洁、指针在绿灯区无阻碍为有效。

5.5.2 消防栓以部件完整、清洁、无阻碍为有效。

5.5.3 应急灯以部件完整、清洁、断电会亮为有效。

5.5.4. 出口指示灯以部件完整、清洁、会亮为有效。

5.6 消防器材如有损毁或故障，应立即报请维修部维修。

5.7 需报废的消防设施应厂长审核同意后方可报废处理。

5.8 使用化学品的车间仓库应准备一定数量的消防沙，消防沙不可用作他用。

表4-84　消防应急管理程序2

MICT 文件类别	消防应急管理程序	文件编号	版本版次	页次
作业程序书		MICT-SAP-027	A/0	2/3

6. 义务消防队组织架构图及职责

队长、副队长职责：

1. 对各级人员进行消防知识培训。

2. 每月对全工厂进行一次消防检查，消除安全隐患。

3. 每年组织消防演习。

4. 监督保安员对消防器材进行检查，更换不符合要求的消防器材。

5. 指挥进行消防事故处理。

救护组职责：

在火灾发生时，及时组织对受伤人员进行救护；并准备好车辆，将伤员送往附近指定医院。

抢救组职责：

在火灾发生时，在人身安全得到保障的情况下，努力配合消防部门对公司财物进行抢救。

疏散组职责：

在火灾发生时，及时组织人员进行疏散到安全场所，并对人员实施管制，防止有人员返回火灾现场。

通讯组职责：

在发现初起火灾时，及时通知义务消防队人员执行各自的职责，并及时与当地消防部门取得联系。必要时，派人员到路口接警。

扑火组职责：

在初起火灾时，扑火组要用灭火器、消防栓等消防器材将初起火灾扑灭或控制。并积极参加消防部队的扑救工作。

表4-85　消防应急管理程序3

MICT 文件类别	消防应急管理程序	文件编号	版本版次	页次
作业程序书		MICT – SAP – 027	A/0	3/3

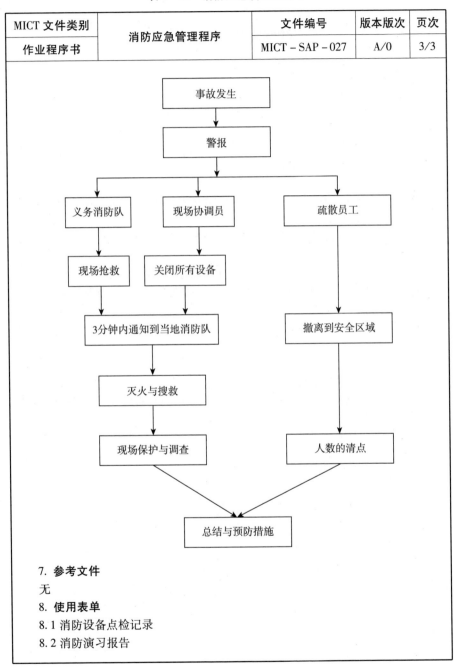

7. **参考文件**

无

8. **使用表单**

8.1 消防设备点检记录

8.2 消防演习报告

表4-86　社会责任绩效团队管理程序1

MICT 文件类别	社会责任绩效团队管理程序	文件编号	版本版次	页次
作业程序书		MICT - SAP - 028	A/0	1/2

1. 目的

为更好地贯彻社会责任行为规范，识别和评估各种潜在风险，并优先处理实际或潜在的不符合项，持续监督工作场所的活动，公司特组建社会绩效团队并建立本程序文件。

2. 范围

本程序适用于社会绩效团队（简称 SPT 小组）的组成和相关规定。

3. 权责

3.1 负责定期执行书面风险评估，以识别并优先处理本标准的实际或潜在的不符合项，并向管理层建议处理这些风险的措施。

3.2 负责对公司社会责任所涉及的全部工作及工作场所的活动进行监督，确保公司遵守 SA8000 的要求。

3.3 协助每年一次的内部审核，监督内审发现的问题改善情况。

3.4 定期检查社会绩效团队工作会议，检查各项改善措施的执行及落实情况，保存检查记录一年。

4. 定义

无

5. 作业内容

5.1 社会绩效团队的组建

5.1.1 绩效团队由管理层代表、健康安全代表和工人代表组成，负责实施 SA8000 标准的全部内容。

5.1.2 管理层代表、健康安全代表由总经理任命，工人代表由工人自由选举产生，并由公司工会确认。

5.2 社会绩效团队的架构

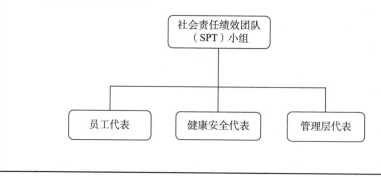

表4－87　社会责任绩效团队管理程序2

MICT 文件类别	社会责任绩效团队管理程序	文件编号	版本版次	页次
作业程序书		MICT－SAP－028	A/0	2/2

5.3 选举办法

5.3.1 公司本着公平、公正、公开的原则，在各制造部门以员工投票方式民主选举，SPT 小组员工代表由本部门全体成员投票进行表决，票数最高者当选。选举时投票超过2/3 时认为此次投票有效。为证实选举的公平、公正、公开，选举记录应当保持至该员工代表任期结束。

5.4 补选/增选

每一年根据实际情况对社会绩效团队进行改选调整例会。

5.5.1 SPT 小组可以自由组织例会（至少每半年一次例会），讨论公司相关健康、安全、环境、风险识别及改善情况、卫生、福利、常规设施、制度以及其他与员工有关事宜。

5.5.2 SPT 小组定期执行书面风险评估，以识别并优先处理本标准的实际或潜在的不符合项，并向管理层建议处理这些风险的措施。

5.5.3 风险的识别与评估每年由社会绩效团队进行一次，各相关的车间及部门参与，评估的结果用书面形式传递至公司管理层，各责任方制定相关的对策进行改善及监控。

5.5.4 社会绩效团队监督公司各个层次、各车间和部门及各岗位严格遵守 SA8000 标准，不得有任何违犯。

5.5.5 社会绩效团队需监督跟进公司每年一次的内部审核和管理评审，检查各项改善措施的执行及落实情况。

5.5 权益

5.5.1 SPT 代表开会、学习占用的时间，公司均按照其上正常月份或其年平均工资来计算工资。

5.5.2 公司管理层保障 SPT 小组成员不会收到不平等的待遇。

5.5.3 公司在人事选拔和升迁工作中，会优先考虑曾经作为 SPT 小组的员工。

6. 相关文件

6.1《中华人民共和国工会法》

7. 记录表单

7.1《SPT 小组成员名单》

7.2《SPT 小组会议记录》

表 4-88　化学品管理及标识控制程序 1

MICT 文件类别	化学品管理及标识控制程序	文件编号	版本版次	页次
作业程序书		MICT-SAP-029	A/0	1/2

1. 目的

对危险化学品储存、运输、使用、废弃物处置进行严格的管理和控制，确保不出现泄漏、爆炸、伤亡、污染等事故的发生。

2. 范围

本程序对公司危险化学品储存、运输、使用、废弃处置等活动做出了明确规定。

3. 权责

3.1 仓库负责危险化学品的储存。

3.2 EHS 管理委员会负责危险化学品使用后废弃物处置监控。

4. 定义

4.1 MSDS：物料安全资料表—Material Safety Data Sheet。

4.2 EHS：健康安全管理委员会简称

5. 作业内容

5.1 MSDS——《物料安全资料表》。

5.1.1 公司应根据相关法律法规要求及公司危险化学品的使用状况，以及供应商提供的相关资料，编制公司危险化学品的 MSDS。

5.1.2 MSDS 的内容主要包括：

（1）物质名称；

（2）化学属性或成分；

（3）危险性类别；

（4）理化性质；

（5）燃爆特性；

（6）毒害特性；

（7）储运及使用注意事项；

（8）应急处理方法；

（9）废弃处理注意事项；

5.1.3 公司应在所有贮存或使用危险化学品的场所悬挂相应的 MSDS 并遵照执行。

5.1.4 当有使用新的危险化学品时，公司应及时更新与补充 MSDS。

5.1.5 MSDS 的有效期限为 5 年。

5.2 危险化学品清单。

公司应编写《危险化学品清单》，交由 EHS 管理者代表批准；公司应每年对《危险化学品清单》进行复查一次并及时更新。

5.3 危险化学品储存。

5.3.1 根据危险化学品的种类、性质，仓库应设置相应的通风、防爆、泄压、防火等安全设施。

续表

MICT 文件类别	化学品管理及标识控制程序	文件编号	版本版次	页次
作业程序书		MICT-SAP-029	A/0	1/2

5.3.2 遇火、遇潮容易燃烧、爆炸或产生有毒气体的危险化学品，不得在露天、潮湿、漏雨等容易积水的地点存放。

5.3.3 受阳光照射容易燃烧、爆炸或产生有毒气体的危险化学品和桶装、罐装等容易燃液体、气体应当在阴凉通风地点存放。

5.3.4 化学性质或防护、灭火方法相互抵触的危险化学品，不得在同一仓库或同一储存室内存放。

5.3.5 危险化学品入库前，必须进行检查登记，入库后应当定期检查数量和保存期限，并按先进先出的原则发放，避免过期化学品的产生。

表4-89 化学品管理及标识控制程序2

MICT 文件类别	化学品管理及标识控制程序	文件编号	版本版次	页次
作业程序书		MICT-SAP-029	A/0	2/2

5.3.6 储存危险化学品的仓库内严禁吸烟和使用明火。

5.4 危险化学品搬运。

5.4.1 盛放危险化学品的容器上应有相关警示标识，标识可参考 GB13690-2009、GB15258-2009。

5.4.2 轻拿轻放、防止撞击、拖拉和倾倒。

5.4.3 碰撞、互相接触容易引起燃烧、爆炸或造成其他危险的危险化学品，以及化学性质或防护、灭火方法互相抵触的危险化学品，不得违反配装限制和混合装运。

5.4.4 遇热、遇潮容易引起燃烧、爆炸或造成其他危险的化学品，在装运时应当采取隔热、防潮措施。

5.5 危险化学品使用。

5.5.1 使用危险化学品的部门/人员，必须遵守各项安全生产制度和操作规程。

5.5.2 使用危险化学品时，必须有安全防护措施和用具，如防护手套、防毒口罩等。

5.5.3 盛装危险化学品的容器，在使用前后，必须进行检查，消除隐患，防止火灾、爆炸、中毒等事故发生。

5.5.4 使用危险化学品时，严禁泼洒、倾倒、滴漏。

5.6 危险化学品废弃物处置。

5.6.1 各部门将危险化学品废弃物统一交于化学危险品仓，各部门需登记于《废弃物处置登记表》上，并作相应的标识，最后由仓库统一交给合格回收商。

5.6.2EHS管理委员会监管危险化学品废弃物处置，并填制《废弃物处置登记表》。

5.7 过期危险化学品的处置。

MICT 文件类别	化学品管理及标识控制程序	文件编号	版本版次	页次
作业程序书		MICT－SAP－029	A/0	2/2

5.7.1 剧毒化学品过期时，应派专人包装并做好相应标识，然后联络专门的供应商回收处理。

5.7.2 其他危险化学品过期时，由使用部门原包装退回采购部，由采购部退回供应商回收处理。

5.8 危险化学品的使用、操作人员须为合格之人员始可操作，应经过一定的教育培训。

5.9 当危险化学品在使用、操作中发生异常状况时，依《纠正和预防控制程序》执行。

5.10 当危险化学品在使用、操作中发生重大外溢（泄）或爆炸状况时，依《应急响应控制程序》执行。

5.11 环境记录的管理。环境记录的管理依据《文件及记录控制程序》执行。

6. 相关文件

6.1 《纠正和预防控制程序》

6.2 《应急响应控制程序》

6.3 《文件及记录控制程序》

7. 记录表单

7.1 MSDS——《物料安全资料表》

7.2 《危险化学品清单》

7.3 《废弃物处置登记表》

表4－90 有害废物处理及贮存管理程序1

MICT 文件类别	有害废物处理及贮存管理程序	文件编号	版本版次	页次
作业程序书		MICT－SAP－030	A/0	1/3

1. 目的

规范废弃物的管理活动，防止或减少废弃物对环境的污染。

2. 范围

适用于公司对废弃物的处理控制。

3. 权责

3.1 可回收的废弃物：在公司目前条件下可自行回收再利用或能找到收购方收购的废弃物。

3.2 不可回收的废弃物：在公司目前条件下不可自行回收再利用或暂未找到收购方收购的废弃物。

4. 定义

4.1 各部门：负责废弃物的分类投放管理，填写《危险废物交收记录表》。

续表

MICT 文件类别	有害废物处理及贮存管理程序	文件编号	版本版次	页次
作业程序书		MICT－SAP－030	A/0	1/3

4.2 人力资源部：负责公司内外废弃物能回收或不可回收的整体控制和处理。

4.3 人力资源部：负责公司内外一般垃圾类废弃物的控制和处理。

5. 作业内容

5.1 控制原则：遵守《中华人民共和国固体废弃物污染环境防治法》《国家危险废弃物名录》等有关法律法规，编写《危险废弃物清单》报总经理批准。减少固体废弃物的产生、充分回收、合理利用、控制排放。

5.1.1《危险废弃物清单》至少应包括以下内容：

A. 名称 B. 产生地点 C. 控制方法 D. 环境影响

5.2 废弃物的分类

5.2.1 可回收的废弃物（举例说明）：

（1）金属塑料类：废电器类金属零配件、废五金类材料、废机器金属零件、订书机（钉）、回形针、清洁用品空铁桶等；废塑胶材料、塑胶容器、废塑料袋、磁盘、光盘、废指套等；

（2）纸箱报表木材类：废报纸、废表单、各类废报表、废纸箱、废纸片、废纸盒、废文件资料；废木料箱、木卡板、包装箱、废桌子、凳子等。

5.2.2 不可回收的废弃物（举例说明）：

一般垃圾类：如传真纸、彩色纸、白板擦、玻璃碎片、瓜子壳等各类垃圾。

表 4－91　有害废物处理及贮存管理程序 2

MICT 文件类别	有害废物处理及贮存管理程序	文件编号	版本版次	页次
作业程序书		MICT－SAP－030	A/0	2/3

5.2.3 危害垃圾类：墨盒、碳粉盒、电池、防爆灯、日光灯管、涂改液、打印油墨、油性笔；油渣、油性纸片、废手套、含化学品抹布；废润滑油、焊渣、废机油、废油漆、废脱膜剂、废防锈剂等废弃物和装用桶及剩余物质；废油、废油水混合物及桶等不可回收使用的废弃物，单独保存处理。

5.2.4 按放置地点一般分为公共区废弃物和特殊区废弃物。公共区废弃物包括金属塑料类、危害类、纸箱报表木材类及一般类，指公司走廊、宿舍走廊、厂区空地放置地；特殊区废弃物包括金属塑料类、危害类、纸箱报表木材类及一般类，指生产现场放置地。其他区域放置地点可视日常办公活动情况与相近区域相应废弃桶共享。

5.3 废弃物的集中与处理

5.3.1 "废金属塑料类"存放废弃物临时放置场，由人力资源部视废弃物存放量多少及时联络承包方处理。

续表

MICT 文件类别	有害废物处理及贮存管理程序	文件编号	版本版次	页次
作业程序书		MICT－SAP－030	A/0	2/3

　　5.3.2 "危害类"，要求各部门及区域人员把危害投放到对应桶中，由清洁工负责转移到公司危废集中放置区，集中存放在无火源的专用废弃物临时放置场；由人力资源部视废弃物存放量多少及时联络国家承认有资质的危害废弃物处理业者进行回收或定期处理。人力资源部负责保存回收证明或签协议，登记回收或定期处理的数量，保存表单记录。

　　5.3.3 "纸箱报表木材类"存放废弃物临时放置场，由人力资源部视存放量联络收购单位及时清理。

　　5.3.4 "一般垃圾类"由人力资源部视其存放量联络市政环卫部门及时处理。

　　5.4 紧急状态

　　5.4.1 当公司内存放的废弃物发生泄漏、火灾、爆炸或中毒事故时，有关责任部门按《环境应急准备与反应控制程序》处理。

　　5.4.2EHS 高级代表组织公司内审对废弃物的处理工作进行监视，也可在需要时不定期对其进行监视，并提交管理评审。

　　6. 废弃物处理记录

　　6.1 人力资源部负责将对公司内可回收废弃物的回收情况和危害类废弃物的处理情况记录在《废弃物回收记录表》中。

表 4－92　有害废物处理及贮存管理程序 3

MICT 文件类别	有害废物处理及贮存管理程序	文件编号	版本版次	页次
作业程序书		MICT－SAP－030	A/0	3/3

　　6.2 对可回收废弃物由人力资源部按期与承包方订合同（协议），每次处理回收数量记录在《废弃物回收记录表》中。

　　6.3 危害类废弃物由人力资源部交有国家承认专业资格的业者处理，签订处理合同或协议，同时填写二联单。

　　7. 相关文件

　　7.1 《应急响应控制程序》

　　8. 记录表单

　　8.1 《危险废弃物清单》

　　8.2 《废弃物回收记录表》

　　8.3 《危险废物交收记录表》

第三节　体系认证审核记录案例——运行记录

以下为运行记录，仅供读者参考，如表 4–93 至表 4–117 所示。

一、2017 年度 SA8000：2014 社会责任管理培训计划

表 4–93　2017 年度 SA8000：2014 社会责任管理培训计划

序号	课程名称	培训对象	部门	考核方式	培训方式	课时	1	…	12
1	新员工、转岗人员的培训	新员工、转岗人员	各部门	笔试	内训	2H	○	○	○
2	SA8000：2014 基础知识	全体人员	行政部	笔试	内训	2H	●		
3	社会责任法律法规培训	各部门主管、组长及 EHS 成员	各部门	笔试	内训	2H	●		
4	SA8000 手册及程序文件培训	各部门主管、组长及 EHS 成员	各部门	笔试	内训	20H			
5	岗位危害与防护安全知识培训	全体人员	各部门	口试	内训	2H			
6	风险识别评价人员培训	风险识别评价人员	各部门	口试	内训	2H			
7	消防基本知识培训	全体人员	各部门	口试	内训	2H			
8	义务消防员培训	义务消防员	各部门	口试/实操	外训	3H			
9	EHS 健康安全环保知识培训	全体人员	各部门	口试	内训	3H			
10	安全标志培训	全体人员	各部门	口试/实操	内训	3H			
11	劳动防护管理培训	全体人员	各部门	口试/实操	内训	3H			
12	生产设备的安全操作、维保培训	设备维修及操作人员	各部门	口试/实操	内训	3H			

续表

序号	课程名称	培训对象	部门	考核方式	培训方式	课时	1	…	12
13	危险化学品安全管理及演习培训	化学品使用者	各部门	口试/实操	内训	2H			
14	消防演习及消防器材使用培训	全体人员	各部门	口试/实操	内训	4H			
15	医疗急救员培训	医疗急救员	各部门	口试/实操	外训	6H			
16	SA8000 - 2014 内审员	内审员	各部门	口试/实操	内训	12H			
17	安全员培训	安全员	各部门	口试/实操	外训	12H			

注：1. 以上年度培训计划根据各部门提出的需求而制定，各部门负责人可视实际情况作相应调整或增加。

2. 各部门负责人按照计划组织实施，行政部协同安排并进行跟进。

3. 如是公开课，由行政部于当月发出培训通知，统计学员名单，邀请培训讲师并组织实行。

4. 每项培训必须有培训记录，于培训结束后一周内交行政部存档。

5. 备注：打"○"表示计划，打"●"表示完成。

制定：   审核：   批准：

二、2017 年度 SA8000：2014 社会责任管理体系培训记录表

表 4-94　2017 年度 SA8000：2014 社会责任管理体系培训记录表

课程名称：SA8000 知识培训							
讲师：李小二		时间：2016. 09. 20			地点：会议室		
培训效果确认人：				效果确认日期：		2016. 09. 20	
序号	受训人员及签到	培训效果评估方式和结果					
		笔试		口试		现场实际操作	外部培训
1		合格 □	优良 □		优良 □		心得报告 □
		不合格 □	合格 ■		合格 □		培训合格证 □
		实际得分：	不合格 □		不合格 □		不合格 □

续表

序号	受训人员及签到	培训效果评估方式和结果			
		笔试	口试	现场实际操作	外部培训
2		合格 □	优良 □	优良 □	心得报告 □
		不合格 □	合格 ■	合格 □	培训合格证 □
		实际得分：	不合格 □	不合格 □	不合格 □
3		合格 □	优良 □	优良 □	心得报告 □
		不合格 □	合格 ■	合格 □	培训合格证 □
		实际得分：	不合格 □	不合格 □	不合格 □
4		合格 □	优良 □	优良 □	心得报告 □
		不合格 □	合格 ■	合格 □	培训合格证 □
		实际得分：	不合格 □	不合格 □	不合格 □
5		合格 □	优良 □	优良 □	心得报告 □
		不合格 □	合格 ■	合格 □	培训合格证 □
		实际得分：	不合格 □	不合格 □	不合格 □
6		合格 □	优良 □	优良 □	心得报告 □
		不合格 □	合格 ■	合格 □	培训合格证 □
		实际得分：	不合格 □	不合格 □	不合格 □
7		合格 □	优良 □	优良 □	心得报告 □
		不合格 □	合格 ■	合格 □	培训合格证 □
		实际得分：	不合格 □	不合格 □	不合格 □

备注：笔试/心得报告/培训证书以附件方式提供。

表单编号：MICT – QR – 24 A0

表4-95 MICT认证检测有限公司员工花名册

序号	姓名	工号	性别	出生日期	入职日期	入职年龄	部门	职位	身份证号码	家庭详细地址	离职日期	备注

表4-96 MICT认证检测有限公司员工入职登记表

工号： 填表日期： 年 月 日

基本情况	姓名		性别		出生年月		籍贯		
	婚姻状况		民族		健康状况		职位		
	身份证号码						邮编		
	家庭地址								
	现住地址								
	个人联系电话				技能、特长				
	家庭情况：（包括配偶、父母、子女、兄弟姐妹等）								
	关系	姓名	年龄	工作单位（家庭住址）及职务			所学专业		

紧急联系人： 紧急联系电话： 紧急联系地址：

教育培训情况	起止时间	学校名称		所学专业	
	年 月至 年				
	年 月至 年				

工作经历	起止时间	学校名称	职务	所学专业
	年 月至 年			
	年 月至 年			

声明	本人郑重声明：以上所填信息及提供的身份证、学历证等入职数据属实，无任何虚假，如有虚假，愿意接受解雇之处分，且不要求任何补偿，并受权审查上资料之真实。 声明人：
	身份证复印本

续表

以下由本公司填写：
□ 不录用　　　　□ 录用情况
部门：　　　　　　职位：　　　　　　上班日期：　　　年　　月　　日
录用部门主管：　　　　　　行政部：　　　　　　总经理：
备注：新进员工必须提交身份证、学历证、职业资料格、职业技能证等复印件并签字说明与原件一致，和本人姓名、签字时间。

表单编号 MICT – SAR – 002 A0

表 4 – 97　2017 年社会责任管理目标、指标统计表

2017 年社会责任管理目标、指标统计表										
序号	社会责任目标	绩效验证	统计频率	目标值	绩效验证统计值					
					1 ~ 2	3 ~ 4	5 ~ 6	7 ~ 8	9 ~ 10	11 ~ 12
1	员工提案管理处理提案率	社会责任管理方案是否展开	每两个月	100%						
		实施结果数据是否统计								
		是否达到了目标值								
		其他								
2	工伤事故（可在工厂处理）	社会责任管理方案是否展开	每两个月	少于三起						
		实施结果数据是否统计								
		是否达到了目标值								
		其他								
3	工伤事故（需到医院处理）	社会责任管理方案是否展开	每两个月	0						
		实施结果数据是否统计								
		是否达到了目标值								
		其他								

序号	社会责任目标	绩效验证	统计频率	目标值	绩效验证统计值					
					1~2	3~4	5~6	7~8	9~10	11~12
4	严禁招收童工	社会责任管理方案是否展开	每两个月	0						
		实施结果数据是否统计								
		是否达到了目标值								
		其他								
5	工资发放及时率	社会责任管理方案是否展开	每两个月	98%						
		实施结果数据是否统计								
		是否达到了目标值								
		其他								
6	员工变动率	社会责任管理方案是否展开	每个月	小于10%						
		实施结果数据是否统计								
		是否达到了目标值								
		其他								

表4-98 灭火器检查记录

编号：MICT-XF-

检查日期	检查项目				维修日期	检查责任人
	压力表	保险梢	喷嘴	喉管		
1月_____日						
2月_____日						
3月_____日						
4月_____日						
5月_____日						
6月_____日						

续表

检查日期	检查项目				维修日期	检查责任人
	压力表	保险梢	喷嘴	喉管		
7月＿＿＿日						
8月＿＿＿日						
9月＿＿＿日						
10月＿＿＿日						
11月＿＿＿日						
12月＿＿＿日						

备注：
（1）消防设备前禁止堆放杂物，严禁堵塞。
（2）每月点检一次。
（3）报警电话：119。

表单编号：MICT－SAR－007 A0

表4－99　消防栓检查记录

编号：MICT－XF－

检查日期	检查项目					维修日期	检查责任人
	喉笔嘴	消防水阀	水带	箱门	警铃系统		
1月＿＿＿日							
2月＿＿＿日							
3月＿＿＿日							
4月＿＿＿日							
5月＿＿＿日							
6月＿＿＿日							
7月＿＿＿日							
8月＿＿＿日							
9月＿＿＿日							
10月＿＿＿日							
11月＿＿＿日							

检查日期	检查项目					维修日期	检查责任人
	喉笔嘴	消防水阀	水带	箱门	警铃系统		
12 月_____日							

备注：
(1) 消防设备前禁止堆放杂物，严禁堵塞。
(2) 每月点检一次；

表单编号：MICT – SAR – 008 A0

表 4 – 100　应急灯检查记录

编号：MICT – XF –

检查日期	检查项目				维修日期	检查责任人
	电线是否完好	测试指示灯	灯泡	灯箱整洁		
1 月_____日						
2 月_____日						
3 月_____日						
4 月_____日						
5 月_____日						
6 月_____日						
7 月_____日						
8 月_____日						
9 月_____日						
10 月_____日						
11 月_____日						
12 月_____日						

备注：
(1) 消防设备前禁止堆放杂物，严禁堵塞。
(2) 每月点检一次。
(3) 报警电话：119。

表单编号：MICT – SAR – 009 A0

表 4 – 101 安全出口灯检查记录

编号：MICT – XF –

检查日期	检查项目			维修日期	检查责任人
	电线是否完好	指示标识清晰/明亮	灯箱外观		
1 月＿＿＿日					
2 月＿＿＿日					
3 月＿＿＿日					
4 月＿＿＿日					
5 月＿＿＿日					
6 月＿＿＿日					
7 月＿＿＿日					
8 月＿＿＿日					
9 月＿＿＿日					
10 月＿＿＿日					
11 月＿＿＿日					
12 月＿＿＿日					

备注：
(1) 消防设备前禁止堆放杂物，严禁堵塞。
(2) 每月点检一次。
(3) 报警电话：119。

表单编号：MICT – SAR – 010 A0

表 4 – 102 消防设施统计表

序号	消防设施名称	区域	面积	编号	区域数量
1	消防栓	一楼大厅	70	A – 001	
2	消防栓	一楼大厅	70	A – 002	

表 4－103　消防设备非火灾严禁动用

MICT 认证检测有限公司	MICT 认证检测有限公司	MICT 认证检测有限公司
封	封	封
消防设备非火灾严禁动用	消防设备非火灾严禁动用	消防设备非火灾严禁动用
责任人： 2017 年 10 月 21 日	责任人： 2017 年 10 月 21 日	责任人： 2017 年 10 月 21 日

表 4－104　MICT 认证检测有限公司电气安全检查及维修记录

年　　月

序号	检查内容	是/否	维修意见	维修时间	维修人
1	所有灯具、开关、插座应适应环境的需要，如在特别潮湿，有在腐蚀性蒸汽和气体，有易燃、易爆的场所和户外处等，应分别采用合适的防潮、防爆、防雨的灯具和开关。				
2	220V 灯头离地应符合下列规定。				
2.1	潮湿危险场所和户外，不低于 2.5 米。				
2.2	生产车间办公室等限高不低于 2 米。				

续表

序号	检查内容	是/否	维修意见	维修时间	维修人
2.3	必须放低时，不应该低于 1 米，从灯头到离地 2 米处的电线要加绝缘管，并对灯具有防护措施				
3	开关和插座离地高度不应该低于 1.3 米，若插座必须低装，则离地不得低于 0.15 米				
4	局部照明及移动手提试灯工作电压应按其工作环境选择适当的安全电压、锅炉、蒸发器和其他金属容器的灯电压不得超过 12V，低压灯的导线和灯具绝缘强度不得低于交流 220V				
5	插座和开关应该完好无损，安装牢固。外壳或罩盖应该完好，操作灵活，接头可靠				
6	不乱拉、乱接临时线、临时灯，生产应该办理临时线申请手续，定期检查，过期拆除				
7	临时线为绝缘良好的橡皮线，悬空或沿墙铺设，架设时离地高度不低于 2.5 米，户外不低于 3.5 米，临时线与设备，水管，门窗距离应该在 0.3 米外，与道路交叉处不低于 6 米				
8	接地保护				
9	中性点不直接接地的三相三线供电系统应采取接地保护				
10	中性点接地的三相四线供电系统，应采用接零保护，变压器中性点接地，架空分支线和干线沿线每公里和终端处应重复接地				

检查人：　　　　　　　　　　　　　　　　　　表单编号：MICT – SAR – 012 A0

表 4 – 105　MICT 认证检测有限公司厂务环境月检查表

请于适当空格划√
　　0 – 严重不符合事宜，须立即进行整改
　　1 – 不满意，但已做出改善，并接受其改善
　　2 – 满意

续表

检查事项	0	1	2	不适用	问题详述	跟进
废物管理						
1. 固体废物已被分隔开并适当地收集？						
2. 固体废物被存放于指定地点、清楚标识及密封？						
3. 保存废物处置记录？						
4. 各车间是否有很多固体废物。						
空气污染控制						
5. 当不使用时，化学品容器是否盖好？						
6. 通风系统/空气污染防治系统适当地保养并状态良好？						
7. 是否有不正常之烟冒/气味？						
水污染控制						
8. 废水集中回收处理装置是否正常工作及状态良好？						
9. 废水是否不经处理直接排放到市政系统？						
噪音污染控制						
10. 是否有不正常之噪音从设备及操作过程中发出？						
11. 是否适当地进行控制和记录？						
资源保护						
12. 当不使用时，水龙头有否漏水或滴水？						
13. 当不使用时，是否关掉所有电器用品？						
14. 车间的温度是否正常？						
15. 厂房是否保持整洁？						
处理及贮存化学品						
16. 是否有提供二次容器作化学物品的存放？						
17. 化学物品是否清楚标识及适当地存放？						
18. 化学品泄漏工具套装是否保养良好？						

续表

检查事项	0	1	2	不适用	问题详述	跟进
处理及贮存化学品						
19. 化学废物是否存放在指定容器或指定地方？并状态良好？						
20. 化学废物是否适当地标识？						
建筑物						
21. 各处建筑是否外观完好，无开裂？						
22. 地面是否平整？是否有漏洞？						
机器设备						
23. 机器设备是否有足够的防护措施？						
24. 测试机器的防护开关是否有效？						
25. 机器操作者是否佩戴相应的防护用具？						
仓库						
26. 仓库物料堆放是否合理、安全？						
27. 仓库员工搬运物料是否安全？						
各生产车间						
28. 车间使用的化学品是否恰当？						
29. 化学品操作者是否有足够防护？						
30. 现场消防安全是否符合规定？						

日期：＿＿＿＿＿＿＿＿　　　　　　　　　　　检查员：＿＿＿＿＿＿＿＿

表 4 - 106　MICT 认证检测有限公司内部审核计划

审核目的：对社会责任管理体系的符合性、有效性进行内部审核。
审核范围：公司《社会责任管理体系手册》《程序文件》所覆盖的所有部门和要素。
审核依据：SA8000：2014 标准、公司社会责任管理体系手册及管理体系文件、有关的法律、法规。

续表

审核组人员：	组长：余××		
	组员：A组：程××		B组：林××
	C组：李CC		D组：陈××

审核时间： 2016年10月12日

审核活动安排：

①按审核组织的要求，各内审员负责各自责任范围的检查表准备，并于2016年10月12日交审核组长审查后实施；

②审核中发现的不合格项由所负责的内审员负责编制，并交审核组长审批；

③审核过程中要求审核员和被审核部门公正客观，对所发现的不合格项要充分交换意见，取得一致看法，明确责任部门；

④本次审核安排了首、末次会议，会议的时间已在下表中规定，地点在会议室；

⑤审核后由每次的审核组长提交审核报告，审核报告的发放范围应为各部门负责人以上干部；

⑥由管理者代表组织审核组对不合格项的纠正措施实施跟踪管理。

审核活动的日程安排：

日期	时间	受审核部门	审核要素	主持
2016年3月2日	8：30~9：00	首次会议	各审核人员及受审部门主管	内审组长
	9：30~12：00	管理者代表	SA8000 相关要求	A
	9：30~10：30	行政部	SA8000 相关要求	B
	10：30~12：00	生产部	SA8000 相关要求	C
	13：30~17：00	采购部	SA8000 相关要求	D
	13：30~15：30	品质部	SA8000 相关要求	D
	13：30~17：00	仓库	SA8000 相关要求	A
	17：00~17：30	末次会议	—	内审组长

编制：

表 4 - 107　社会责任管理体系 2016 年内审检查表

审核准则：SA8000 准则、体系文件、适用法律法规

标准要素	参考文件	检查方法 提问/查验记录	检查记录	检查结果
1. 童工/未成年工管理		◆是否有直接或间接使用或支持童工的证据？中国法律规定童工年龄为低于 16 周岁。	未发现有童工，查手工部员工最小年龄为 18 岁	
		◆招工记录是否有工人年龄文件？	有身份证复印件	
		◆招工时，是否有效地检查工人年龄文件？工厂最低招工年龄是多少岁？	查验身份证原件，最低招工年龄是 16 周岁	
		◆工人年龄文件证明是否过期？	未发现	
		◆是否制定拯救童工和未成年工教育程序，并有效地向员工及利益相关方传达？	查救济童工程序、未成年工教育程序	
		◆如果发现使用童工，是否向童工提供足够的支持，以便他们接受学校教育直到超过 16 周岁？	查救济童工程序	
		◆是否向学龄儿童提供教育支持？	是	
		◆未成年工每天交通时间、上课时间和工作时间累计是否超过 10 小时？	查《未成年工教育程序》	
		◆公司是否将未成年工暴露在危险的、不安全的或不卫生的环境中，无论在工作场所内外？	未发现	
		◆是否根据中国法律规定办理未成年工登记手续，是否安排上岗前及定期体检？工厂雇用有多少名未成年工人？	未发现	
		◆公司雇用的所有员工都符合法律规定的最低年龄了吗？	是的	

续表

标准要素	参考文件	检查方法 提问/查验记录	检查记录	检查结果
1. 童工/未成年工管理		◆是否所有员工的个人资料都有存档？是否检查了所有员工的身份证/出生证明或者其他文件吗？	工厂有建立员工人事档案。个人资料齐全（包括照片、身份证明、学历证明、个人基本资料及简历）	
2. 禁止强迫和强制性劳动		◆是否有直接或间接使用或支持使用强迫劳工的证据？	未发现	
		◆是否所有工人都自愿受雇用工作？是否在工厂内发现如遭贩卖或受欺骗的无人身自由的工人？	未发现	
		◆是否使用监狱劳工或士兵？	未发现	
		◆是否要求交纳押金或扣押工人身份文件？	否	
		◆工厂是否有借款或垫款给工人？	未发现	
		◆工人入厂是否签订劳动合同并且保留一份？	是的，工厂保管白色合同，工人保留副本合同	
		◆是否有证据显示，工人是受到非法惩罚或其他非法处分的威胁下工作呢？	未发现	
		◆下班后，工人是否可以自由离开工厂？	是的	
		◆是否采用工作时间锁住工厂，或者休息时间锁住宿舍的方法来防止工人逃跑？	未发现	
		◆工人是否可以根据法规规定自由辞工？	是的	
		◆通过检查保安合约、访问保安员，确认保安员是否只用作保护财产和人员安全等的保安目的？	是的	

续表

标准要素	参考文件	检查方法 提问/查验记录	检查记录	检查结果
3. 健康与安全		◆工作条件是否安全卫生？是否有足够的通风、照明和温度控制？	是的	
		◆工厂是否对存在危险的工位进行风险评估？	是的，岗位危险因素评估表	
		◆是否采取有效的措施防止工伤和意外事故？	是的	
		◆是否采取切实可行的措施控制职业危害？	是的	
		◆易燃易爆物和化学品是否安全存放？	是的	
		◆是否提供个人防护用品？是免费的吗？如果收费，费用如何计算？	是的，免费	
		◆机器设备是否有适当的安全装置？	是的	
		◆有害物品是否妥善存放和使用？	是的	
		◆是否避免工人不必要地暴露在有害有工作环境下？	是的	
		◆是否安装足够的灭火器及应急灯等？灭火设备是否状况良好？	车间灭火器没有点检	
		◆安全出口是否有清楚的标志？	是的	
		◆安全出口是否足够？	是的	
		◆厂房结构是否安全并妥善保养？		
		◆是否有"三合一"厂房？	无	
		◆是否任命一名高层人员负责为全体员工提供一个健康与安全的工作环境，并且负责落实健康与安全的各项规定？	是的	
		◆是否对新员工进行健康安全方面的培训？	是的	

续表

标准 要素	参考 文件	检查方法 提问/查验记录	检查记录	检查结果
3. 健康 与安全		◆是否建立一个安全卫生体系来检测、预防和应对安全卫生方面的潜在威胁？	是的	
		◆是否建立事故报告、调查和处理程序？	是的	
		◆是否保存工伤及事故记录？	是的	
		◆是否建立应急反应方案？是否定期演习和测试？	是的，准备于11月9日进行消防演习	
		◆是否有足够受过训练的急救员？车间是否有足够的急救箱？必要时能否得到紧急医疗救护？	是的	
		◆公司贴有紧急事故联系电话吗？	有	
		◆是否为工人提供干净的厕所，而且数量足够？	是的	
		◆是否为工人提供可饮用的水，并方便饮用？	是的	
		◆工人使用厕所和饮水是否受到限制？	否。	
		◆若有必要，是否提供卫生的食物存放设施？	未提供，工厂要求工作区域内不可进食	
		◆饭堂设备及食物是否卫生、干净？	NA，无饭堂	
		◆如果提供宿舍，宿舍是否干净、安全和卫生？	NA，无宿舍	
		◆宿舍面积是否符合当地法规的规定，并满足基本的需要？	NA，无宿舍	
		◆男女宿舍是否分开，有效保护工人隐私？	NA，无宿舍	
		◆是否提供足够的澡堂或沐浴设备？	NA，无宿舍	

续表

标准 要素	参考 文件	检查方法 提问/查验记录	检查记录	检查结果
3. 健康 与安全		◆是否提供洗衣、晾衣设备？	NA，无宿舍	
		◆公司是否提供足够的文件、记录和相关证据？	是的	
		◆公司管理层是否了解并尊重法律法规要求？	是的	
4. 结社 自由和 集体谈 判权		◆公司管理层是否尊重员工自由组建工会、参加工会以及集体谈判的权利？	是的	
		◆结社自由和集体谈判受到法律限制时，公司是否协助员工通过合法渠道获得独立和自由结社及谈判权？	是的	
		◆公司是否支持员工选举工人代表，如提供场地、时间和资金方面的支持？	是的	
		◆工人代表是从工人队伍中民主选举出来的吗？	是的	
		◆公司是否组建工人自己的组织，如工友会或康乐会？	有员工代表大会	
		◆公司管理层是否与工人代表展开对话和沟通？	是的	
		◆工人代表是否受到歧视？	无	
		◆工人代表能否在工作场所与工人接触而不受无理的限制？	是的，不会受到限制。	
		◆工厂允许工人自由加入和参加或者形成工人组织吗？	是的	
5. 歧视		◆公司是否因为以下原因之一而存在歧视行为： （1）种族　（2）社会等级 （3）国籍　（5）残疾　（6）性别 （7）性取向　（8）政治团体 （9）工会会员　（10）年龄	无	

标准要素	参考文件	检查方法		检查记录	检查结果
		提问/查验记录			
5. 歧视		◆在以下几方面直接或间接从事或支持歧视行为？		无	
		（1）招工			
		（2）工资报酬和福利			
		（3）培训机会			
		（4）升职			
		（5）解职			
		（6）退休			
		◆公司是否干预员工行使遵奉的信仰和风俗的权利，或为满足涉及种族、民族和社会出身，社会阶层、血统、宗教、残疾、性别、性取向、家庭责任、婚姻状况、工会会员、政见或任何其他可引起歧视的需要？		不会	
		◆公司是否制定政策和程序等书面文件，以消除可能发生的干预和歧视？		反对歧视管理程序	
		◆公司是否允许带有性胁迫、威胁、凌辱或剥削性质和行为，包括姿势、语言及身体接触？		不允许	
		◆公司是否制定政策和程序以消除这种可能发生的凌辱或压迫？		是的	
		◆公司是否发生性骚扰事件？		未发现	
		◆公司是否要求员工做怀孕或童贞测试？		否，公司有政策明令禁止	
		◆公司会解雇怀孕女工吗？		不会	
		◆公司会对怀孕女工提供特别照顾（如休假、工作环境）吗？		是的	
		◆女工生育之后仍可回到原来的岗位吗？		是的	
		◆公司是否有雇用临时工/学徒工/零散工？如果有，请出示名单。		无	

续表

标准要素	参考文件	检查方法 提问/查验记录	检查记录	检查结果
6. 惩戒性措施		◆公司是否从事支持体罚、精神或肉体压迫，以及语言侮辱？	不支持	
		◆公司是否制定惩罚性措施和程序，是否提供申诉途径？	惩戒性措施控制程序	
		◆管理人员是否滥用职权，欺压工人？	未发现	
		◆公司的惩罚性措施有哪些？	公司惩戒性措施包括口头警告、严重警告、公开批评、书面警告、记过、记大过和劝退、解除劳动合同	
		◆公司是否存在罚款政策？	无	
		◆公司如何让所有工人了解这些惩罚性措施？	培训、公示	
		◆查公司的惩罚记录。查公司的投诉记录。	无	
7. 工作时间		◆每周正常工作时间是否超过48小时？中国法律规定每周正常工作时间为40小时。		
		◆是否每周至少安排一天休息？即每周连续24小时的休息时间。	是的	
		◆每周加班时间是否超过12小时？同时采用中国法律规定每天不得超过3小时。	是的	
		◆加班是否是自愿性质？询问2名工人。	是的	

标准要素	参考文件	检查方法 提问/查验记录	检查记录	检查结果
7. 工作时间		◆是否支付额外的加班费，加班费是否按照中国法规规定计算？ （1）工作日加班：至少正常工资标准×150% （2）休息日加班：至少正常工资标准×200% （3）法定假期加班：至少正常工资标准×300%	是的	
		◆是否签订劳动合同，该合同是否符合标准和法规的规定？	是的	
		◆法规法定节假日有哪些？询问2名工人。	每年共11天。元旦、清明、五一、端午、中秋各一天，春节、国庆各三天	
		◆是否根据中国法规提供带薪年假？询问2名工人。	是的	
		◆是否根据中国法规提供至少90天产假？	是的	
		◆公司是否提供足够的文件、记录和相关证据？	是的，工资表、考勤记录等	
8. 工资报酬		◆公司支付的工资是否达到当地最低工资标准？	是的	
		◆工资表上是否分计件与计时、月薪？他们的工资如何计算？	工资为计时工资，按照劳动法执行	
		◆工人工资是否满足员工的基本需要，并能提供一些可以随意支配的收入？	是的	
		◆公司是否采用扣减工资的方法惩罚工人？	无	
		◆工资和福利的组成是否清楚列明？包括工作时间、基本工资、津贴、奖金、福利部分、扣减额。每个员工是否自己保留有工资清单？	是的	

续表

标准 要素	参考 文件	检查方法	检查记录	检查结果
		提问/查验记录		
8. 工资 报酬		◆员工是否知道工资计算方法？询问2名工人。	是的	
		◆工资表上是否有员工本人签名？	是的	
		◆是否为全体工人提供足额社会保险？包括工伤、医疗、失业、养老和生育保险。	工伤医疗保险全买，养老险有部分员工。失业及生育险因户籍问题而未有买	
		◆工人隔多久会收到一次工资？	每月领一次工资	
		◆是否采用现金或支票方式支付工资？是否采用本国货币？	发放现金，人民币	
		◆是否以产品或其他非现金方式支付工资？	未发现	
		◆是否拖欠工人工资？	无	
		◆法定假日是否支付正常工资？	是的	
		◆是否支付停工工资？	是的	
		◆是否合用劳务派遣工/学徒工等？如果有，他们的工资如何计算？	未发现	
		◆公司是否有临时工、家庭工人等？这些工人工资如何计算？	未发现	
		◆公司是否提供足够的文件、记录和相关证据？	保险费用收据、工资表	
		◆公司管理层是否了解并尊重法律法规要求？	是的	
9.1 政策		◆工厂有无建立社会责任政策和目标？	是的	
		◆工厂社会责任政策是否被贯彻执行？	是的	
		◆工厂EHS政策和目标是否向全体员工公示？	是的，有培训，但有部分员工回答不出或回答不全	

续表

标准要素	参考文件	检查方法 提问/查验记录	检查记录	检查结果
9.2/9.3 工厂代表		◆公司是否任命一名高级管理者代表负责 EHS 标准的实施？	是的	
		◆是否任命一名高层人员负责公司安全卫生，以确保符合标准和法规的要求？	是的	
		◆是否选出工人代表？	是的	
		◆工人代表是否有机会与管理层进行沟通？	每三个月一次与管理层会议沟通	
		◆记录和证据是否足够？	是的，代表选举记录、任命书、会议记录等	
9.4 管理评审		◆公司高层管理者是否根据 SA8000 标准和其他定期评审公司政策、程序和表现？	是的	
		◆工人代表是否有参与公司管理评审？	是的	
		◆是否根据评审结果，采取必要的修订和改进？	是的	
9.5 计划与实施		◆是否公司所有员工都了解 SA8000 标准要求？公司管理层的角色、职责和权限是否明确？	手工部有抽查到员工不明白 SA8000 是什么	
		◆是否对新员工、调职及临时员工进行培训？	是的	
		◆是否为公司员工进行定期培训？	是的	
		◆公司是否提供足够的文件、记录和相关证据？	是的，培训记录	
		◆是否持续监督并确保体系有效运行？	是的，纠正预防措施	

续表

标准要素	参考文件	检查方法 提问/查验记录	检查记录	检查结果
9.6 – 9.10 对供货商/分包商及下级供货商的控制		◆公司是否建立并维护适当的程序，根据供应商履行 SA8000 标准的能力来评估并挑选供应商/分包商和分供商？	供应商、分包商和分供商管理程序	
		◆公司是否保存适当供应商/分包商的书面承诺书，对下列问题的承诺：	是的	
		（1）承诺遵守 SA8000 标准全部条款；		
		（2）根据要求参加公司的监督活动；		
		（3）发现违反标准的不符合项时，主动采取补救行动；		
		（4）主动并完整地将其与其他供应商/分包商的商业关系通报给公司。		
		◆公司是否保存适当的证据显示供应商、分包商和分供商遵守 SA8000 标准？	是的	
		◆公司是否提供足够的文件、记录和相关证据？	是的，供货商档案	
		◆是否有效监督家庭工人的工作条件？	未发现有家庭工人	
9.11 处理疑虑及采取纠正行动		◆公司是否采取措施建立与工人的沟通渠道？如设立意见箱和咨询电话、指定负责人员等。	是的。意见箱、员工代表、工厂管理人员、行政部管理人员	
		◆公司是否采取保密手段以保护举报者权益？	是的	
		◆是否定期调查并回应员工和利益相关者提出的疑虑，并保存证据？	是的	

标准 要素	参考 文件	检查方法	检查记录	检查结果
		提问/查验记录		
9.11 处理疑虑及采取纠正行动		◆是否发生公司员工因提供有关 SA8000 的资料而受到歧视、解雇或其他惩罚性措施？	无	
		◆公司是否查出存在的不符合项？公司是否对不符合项采取补救措施？	未发现	
		◆公司是否提供足够的文件、记录和相关证据？	是	
9.12 – 9.14 对外沟通		◆公司是否制定并维持有效的程序，用于与相关利益相关者的定期沟通？	是的	
		◆对外沟通内容是否包括管理评审和运行监督的结果？	是的	
		◆公司是否提供足够的文件、记录和相关证据？	对内对外沟通记录	
9.15 核实渠道		◆公司是否向利益相关方提供适当的资料及核实渠道？	是的	
		◆公司是否通过采购合同，要求供应商和分包商提供类似的资料和核实渠道？	是的	
		◆公司是否提供足够的文件、记录和相关证据？	是的	
9.16 记录		◆审核范围：		
		（1）审核地点是否明确？	是的	
		（2）审核范围已经全部审核？	是的	
		（3）政策是否适当？	是的	
		（4）是否有误导性限制和要求？	无	
		◆审核目标确认：		
		（1）公司管理和措施能否证明公司对适用的法律法规的承诺？	是的	

续表

标准要素	参考文件	检查方法		检查记录	检查结果
		提问/查验记录			
9.16记录		（2）公司管理和措施能否证明公司对政策的承诺？		是的	
		（3）公司管理和措施能否证明公司对有效的内部监督的承诺？		是的	
		（4）总的来说，公司社会责任管理体系和有关活动能否证明符合社会责任要求？		是的	
		（5）总的来说，公司社会责任管理体系能否证明持续符合社会责任要求的能力？		是的	
总要求		1. 公司是否保存所有适用的法律法规的现行版本？		是的	
		2. 公司是否定期收集适用的法律法规？		是的	
		3. 公司是否保存已经签署的规章的最新版本？		是的	
		4. 当不同法规和标准涉及同一议题时，公司采用哪种条款？		采用对工人最有利的条款	

审核员：程×、林××、戴×、陈××　　　　　　　　　审核组长：余××

表 4-108　MICT 认证检测有限公司会议记录

日期：	2016 年 10 月 12 日	地名：会议室	主持人：管理者代表
参会者	总经理、全体内审员		
议题	2016 年度内审会议		
内容	组织公司内审员，布置内审工作。		
与会者签名			

表 4 – 109　2016 年度内部审核报告 1

（SA8000：2014）

制定：审批：

日期：2016 年 10 月 12 日

表 4 – 110　2016 年度内部审核报告 2

2016 年度内部审核报告
（SA8000：2014）

1. 审核的目的和范围

对 SA8000 社会责任体系进行评审是为了维持 SA8000 社会责任体系的有效性，以及对环境变化的适应，及时修正 SA8000 社会责任体系中不合理之处，从而完善 SA8000 社会责任体系，达到工厂的社会责任管理体系的政策和目标。

2. 审核依据

SA8000：2014 标准、有关劳动法律法规、社会责任手册、程序文件及其他社会责任管理体系文件。

3. 审核组成员名单

余××、程×、林××、戴××、陈××

4. 审核时间：2016 年 10 月 12 日

5. 被审核的部门

办公室、生产部、仓库及公司高层

6. 审核结果及评价

审查小组于 2 日下午对整个内审工作进行了总结，有关部门立即安排人员进行纠正与改善，小组成员于 12 月 13 日进行了跟踪检查，总结如下：

续表

序号	存在问题	补救、纠正情况
1	审核中抽查发现：个别员工对工厂社会责任方针及目标回答不出或不全。	将社会责任方针及目标做成公示牌在显眼处公示，并对全体员工进行培训
2	审核中发现：生产车间灭火器未有点检。	立即对生产车间灭火器进行点检，并对全厂消防系统进行全检

审核结果：

　　本次审核历时 1 天，分别到各部门进行了审核，重点审核新版本体系文件的执行情况和生产现场健康安全的管理，整个体系运行情况良好，内部审核小组在审核过程中未发现明显问题，但在现场内审人员已经提出若干建议，各被审部门都能及时改善。

　　本次审核共开具 2 个轻微不符合项。审核表明，本厂 SA8000 社会责任管理体系在正常地有效地运行。基本符合 SA8000：2014 的要求。

表 4–111　MICT 认证检测有限公司纠正预防措施及跟进报告

TO：　　　生产部　　　　　　　　　DATE：2016 年 10 月 12 日

FROM：　　　内审小组

产品名称/编号：

（一）纠正项目

（　）来料问题　　　　　　　　　　（　）工序或成品品质问题

（　）客户投诉　　　　　　　　　　（√）内部质量/社会责任审核

其他：

（二）问题描述

1. 个别员工对工厂社会责任方针及目标回答不出或不全。

2. 生产车间灭火器未有点检。

发出人：内审小组　　　　　　　　　　日期：2016 – 10 – 12

续表

（三）原因分析 1. 生产部对 SA8000 相关标准宣传不到位。 2. 生产部点检灭火器人员不认真所致。 分析人：陈××	
（四）纠正预防措施 1. 对生产部全体人员重新进行 SA8000 相关标准的培训。 2. 在生产部现场张贴 SA8000 政策、方针等资料。 3. 对生产部灭火器重新进行点检，发现问题立即进行更换。 执行：陈×× 日期：2016 – 10 – 12	
（五）跟进结果 已对上述纠正措施按照要求进行了整改。 跟进人：余×× 日期：2016 年 10 月 13 日	

表 4 – 112　MICT 认证检测有限公司会议记录

会议记录			
日期：	2016 年 10 月 27 日	地名：会议室	主持人：管理者代表
参会者	总经理、各部门主管		
议题	管理评审会议		
内容	进行 2016 年的管理评审会议。		
与会者签名			

表 4 – 113　管理评审报告 1

管理评审报告
1. 目的
为确保本公司 SA8000 社会责任管理系统的适应性、持续性和有效性，特进行了一次针对性的管理审查，以期公司达到新版本标准要求。
2. 管理评审时间
2016 年 10 月 27 日
3. 管理评审地点
会议室
4. 参加评审的人员
（1）主持人：总经理
（2）参加成员由最高管理者指定，成员：管理者代表、健康安全代表，行政部、业务部、财务部、员工代表。
5. 管理层评审顺序

	评审项目	负责人
1	审查 SA8000 政策、目标、社会责任管理系统程序及各项内容	管理者代表
2	内部及外部的社会责任系统审查结果	管理者代表
3	补救、纠正预防措施报告	管理者代表

6. 相关记录
6.1 SA8000 内部审核报告
6.2 补救、纠正预防措施报告

表 4 – 114　管理评审报告 2

7. 评审情况
公司接收到 SA8000：2014 版本标准后，组织各部管理人员进行认真学习讨论，并根据公司实际情况及标准要求，组织编写了《社会责任管理系统手册》《社会责任管理系统程序》部分程序和部分三级文件。
公司根据文件及标准要求，对公司社会责任工作进行了改进，并于 2016 年 10 月 12 日对公司的社会体系进行了一次内部审核。

通过这些内部工作，结果表明公司已经按照 SA8000：2014 的标准建立相关的文件系统，公司能够根据相关的文件规定执行，并保留了相关记录，基本上符合 SA8000 的标准。但是，我们发现第一次实施 SA8000 体系，经验等各个方面不足，在一些公司硬件及保障员工权益方面做得不足。例如，对员工的持续培训不足等，这要求我们要进一步持续改进的管理工作，建立更完善的培训制度。部门管理人员及员工安全意识不够，抱有侥幸思想，应加强安全意识教育，以及对工人的监督和指导。SA8000 新标准有部门人员理解不够，还需要更加的培训学习。

7.1 公司的社会责任政策和目标的实施情况

我公司现有的社会责任政策和目标由我公司高层和员工共同制定得出，暂无变动情况。

7.2 公司的社会责任目标实施情况

2016 年各类指标目标正在实施中，符合 SA8000 标准要求。

7.3 内部审核情况

2016 年 10 月 12 日由管理者代表带领公司内审员及员工代表，对 SA8000：2014 版本社会责任管理的第一次内部审查是在有准备、有计划的基础上进行的，审查小组事前制定了内部审查计划及《SA8000 内部审查清单》。审查工作是在紧张和有序中进行的。通过 1 天的审查，审查小组系统进行了全面的内部审查。

本次审核是执行标准来收集了有关社会责任管理体系方面的有效证据，并证实了该体系在实施过程中得到了员工们的拥护和支持。

审查小组于当天下午对整个内审工作进行了总结，有关部门立即安排人员对不符合项目进行纠正及改善，小组成员于当日进行了跟踪检查，总结报告见《2016 年度内部审核报告》。

表 4－115　管理评审报告 3

审查小组于当天下午对整个内审工作进行了总结，有关部门立即安排人员对不符合项目进行纠正及改善，小组成员于当日进行了跟踪检查，总结报告见《2016 年度内部审核报告》。

综上所查问题，当公司管理层了解到这些问题点后，立即责成相关人员进行改善。经内审员的跟进发现，纠正措施的效果是基本有效的，公司社会责任体系持续有效。

7.4 上一次管理评审报告

本次管理评审为第一次管理评审。

7.5 第二方审核报告

暂无客户对我公司进行了社会责任方面的审核。

续表

7.6 第三方社会责任审查结果 　　暂无。 **7.7SA8000 社会责任管理系统的更新** 　　本公司密切留意国家的政策、法规等社会或环境条件的改变，随时对 SA8000 社会责任系统进行更新，以符合国家最新的政策、法规。 **7.8 童工** 　　本公司从未使用和不支持任何相关方使用童工。 　　如果发现有儿童从事符合上述童工定义的工作，我公司已建立、记录、保留旨在拯救这些儿童的政策和书面程序，并将其向员工及利益相关方有效传达。其中包括给这些儿童提供足够财物及其他支持以使之接受学校教育直到超过上述定义下儿童年龄为止。 **7.9 强迫和强制劳动** 　　我公司建立了完善的防止强迫和强制劳动管理程序，其中包括： 　　公司既不得使用或支持使用第 29 号国际劳工组织（ILO）公约中规定的强迫或强制劳动，也不可要求员工在受雇之时交纳"押金"或存放身份证明文件于公司。 　　公司或向公司提供劳工的实体都不可以为了强迫员工继续为公司工作而扣留这些员工的任何工资、福利、财产或文件。 　　员工有权利在标准工作日完成后离开工作场所。假如员工有按照合理的期限提前通知公司，员工可以自由终止聘用合约。

表 4 – 116　管理评审报告 4

任何公司或向公司提供劳工的实体都不可以从事或支持贩卖人口。 　　本公司在强迫和强制劳动方面未有出现违规。 **7.10 健康与安全** 　　我公司建立了风险评估及预防管理程序，且为员工提供了健康安全的工作环境，并指派了相关的健康安全代表。 　　我公司每季度均进行了消防演习，演习内容包括：疏散逃生、灭火、灭火器材的使用、急救知识等，演习效果真实有效。 　　我公司每月对公司的消防器材及每周对公司的消防通道进行检查，确保消防设施有效及消防通道畅通，符合相关法律法规的要求。 **7.11 自由结社及集体谈判权利** 　　我公司建立了员工代表大会，并制定了相应的程序，每三个月进行一次会议，很好地传达了员工的意见和建议，并在员工代表的监督下，对员工的意见和建议进行了回复和处理。

续表

7.12 歧视

公司建立了反歧视程序，其中要求：

公司在聘用、报酬、培训机会、升迁、解雇或退休等事务上，不得从事或支持基于种族、民族或社会血统、社会等级、出身、宗教、残疾、性别、性取向、家庭责任、婚姻状况、团体成员、政见、年龄或其他任何可引起歧视的情况。

公司不得干涉员工行使遵奉信仰和风俗的权利，并满足涉及种族、民族或社会血统、社会等级、出身、宗教、残疾、性别、性取向、家庭责任、婚姻状况、团体成员、政见或其他任何可引起歧视的情况所需要的权利。

公司不得允许在工作场所及适用时由公司提供给员工使用的住所和其他设施范围内进行任何威胁、虐待、剥削或性侵犯行为，包括姿势、语言和身体的接触。

公司在任何情况下不得让员工接受怀孕或童贞测试。

公司严格遵守程序文件中的相关要求，未发生歧视现象。

7.13 惩罚措施

公司建立了防止惩戒控制程序，并严格遵守的规定，尊严地对待和尊重所有员工，且不得从事或容忍对员工采取体罚、精神或肉体胁迫以及言语侮辱，不允许以粗暴、非人道的方式对待员工。

表 4-117　管理评审报告 5

7.14 供应商社会责任的表现

业务已根据 SA8000：2014 标准对公司现有供货商及新供货商进行重新按新标准规定进行监察及评估。

7.15 纠正预防措施报告情况

2015 年至今，公司未有收到客户和外部利益相关方的投诉。内部员工意见和员工代表提出意见。若干项，均已回复并得到改善。

7.16 工作时间的报告情况

我公司自成立以来，严格按照劳动法执行工时方面的规定，严格控制加班时间，绝对不会出现超时加班，危害工人身心健康的情况。

7.17 工资报酬的报告情况

我公司自成立以来，严格按照劳动法及深圳最低工资标准执行工资方面的规定，绝对不会出现克扣工人工资的情况。

7.18 对内外的沟通

我厂员工及员工代表对公司的生产生活状况提出了很多宝贵的意见。管理层有积极回应、采纳及做出改正措施。

续表

7.19 法律法规符合

　　公司每年及法律法规有所更新是对法律法规清单进行更新，并做出评估和评价，我公司能够满足现有的法律法规的要求。

八、总结

　　综合以上报告及记录，SA8000标准目前在本厂运行基本有效。各部门都能尽到各自的职责。各部门认真学习SA8000文件，并尽快将内容融入我厂的体系管理中，更加完善我司的SA8000体系。

制表：××　　　　　　　总经理：××　　　　　日期：2016年10月27日

第四节　体系认证审核记录案例——第三方审核记录

以下为第三方审核记录，供读者参考，如表4-118、4-119、4-120、4-121所示。

一、认证机构外部审核第1阶段审核计划案例

表4-118　认证公司第1阶审核计划

日期	间期	受审核流程/区域/部门/活动	受审核方代表	标准条款号	审核员/技术专家（和观察员，如适当）
第1天	08：00~08：20	首次会议		N/A	All
	08：20~09：00	现场巡视		1，2，3，5 6，7，9.1.3，9.6.1	All
	09：00~09：40	最高管理层		9.1 - 9.10	A审核员
	09：40~12：00	行政部		1，2，4，5 6，7，8，9.5，9.9	A审核员
	13：30~14：00	财务部		7.8	A审核员

续表

日期	间期	受审核流程/区域/部门/活动	受审核方代表	标准条款号	审核员/技术专家（和观察员，如适当）
	14：00～15：00	社会责任绩效团队		1-8，9.1～9.4，9.8	A审核员
	15：00～17：00	健康安全管理办公室、生产车间及相关场所		3，9.1	A审核员
	17：00～17：30	审核每天的结论		N/A	All
第2天	08：00～08：40	供应商管理		9.1，9.7，9.10	A审核员
	08：40～09：10	与员工代表面谈		1-8，9.1，9.2，9.5，9.6，9.9	A审核员
	09：10～10：40	社会指纹独立评价		9	A审核员
	10：40～11：00	与高层沟通		N/A	All
	11：00～11：20	报告准备		N/A	All
	11：20～12：00	末次会议		N/A	All
12：00～13：30 午餐及休息					

二、认证机构外部审核第2阶段审核计划案例

表4-119 认证公司第2阶审核计划

日期	间期	受审核流程/区域/部门/活动	受审核方代表	标准条款号	审核员/技术专家（和观察员，如适当）
第1天	08：00～08：20	首次会议		N/A	All
	08：20～09：00	现场巡视		1，2，3，5，6，7，9.1.3，9.6.1	All
	09：00～09：30	与员工代表面谈		1-8，9.1～9.3，9.5，9.6，9.9	A审核员

续表

日期	间期	受审核流程/区域/部门/活动	受审核方代表	标准条款号	审核员/技术专家（和观察员，如适当）
	09：30～10：30	最高管理层		9.1－9.10	A 审核员
	10：30～11：30	员工访谈		1－8，9.1，9.2，9.5，9.6，9.9	A 审核员
	11：30～12：00 13：30～15：00	行政部		1，2，4，5，6，7，8，9.5，9.9	A 审核员
	15：00～16：00	财务部		7，8	A 审核员
	16：00～17：00	供应商管理		9.1，9.7 9.10	A 审核员
	17：00～17：30	审核每天的结论		N/A	All
第2天	08：00～11：00	健康安全管理办公室、生产车间及相关场所		3，9.1，9.2 9.3	A 审核员
	11：00～12：00 13：30～14：30	社会责任绩效团队		1－8，9.1－9.4，9.8	A 审核员
	14：30～15：30	社会指纹独立评价		9	A 审核员
	15：30～16：00	与高层沟通		N/A	All
	16：00～16：30	报告准备		N/A	All
	16：30～17：30	末次会议		N/A	All
晚餐及休息					

表4－120　第2阶段独立评价得分评估认证准备情况

独立评价得分	对认证的显示	可能的不符合项类型
1	未准备好作认证	重大严重不符合
2	还没有准备好认证，但加多些时间可能准备好	一些严重不符合，很多轻微不符合

续表

独立评价得分	对认证的显示	可能的不符合项类型
3	如果系统改善的话就为认证做好了准备	几个轻微不符合，可能 1～2 个严重不符合
4	如果符合其他要求就做好了认证准备	少量轻微不符合
5	几乎没有，但可能在阶段 2 的审核中出现	没有

表 4－121 企业 SA8000 信息

企业名称：MICT 认证检测有限公司　　　　填表日期：2016 年 11 月 18 日

序号	项目	内容	备注
1	公司中英文简介（Word 电子版，包括公司人数、（车间、办公、宿舍）建筑栋数及面积、产品、年产量及年产值、主要客户及销售目的地等）	见公司简介	
	社会责任相关法规英文清单	……	

续表

序号	项目	内容	备注
2	营业执照及其他相关资质证书（提供电子版扫描件）	见营业执照	
3	消防验收意见书出具单位及日期（提供电子版扫描件）	《消防验收意见书》	
	房屋建筑竣工验收证明日期	2009.04.21	
	环保验收报告（提供电子版扫描件）	《环保验收报告》	
4	员工总数	22 人	
	男员工数	11 人	
	女员工数	11 人	
	未成年工人数及劳动部门备案表，所在工作岗位	0	
	最小年龄员工姓名、年龄及聘用日期	最小年龄员工：王小六　年龄：19 岁聘用日期：2016.08.11	
	新进员工数	3 人	
	转岗员工数	0	
	孕妇数量	0	
	新生妈妈数量	0	
	少数民族人员数量	0	
	残疾人数量	0	
5	社会责任政策和体系文件发布日期	2015 年 11 月 3 日	
	政策张贴位置	公告栏	
6	程序文件目录带编号	见《文件管制一览表》	
7	主要产品（服务）	×××的销售和生产	
8	总经理姓名	李二	
9	管理者代表姓名	王三	
	任命时间	2015 年 11 月 3 日	

续表

序号	项目	内容	备注
10	健康安全委员会名单	王××、张××、李××、刘××	
	任命时间	2015 年 11 月 3 日	
	社会责任绩效团队名单	吕××、吕××、吕××、王××	
	任命时间	2015 年 11 月 3 日	
11	工会代表/工会主席姓名	无	
	员工代表姓名	张××	
	工会/员工代表选举日期	2015 年 11 月 3 日	
12	员工代表活动内容及时间	见《员工代表大会会议记录》	
13	组织机构图对应各部门负责人姓名及人数	见组织机构图	
14	员工手册编号及发布尔日期	见《MICT－SAI－001 员工手册》	
15	集体合同或集体谈判协议签订日期	无	
16	固定期限劳动合同数量无固定期限劳动合同数量	固定期限劳动合同：22 份无固定期限劳动合同：0 份	
17	SA8000 知识培训日期	2016 年 9 月 20 日	
	社会责任法律法规培训日期	2016 年 9 月 20 日	
	手册及程序等体系文件培训日期	2016 年 9 月 20 日	
18	新员工、转岗人员的培训日期	2016 年 9 月 07 日	
19	岗位危害与防护培训时间及内容	2016 年 9 月 23 日	
	风险识别评价人员的培训日期	2016 年 9 月 23 日	
20	消防知识培训时间	2016 年 9 月 27 日	
	消防应急演练时间	2016 年 9 月 30 日	
21	有哪些应急预案最近修订日期	消防应急预案2016 年 9 月 30 日	
	指定了几名义务消防员对他们的消防培训日期	4 名消防员培训日期：2016 年 9 月 19 日	

续表

序号	项目	内容	备注
22	职业病体检日期，是否发现职业病	进行中	
	工作场所有害物质监测日期、监测项目（例如工作场所噪声、废气、粉尘等）及结果	暂未进行	
	环境监测报告	见《环境监测报告》	
23	管理评审日期	2016年10月27日	
24	内审日期、不符合项数量及观察项数量	内审日期：2016年10月12日 不符合项数量：3项 观察项：0项	
25	事故、事件、工伤发生时间及类型	0	
26	风险识别评价文件编号	MICT－SAP－006	
	规定每年重新识别评价次数	1次	
	最近识别评价日期	2016年9月9日	
27	公司有哪些涉及危险或有害因素岗位，主要危险源列举	有害因素岗位：焊锡工 危险源：化学品危害	
28	劳动防护用品种类	口罩、手套	
29	饮用水质检测报告日期	2016年9月22日	
30	消防器材配备种类	消防栓、灭火器、应急灯、警铃	
31	安全设施种类及检查记录	2016年4月19日	
32	有何种特种设备检验报告和日期	电梯检验报告日期：2016年4月19日	
33	化学品清单	见《化学品清单》	
34	作息时间（包括轮班，每天的加班，周末加班）	08：00－12：00 13：30－17：30 18：30－20：30	
35	旺季时间段（写出月份）	8月	
	每周加班最多小时数	16小时	

序号	项目	内容	备注
36	当地最低工资标准，何时开始实施	1860 元 2015 年 11 月 1 日	
37	企业核算的 BNW	见《企业核算的 BNW》	
38	实行何种工资制度（计时、计件等）	计时	
39	发薪日期及发薪方式	月底现金	
40	工资构成	正班工资＋加班工资	
41	加班补贴的计算方法	周一到周五加班 1.5 倍，周六 2 倍，周日和节假日不上班	
42	淡季（或最近 6 个月）员工最低工资金额	3037 元	
43	合格供应商数量 最近现场评价日期	供应商数量：11 个 评价日期：2016 年 10 月 10 日	
44	获得的其他管理体系认证证书	ISO 9001：2008，TS16949：2009	
45	已经通过了哪些社会责任认证或客户社会责任验厂	无	

备注：

（1）请对应以上项目填写相关内容，如果没有填写"无"。

（2）请把 SA8000 管理体系文件 E-mail 给组长。

（3）有关企业的资质证明文件、消防验收、环保验收及有关监测报告，厂区平面图等，请扫描 E-mail 给组长。

第五节　SA8000：2014 社会责任管理体系认证审核记录案例——不符合报告整改

以下为不符合报告整改案例，供读者参考，如表 4－122 所示。

表 4 - 122　SA8000：2014 社会责任管理体系认证审核记录案例—不符合报告整改

Organization：×× X Co. , Ltd.				MODY Ltd Reference No. SA - × × × × - CN
NC No. 1 of 1	Standard： SA8000：2014	☐Minor Mi	☐Major Ma	Date Raised： Jun. 29 , 2017
	Clause No： 8. 1	■Time-Bound TBNC	☐Critical CNC	
Raised by (audi-tor)：	Team Leader's signature：		Organization Representative's signa-ture：	

Nonconformity（NC）

*MODY Ltd auditor to complete this section , providing sufficient detail as to the nature of the NC and to include details of the **specific SA8000 criteria and objective evidence** upon which the NC is based.*

2017 年 4 月工资表显示有些员工工资为人民币 1997 元，满足当地最低工资标准（人民币 1860 元/月），但低于公司核算的最低生活需求工资 2028 元/月。（最低工资标准以工厂所在地政府公布最低工资为准）

The minimum wage of some employees is CNY 1997 for Apr. 2017 , which is in compliance with the local minimum wage standards（RMB1860/month），but lower than the BNW CNY 2028 calculated by company .

不满足 SA8000：2014 标准 8. 1 条款要求：组织应当尊重员工获得生活工资的权利，并保证一个标准工作周（不含加班时间）的工资总能至少达到法定、集体谈判协议（如适用）或行业最低工资标准的要求，而且满足员工的基本需要，以及提供一些可随意支配的收入。

It does not meet the the requirements of Clause 8. 1 of SA8000：2014：The organization shall respect the right of personnel to a living wage and ensure that wages for a normal work week , not including overtime , shall always meet at least legal or industry minimum standards , or collective bargaining agreements（where applicable）. Wages shall be sufficient to meet the basic needs of personnel and to provide some discretionary income.

Date by which the Corrective Action Plan needs to be received：	Date by which the Corrective Action Plan needs to be implemented：

Corrective Action Plan：

Root Cause Analysis，Correction and Corrective Action to address the Nonconformity

Organization to complete this section & return to MODY Ltd as per the deadline indicated above（from the date the NC was raised）.

The intended corrective action must be sufficiently effective to fix the issue，address the root cause and prevent recurrence.

原因分析：由于行政部主管是刚上入职没多久，对 SA8000：2014 标准 8.1 和 MICT - SAP - 014《工作时间、薪资管理程序》还不太清楚所致。

纠正及纠正预防措施：

（1）经由管理者代表依据 MICT - SAP - 014《工作时间、薪资管理程序》5. 18. BNW 文件规定："员工当月满勤工资若低于 BNW 水平，则补够 BNW 标准》"，结合员工实际工资发放金额评估报总经理批准，责成由财务部立即对 4 名员工工资低于 BNW 水平，则补够 BNW 标准，每人补贴 40.00 元，补贴后工资 1997 + 40 = 2037 > BNW 标准 2028。

（2）由管理者代表组织安排行政部主管于 2017. 07. 03 对 SA8000：2014 标准和 MICT - SAP - 014《工作时间、薪资管理程序》进行培训，掌握控制程序的具体要求，在以后的工作加强中培训，严格按照程序文件规定执行。

（3）举一反三，检查本部门所有类似项目进行核查，核查发现符合要求。

Analysis of the reasons：since the head of the administration has just entered the post，not long，the SA8000：2014 standard 8. 1 and MICT - SAP - 014 " working hours and payroll management procedures" is not clear.

Corrective and corrective actions：

（1）by the management representative on the basis of MICT - SAP - 014 " working time and salary management program" 5. 18. BNW file：" employee of the month wages below the level of BNW full attendence，is enough to fill" BNW standard "，combined with the actual employee payroll approval of the general manager the amount of assessment report，instructed by financial department immediately to 4 employees wages below the BNW level. It is enough to fill the BNW standard，subsidies to 40 yuan per person，the wage subsidies 1997 + 40 = 2037 > BNW standard 2028.

（2）by the management representative organization of the administrative department in charge of training in 2017. 07. 03 on SA8000：2014 and MICT - SAP - 014 " standard working hours，salary management procedures"，the specific requirements of master control program，in the future work to strengthen the training，in strict accordance with the provisions of the program file.

（3）draw inferences，check the Department of all similar items for verification，verification，found that meet the requirements.

Organization Representative's signature	

Team Leader's Review and Recommendation

MODY Ltd auditor to review and comment whether suitable root cause analysis, correction and corrective action were defined by the Organization.

The root cause analysis was suitable, and the correction and corrective action were defineffectively by the Organization.

Team Leader	Signature		Date

Verification of Corrective Action Plan implementation:

MODY Ltd auditor to review whether suitable correction and corrective action was taken; effectively addressing the issue and the root cause.

Nonconformity status	☐Closed	☐Re-classified	☐Open

Further Corrective Action and follow-up required

For all NCs Reclassified (from Ma to Mi; from Mi to Ma) or remaining Open, a new F 013 will be issued in order to allow the Organization to define further correction and corrective action to address the non − conformity.

MODY Ltd auditor to complete this section with the NC No under which the NC is re-issued

Team Leader	Signature		Date

第五章

SA8000:2014 社会责任管理体系后期—— 维护篇

第一节　维护记录案例——组织证书证照更新

以下为 SA8000 组织证书证照更新清单，如表 5 − 1 所示。

表 5 − 1　SA8000 组织证书证照清单

类别	证件名称	备注
公司证明	1. 营业执照	
	2. 总平面图	
	3. 方位图	
	4. 消防疏散图	
保安员	5. 保安公司合同	
	6. 保安上岗证	
工资保险	7. 关于最低工资标准的文件	
	8. 社保收费凭证	
	9. 社保名单	
	10. 社保年检证明	
	11. 商业保险合同	
人员证件	12. 安全员证书	
	13. 急救员证书	
	14. 电工证	

续表

类别	证件名称	备注
人员证件	15. 电梯工证	
	16. 职业病的体检证明（有害物质超标岗位：如焊接、喷油等，噪音超标岗位：如碎料、超声、混料）	
EHS 资料	17. 厂房验收合格证	
	18. 厂房租赁合同	
	19. 消防验收合格证	
	20. 建筑项目环境影响登记表环境影响的批复	
废弃物的处理	21. 一般废弃物（生活垃圾）回收的合同	
	22. 一般废弃物（生活垃圾）回收的收据	
	23. 危险废弃物回收公司的资质证明	
	24. 危险废弃物回收公司的营业执照	
	25. 危险废弃物回收公司的运输许可（如果跨市）	
	26. 危险废弃物收集的合同	
	27. 危废转移联单	
	28. 医疗废弃物回收的合同	
特种设备	29. 压力表的校正记录	
	30. 减压阀的检测证明	
	31. 电梯检验合格证	
	32. 电梯年检报告	
	33. 电梯维护合同	
	34. 电梯维修保养记录	
水质	35. 饮用水水质检测结果证明（厂区、宿舍）	
环评报告	36. 作业场所空气质量检测报告	
	37. 作业场所噪音检测报告	
	38. 厂界噪音测试合格报告	
	39. 生活废水\废气排放测试报告	

第二节　体系维护记录案例——认证监督审核

以下为认证监督审核流程，供参考，如图 5 - 1 所示。

1. 3 年审核周期

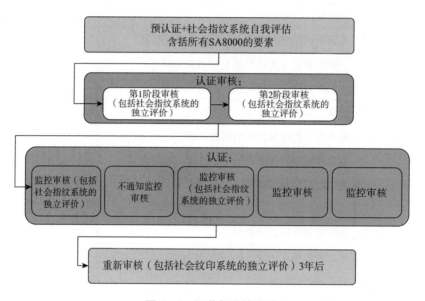

图 5 - 1　证监督审核流程

2. 监督审核

目标：确保持续的合规性和跟踪不符合项的关闭。

重要因素：

■ 每 6 个月一次。

■ 每一个认证周期包括至少 1 次不通知审核。

■ 覆盖部分 SA8000 要素。

■ 包括在审核#1（6 个月）和审核#3（18 个月）的独立评价。

2.1 监督审核 & 独立评价得分

■ 独立评估支持监督审核发现点，并跟踪落实改进。

■ 如果组织有效地实施改进，得分应该增加。

■ 如果组织不能有效地实施改进，比分可能会保持不变或下降。

3. 重新认证审核

■ 目标：确保企业保持 SA8000 符合性并持续改进。

■ 重要因素：

■ 每 3 年一次。

■ 与第 2 阶段的审核流程一样。

■ 包括独立评估。

■ 在初始的 3 年周期后，社会指纹系统独立评价仅要求在重新审核期间。

附　录

附录 1：SA8000：2014 中文标准

附录 2：企业 SA8000 信息

附录 3：法律法规清单

附录 4：BNW 员工基本生活需求调查表

附录 5：MSDS 化学品安全技术说明书

附录 6：社会指纹评价自我评估

附录 7：员工手册

附件1：SA8000：2014 中文标准

SA8000®是社会责任国际的注册商标。

SA8000 国际标准由社会责任国际2014 年6 月SA8000®：2014 取代以前的版本：2001、2004 及2008。此标准和支持文件的官方语言为英语。在不同语言版本之间如有不一致的情况，引用默认为英文版本。

关于本标准

这是SA8000 标准的第四版。SA8000 是可供第三方认证审计的自愿性标准，规定组织必须达到要求，包括建立或改善工人的权利、工作环境和有效的管理体系。SA8000 认证只适用于每个特定的工作场所。

SA8000 标准的制定是基于联合国人权宣言、国际劳工组织公约，国际人权规范和国家劳动法律的规定。规范性的SA8000 认证审计参考文件包含SA8000：2014 标准和SA8000 的执行绩效指标附件，以及促进了解如何符合此标准SA8000 指南文件。

作为规范性文件，SA8000 执行绩效指标附件为已获取SA8000 证书的组织设定了最低的执行绩效指标。绩效指标附件可以从SAI 网站上获得。

SA8000 指南用于解释SA8000 标准及如何实施该标准的要求。指南文件提供了验证合规性方法的实例。它可以作为审核员及那些希望获取

SA8000 认证的组织的指导手册。SA8000 指南可以从 SAI 网站上获得。

尽管 SA8000 具有普遍适用性，认证在原则上适用于任何国家或行业，但也存在例外情况。SAI 咨询委员考虑到某些领域因为行业规范和技术要求难以达到 SA8000 所有标准要求。这些例外情况的清单可以在 SAI 网站上获得。

SA8000 标准根据情况变化不断修订，很多利益相关方对版本的修订和改善提出了建议与意见。希望本标准及其指南文件在更多组织和个人的帮助下能不断得到完善。SAI 也欢迎你提出改善建议。如果您想针对 SA8000 标准、SA8000 的执行绩效指标附件，配套指南文件或认证的框架提出建议，请依照以下的联系方式以书面形式提交给 SAI。如表 6 - 1 所示。

表 6 - 1   目录

目录	
Ⅰ. 前言	16. 工人
1. 目的和范围	17. 私营就业服务机构
2. 管理体系	18. 童工救助
	19. 风险评估
Ⅱ. 规范性要素及其解释定义	20. SA8000 工人代表
	21. 社会绩效
Ⅲ. 定义	22. 利益相关方参与
1. 应当	23. 供应商/分包商
2. 可以	24. 次级供应商
3. 儿童	25. 工人组织
4. 童工	26. 未成年工
5. 集体谈判协议	
6. 纠正措施	Ⅳ. 社会责任要求
7. 预防措施	1. 童工
8. 强迫或强制性劳动	2. 强迫或强制性劳动
9. 家庭工	3. 健康与安全
10. 人口贩卖	4. 自由结社及集体谈判权利
11. 利益相关方	5. 歧视
12. 最低生活工资	6. 惩罚措施
13. 不符合项	7. 工作时间
14. 组织	8. 薪酬
15. 员工	9. 管理系统

Ⅰ. 前言

1. 目的和范围

目的：SA8000 的目的是提供一个基于《联合国人权宣言》《国际劳工组织公约》，国际人权规范和国家劳动法律的规定、可审计的自愿性标准，授权和保护所有在组织管理和影响范围内、为该组织提供生产或服务的人员，包括受雇于该组织本身和其供应商、分包商、次级供应商的员工和家庭工人。希望组织通过适当和有效的管理体系遵守执行本标准。

范围：SA8000 普遍适用于各种类型的组织，对组织规模、地理位置或行业部门没有限制。

2. 管理系统

回顾 SA8000 的八个核心规定，管理系统是确保所有其他规定得以正确实施、监控和执行的最关键要素。管理系统是操作路线图，确保组织全面实现且可持续达到 SA8000 标准，并进行持续改善，这也被称为社会绩效。管理系统的实施首要条件是建立工人和管理者共同参与机制，从而实现工人和管理者全程参与达到 SA80000 标准所有合规要求的过程，这对识别和纠正不符合标准项，确保持续性达标至关重要。

Ⅱ. 规范性要素及其解释

组织应当遵守当地及国家相关法律及所有其他适用性法律、通用行业标准及组织签署的其他规章以及本标准。当国家法律及其他适用法律、行业标准、组织签署的其他规章，以及本标准针对相同议题时，应当采用其中对工人最为有利的条款。如表 6-2 所示。

表 6 - 2　规范性要素及其解释

组织也应当尊重下列国际协议的原则： 国际劳工组织公约第 1 号（工作时间 - 工业）及推荐 116 号（减少工作时间） 国际劳工组织公约第 29 号（强迫劳动） 及第 105 号（废止强迫劳动） 国际劳工组织公约第 87 号（结社自由） 国际劳工组织公约第 98 号（组织和集 体谈判权利） 国际劳工组织公约第 100 号（同工同 酬）及第 111 号（歧视 - 雇用和职业） 国际劳工组织公约第 102 号（社会保障 - 最低标准） 国际劳工组织公约第 131 号（最低工资 确定） 国际劳工组织公约第 135 号（工人代 表） 国际劳工组织公约第 138 号及推荐第 146 号（最低年龄） 国际劳工组织公约第 155 号及推荐第 164 号（职业安全与健康）	国际劳工组织公约第 159 号（残疾人职业 康复和就业） 国际劳工组织公约第 169 号（土著人） 国际劳工组织公约第 177 号（家庭工作） 国际劳工组织公约第 181 号（私营就业服 务机构） 国际劳工组织公约第 182 号（最恶劣童工 雇用状况） 国际劳工组织公约第 183 号（孕妇保护） 国际劳工组织关于艾滋病及其携带者的就 业守则世界人权宣言 关于经济、社会和文化权利的国际公约 关于公民和政治权利的国际公约 联合国关于儿童权利的公约 联合国关于消除所有形式的女性歧视行为 公约 联合国关于反对消除所有形式的种族歧视 的公约 联合国商业和人权指导原则

Ⅲ. 定义（依据字母顺序或逻辑顺序）

1. 应当：在本标准术语"应当"表示为要求。注：标注为斜体以示强调。

2. 可以：在本标准术语"可以"表示为允许。注：标注为斜体以示强调。

3. 儿童：任何十五岁以下的人。如果当地法律所规定最低工作年龄或义务教育年龄高于十五岁，则以较高年龄为准。

4. 童工：由低于上述儿童定义规定年龄的儿童所从事的任何劳动，除非符合国际劳工组织建议条款第 146 号规定。

5. 集体谈判协议：由一个或多个组织（比如雇主）与一个或多个工人组织签订的有关劳工谈判的合约，详细规定了雇用的条件和条款。

6. 纠正措施：采取措施来消除导致不合规的原因及根本原因。注意：采取纠正措施，防止再次发生。

7. 预防措施：采取措施来消除导致潜在不合规的原因及根本原因。注意：采取预防措施，防止发生。

8. 强迫或强制性劳动：一个人非自愿性工作或服务，包括所有以受到惩罚进行威胁、打击报复或作为偿债方式的工作或服务。

9. 家庭工：与公司、供应商、次级供应商或分包方签有合约，但不在其经营场所工作的人员。

10. 人口贩卖：基于剥削目的，通过使用威胁、武力、欺骗或其他形式的强迫行为进行人员雇用、运输、收容或接收。

11. 利益相关方：与组织的社会绩效或行动相关、受到影响的个人或团体。

12. 最低生活工资：一个工人在特定的地点获得的标准工作周的薪酬足以为该工人和她或他的家人提供体面生活。体面生活标准的组成要素包括食物、水、住房、教育、医疗、交通、衣服和其他核心需求，包括不可预计事件发生所需的必需品。

13. 不符合项：不符合要求。

14. 组织：任何负责实施本标准各项规定的商业或非商业团体，包括所有被雇用的员工。（注：例如，组织包括：公司、企业、农场、种植园、合作社、非政府组织和政府机构）

15. 员工：所有直接或以合同方式受雇于组织的个人，包括但不限于董事、总裁、经理、主管和合同工人。比如，保安、食堂工人、宿舍工人及清洁工人。

16. 工人：所有非管理人员。

17. 私营就业服务机构：独立于政府当局，它提供一个或多个以下劳动力市场服务的实体：

匹配雇用机会的供给与需求，该机构不与任何一方发生雇用关系；

雇用工人，使他们可被第三方实体聘用，分配工人任务并监督其执行任务。

18. 童工救助：为保障从事童工（上述定义）和已终止童工工作的儿童的安全、健康、教育和发展而采取的所有必要的支持及行动。

19. 风险评估：识别组织的健康、安全和劳工政策与实践的流程，并将相关风险进行主次排列。

20. SA8000 工人代表：以促进同管理代表和高级管理层就 SA8000 相关事宜进行沟通为目标，由工人自由选举产生的一个或多个工人代表。在已经成立工会组织的，工人代表（在他们同意服务的前提下）应当来自该被认可的工会组织。如果工会不指定代表或组织未成立工会，工人可以自由选举工人代表。

21. 社会绩效：一个组织实现 SA8000 完全合规并持续改进。

22. 利益相关方参与：利益相关方的参与，包括但不限于组织、工会、工人、工人组织、供应商、承包商、购买者、消费者、投资者、非政府组织、媒体、地方和国家政府官员。

23. 供应商/分包商：在供应链上为组织提供产品或服务的任何单位或个人，它所提供的产品或服务构成公司生产的产品或服务的一部分，或者被用来生产公司产品或服务。

24. 次级供应商：在供应链上向供应商提供产品或服务的任何单位或者个人，它所提供的产品或服务构成供应商生产的产品或服务的一部分，或者被用来生产供应商或组织的产品或服务。

25. 工人组织：为促进和维护工人的权益、由工人自主自愿组成的协会。

26. 未成年工：任何超过上述定义的儿童年龄但不满十八岁的工人。

Ⅳ. 社会责任要求

1. 童工

准则：

1.1 组织不应雇用或支持使用符合上述定义的童工。

1.2 如果发现有儿童从事符合上述童工定义的工作，组织应建立、记录、保留关于救助儿童的书面政策和书面程序，并将其向员工及利益相关方有效传达。组织还应给这些儿童提供足够财务及其他支持以使之接受学校教育直到超过上述定义下儿童年龄为止。

1.3 组织可以聘用未成年工，但如果法规要求未成年工必须接受义务教育，他们应当只可以在上课时间以外的时间工作。在任何情况下未成年工的上课、工作和交通的累计时间不能超过每天 10 小时，并且每天工作时间不能超过 8 小时，不可以安排未成年工上晚班或夜班。

1.4 无论工作地点内外，组织均不得将儿童或未成年工置于对其身心健康和发展有危险或不安全的环境中。

2. 强迫或强制性劳动

准则：

2.1 组织既不得使用或支持使用第 29 号国际劳工组织（ILO）公约中规定的强迫或强制劳动，包含监狱劳工，也不可要求员工在受雇之时交纳"押金"或存放身份证明文件于组织。

2.2 任何组织或向组织提供劳工的实体都不可以为强迫员工继续为组织工作而扣留这些员工的任何工资、福利、财产或文件。

2.3 组织应确保员工不承担全部或部分雇用费用或成本。

2.4 员工有权利在标准工作时间完成后离开工作场所。只要员工有按照合理的期限提前通知组织，员工可以自由终止聘用合约。

2.5 任何组织或向组织提供劳工的实体都不可以从事或支持贩卖人口。

3. 健康和安全

准则：

3.1 组织应提供一个安全和健康的工作环境，并应采取有效的措施防止潜在的健康和安全事故、职业伤害，或在工作的过程中发生的或引起的疾病。基于产业相关的安全与健康的知识以及任何特定的危害，只要是合理可行的，就应当减少或消除工作场所的所有危险因素。

3.2 对孕妇和哺乳期妇女，组织应评估所有他们所在工作场所的风险，确保实施所有合理的措施来消除或减少任何对他们的健康和安全造成伤害的风险。

3.3 对于采取有效减少或消除了工作场所的所有危害因素措施后依然存在的风险，组织应免费向员工提供适当的个人防护设备。如有人员发生工作伤害时，组织应提供紧急救护并协助工人获得后续的医疗。

3.4 组织应任命一位高层管理代表，负责确保为所有员工提供一个健康与安全的工作环境，并且负责执行本标准中有关健康与安全的各项要求。

3.5 应当建立和维护一个由管理者代表和工人平衡组合的健康安全委员会。除非法律另有规定，委员会中至少有一名工人代表（如果该代表同意加入委员会）且该代表是被认可的工会代表。在工会未有指定代表或组织尚未成立工会的情况下，应当由工人指定一名他们认为合适的代表来参加。这些决策应当有效地传达到所有员工。委员会成员应当参加培训及定期的重新培训以确保他们能胜任并致力于不断改善工作场所的健康和安全条件。应当进行正式的、定期的职业健康安全风险评估来确定、解决当前和潜在的健康和安全危害。这些评估，纠正和预防措施的记录应当妥善保存。

3.6 组织应当定期为员工提供有效的健康和安全培训，包括现场培训，并在需要的地方安排特定工作训练。此类培训应当为新员工及重新分配工作的员工在以下情况下重复进行：事故重复发生的地方，当技术变化或引进新设备会对员工的健康和安全造成新的风险。

3.7 组织应当建立文件式程序来检测、预防、减少、消除或应对潜在会对员工的健康和安全造成风险的因素。组织应当保留所有关于发生在工作场所里，以及所有在组织提供的住宅和物业中（无论其是否拥有、租赁或者由合同服务商提供住宅或物业）的健康和安全事故的书面记录。

3.8 组织应当为所有的员工免费提供：干净的厕所设施，饮用水，适合的吃饭及休息空间，在适当情况下提供储存食物的卫生设备。

3.9 无论员工宿舍是否其所拥有、租赁或由合同服务商提供，组织应当确保任何向员工提供的宿舍设施干净、安全并满足员工的基本需求。

3.10 无需向组织申请许可，所有员工都有权利使自己远离即将发生的危及自身安全的严重危险。

4. 自由结社及集体谈判权利

准则：

4.1 所有员工应当有权利组建、参加和组织自己所选择的工会，并代表他们自己和组织进行集体谈判。组织应尊重这项权利，并应当有效地告知员工可以自由加入其所选择的工人组织以及这样做不会对其有任何不良后果或受到组织的报复。组织不应当以任何方式干涉该类工人组织或集体谈判的建立、运作或管理。

4.2 在自由结社和集体谈判权利受到法律限制的情况下，组织应当允许工人自由选举自己的代表。

4.3 组织应当保证工会成员、工人代表和任何参与组织工人的员工不会因为其是工会成员、工人代表或参与组织工人的活动而受到歧视、骚扰、胁迫或报复，并且保证这些代表可在工作场所与其所有成员保持接触。

5. 歧视

准则：

5.1 组织在聘用、报酬、培训机会、升迁、解雇或退休等事务上，不得从事或支持基于种族、民族、区域或社会血统、社会等级、出身、宗教、残疾、性别、性取向、家庭责任、婚姻状况、团体成员、政见、年龄或其他任何可引起歧视的情况。

5.2 组织不得干涉员工行使其遵奉信仰和风俗的权利，和满足涉及种族、民族或社会血统、社会等级、出身、宗教、残疾、性别、性取向、家庭责任、婚姻状况、团体成员、政见或其他任何可引起歧视的情况所需要的权利。

5.3 在所有由组织提供的工作场所、住宅和物业中（无论其是否拥有、租赁或者由合同服务商提供住宅或物业），组织不得允许进行任何威胁、虐待、剥削或性侵犯行为，包括姿势、语言和身体的接触。

5.4 组织不得在任何情况下让员工接受怀孕或童贞测试。

6. 惩罚措施

准则：

6.1 组织应当给予所有员工尊严与尊重。公司不得参与或容忍对员工采取体罚、精神或肉体胁迫以及言语侮辱的行为，不允许以粗暴、非人道的方式对待员工。

7. 工作时间

准则：

7.1 组织应当遵守适用的法律，集体谈判协议（如适用）及行业标准中关于工作时间、休息和公共假期的规定。标准工作周（不含加班时间）应当根据法律规定但不可以超过 48 小时。

7.2 员工每连续工作六天至少须有一天休息。只有在以下两种情况同时发生时才允许有例外：

7.2.1 国家法律允许加班时间超过该规定；

7.2.2 存在一个有效力的自由协商的集体谈判协议允许将工作时间平均，并包括足够的休息时间。

7.3 除非符合 7.4 条，所有加班应当是自愿的，并且每周加班时间不得超过 12 小时，也不可经常性加班。

7.4 如组织与代表众多所属员工的工人组织（依据上述定义）通过自由谈判达成集体协商协议，组织可以根据协议要求工人加班以满足短期业务需要。任何此类协议必须符合上述其他各项工作时间准则要求。

8. 薪酬

准则：

8.1 组织应当尊重员工获得生活工资的权利，并保证一个标准工作周（不含加班时间）的工资总能至少达到法定、集体谈判协议（如适用）或行业最低工资标准的要求，而且满足员工的基本需要，以及提供一些可随意支配的收入。

8.2 组织应当保证不以惩罚目的而扣减工资，除非同时满足以下两个条件：

8.2.1 这种出于惩罚而扣减工资是国家法律允许的；

8.2.2 存在一个有效力的自由协商的集体谈判协议允许以扣减工资方式进行惩罚。

8.3 组织应当确保每一个工资支付周期向员工的工资和福利组成解释得清楚详细，并定期向员工以书面形式列明工资、待遇构成。组织应当依法并以方便工人的方式为所有工人支付工资和福利，但在任何情况下工资不能被推迟支付或以某些限制形式支付，如抵用券、优惠券或本票。

8.4 所有加班应按照国家或集体谈判协议规定的倍率支付加班工资。若在某些国家没有法律或没有集体谈判协议规定加班工资倍率，则加班费应当以组织规定的额外的倍率或根据普遍接受的行业标准中最高的那个标准来确定。

8.5 组织不应当采用纯劳务性质的合同、连续的短期合同、和/或虚假的学徒工方案，或其他方案来逃避劳动法规、社会保障法规中所规定的组织对员工应尽的义务。

9. 管理系统

准则：

9.1 政策、程序和记录

9.1.1 高级管理层应当以适当的语言写出政策声明并通知所有员

工，告知组织已经选择遵守 SA8000 标准要求。

9.1.2 该政策声明应包括该组织的以下承诺：符合所有 SA8000 标准的要求和尊重在前节中列出的国际公约规范要素及解释，国家法律、其他适用的法律和其他该组织需要遵守的要求。

9.1.3 在组织的工作场所、住宅和物业中（无论其是否拥有、租赁或者由合同服务商提供住宅或物业），这个政策声明和 SA8000 标准应当以适当的和可理解的形式、突出和明显地被表达出来。

9.1.4 组织应当制定政策和程序来实施 SA8000 标准。

9.1.5 这些政策和程序应当以所有适当的语言有效地同所有员工沟通且让他们有渠道了解。这些沟通也应当清晰地与客户、供应商、分包商和次级供应商进行分享。

9.1.6 组织应当保持适当的记录以证明 SA8000 标准的实施及合规性。这些记录包括管理系统这个要素中所列明的要求。应保留相关记录，并以书面或口头总结方式提供给 SA8000 工人代表（们）。

9.1.7 为了持续改善，组织应当定期对政策声明、方针、执行此标准的程序及执行结果进行管理评审。

9.1.8 组织应当以有效的形式和方式对利益相关方公开其政策声明。

9.2 社会责任绩效团队

9.2.1 应当建立一个社会责任绩效团队来执行所有 SA8000 的所有要求。这个团队应当由以下代表均衡构成：

a. SA8000 工人代表（们）；

b. 管理人员，高层管理应当完全承担实现标准合规性的责任。

9.2.2 在已经成立工会的组织，社会责任绩效团队中的工人代表应当为工会代表（们）（如果他们同意）。在工会未有指定代表或组织尚未成立工会的情况下，员工可以在他们中间自由选择一个或多个 SA8000 工人代表（们）。在任何情况下，不得将 SA8000 工人代表视为工会代表的替代。

9.3 风险识别和评估

9.3.1 社会绩效团队应当对不符合此标准的实际或潜在项进行定期书面风险评估并确定优先改善项。还应当向高层管理人员推荐改善行动计划以解除这些风险。解除这些风险的行动优先次序根据其严重程度或延迟响应将使其无法解决的情况来决定。

9.3.2 社会绩效团队应当基于推荐的数据、数据收集技巧，并通过与利益相关方之间有意义的磋商来进行风险评估。

9.4 监督

9.4.1 社会绩效团队应当有效地监督工作场所活动以确保：

a. 符合此标准；

b. 落实解除由社会绩效团队识别的风险；

c. 系统可以有效运行，实现符合组织政策及此标准的要求。

在执行监督过程中，社会绩效团队有权收集信息，或邀请利益相关方参与其监督活动，还应当与其他部门研究、定义、分析或解决任何可能与 SA8000 标准不符合项。

9.4.2 社会绩效团队也应当推动日常内部审核，并将标准执行情况、改善行动的益处，以及纠正和预防措施的记录以报告形式提交给管理高层。

9.4.3 社会绩效团队应定期举行会议，回顾进展和识别进一步加强标准实施的潜在行动。

9.5 内部参与和沟通

9.5.1 组织应当证明员工有效地理解 SA8000 的要求，并应当通过日常沟通定期将 SA8000 的要求传达给员工。

9.6 投诉管理和解决

9.6.1 组织应建立书面申诉程序，确保员工以及利益相关方可以在保密、公正、无报复的情况下对工作场所或 SA8000 的不符合项进行评论、建议、报告或投诉关切。

9.6.2 组织应当制定关于对工作场所或不符合本标准或实施的政策

和程序所进行的投诉的调查、跟踪和结果沟通的程序。这些结果应当可以被所有员工及利益相关方自由获取。

9.6.3 组织不得对向提供 SA8000 符合性及投诉工作场所的任何员工及利益相关方进行纪律处理、解雇或其他歧视性的惩罚。

9.7 外部审核和利益相关方参与

9.7.1 对于验证组织是否符合本标准要求的审核，无论是在通知或不通知审核日期的情况下，组织均应当全力配合外部审核员确定导致不符合 SA8000 标准的问题的严重性和频率。

9.7.2 组织应当邀请利益相关方参与，以达到可持续符合 SA8000 标准。

9.8 纠正和预防措施

9.8.1 组织应当提供足够的资源并制定政策和程序以确保及时实施纠正和预防措施。社会绩效团队应确保这些行动计划有效实施。

9.8.2 社会绩效团队应当至少保持以下记录：时间表、SA8000 标准不符合项、根本性原因、纠正及预防措施和改善结果。

9.9 培训和能力建设

9.9.1 组织应当根据风险评估的结果，对所有员工实行有效执行 SA8000 标准的培训计划。组织应定期衡量培训的有效性和记录培训内容和频率。

9.10 供应商和分包商的管理

9.10.1 组织应针对标准执行合规性对其供应商/分包商，私营就业服务机构和次级供应商进行尽职调查。同样的调查方法适用于新的供应商/分包商，私营就业服务机构和次级供应商的筛选。组织应当至少以下行动以确保符合此要求，并进行记录：

a. 向供应商/分包商，私营就业服务机构和次级供应商的高层核心管理层有效传达此标准的要求；

b. 评估供应商/分包商，私营就业服务机构和次级供应商不合规项带来的重大风险；

备注："重大风险"的解释可在指导文件中获得。

c. 做出合理努力确保这些重大风险已得到供应商/分包商，私营就业服务机构和次级供应商的充分解决。组织应当根据其能力、资源及优先程度在适当的时间及地点来影响这些实体。

备注："合理的努力"的解释可在指导文件中获得。

d. 进行监督和可追踪记录确保供应商/分包商，私营就业服务机构和次级供应商解除重大风险及改善情况，确保这些重大风险项被有效地解决。

9.10.2 组织在同供应商/分包商或次级供应商处接收、处理、推广商品或服务的过程中，如发现有家庭工被使用，组织应当采取有效行动确保那些家庭工获得一定程度上的保护（相同于在该标准下该组织内部员工所获得的保护）。

附录 2：企业 SA8000 信息

企业 SA8000 信息，如表 6-3 所示。

表 6-3　企业 SA8000 信息

企业名称：　　　　　　填表日期：

序号	项目	内容	备注
1	公司中英文简介（Word 电子版，包括公司人数、（车间、办公、宿舍）建筑栋数及面积、产品、年产量及年产值、主要客户及销售目的地等）		
	社会责任相关法规英文清单		
2	营业执照及其他相关资质证书（提供电子版扫描件）		

续表

序号	项目	内容	备注
3	消防验收意见书出具单位及日期（提供电子版扫描件）		
	房屋建筑竣工验收证明日期		
	环保验收报告（提供电子版扫描件）		
4	员工总数		
	男员工数		
	女员工数		
	未成年工人数及劳动部门备案表，所在工作岗位		
	最小年龄员工姓名、年龄及聘用日期		
	新进员工数		
	转岗员工数		
	孕妇数量		
	新生妈妈数量		
	少数民族人员数量		
	残疾人数量		
5	社会责任政策和体系文件发布日期		
	政策张贴位置		
6	程序文件目录带编号		
7	主要产品（服务）		
8	总经理姓名		
9	管理者代表姓名		
	任命时间		
10	健康安全委员会名单		
	任命时间		
	社会责任绩效团队名单		
	任命时间		

序号	项目	内容	备注
11	工会代表/工会主席姓名		
	员工代表姓名		
	工会/员工代表选举日期		
12	员工代表活动内容及时间		
13	组织机构图对应各部门负责人姓名及人数		
14	员工手册编号及发布日期		
15	集体合同或集体谈判协议签订日期		
16	固定期限劳动合同数量无固定期限劳动合同数量		
17	SA8000 知识培训日期		
	社会责任法律法规培训日期		
	手册及程序等体系文件培训日期		
18	新员工、转岗人员的培训日期		
19	岗位危害与防护培训时间及内容		
	风险识别评价人员的培训日期		
20	消防知识培训时间		
	消防应急演练时间		
21	有哪些应急预案 最近修订日期		
	指定了几名义务消防员 对他们的消防培训日期		
22	职业病体检日期，是否发现职业病		
	工作场所有害物质监测日期、监测项目（例如工作场所噪声、废气、粉尘等）及结果		
	环境监测报告		
23	管理评审日期		
24	内审日期、不符合项数量及观察项数量		
25	事故、事件、工伤发生时间及类型		

续表

序号	项目	内容	备注
26	风险识别评价文件编号		
	规定每年重新识别评价次数		
	最近识别评价日期		
27	公司有哪些涉及危险或有害因素岗位，主要危险源列举		
28	劳动防护用品种类		
29	饮用水质检测报告日期		
30	消防器材配备种类		
31	安全设施种类及检查记录		
32	有何种特种设备检验报告和日期		
33	化学品清单		
34	作息时间（包括轮班、每天的加班、周末加班）		
35	旺季时间段（写出月份）		
	每周加班最多小时数		
36	当地最低工资标准，何时开始实施		
37	企业核算的 BNW		
38	实行何种工资制度（计时、计件等）		
39	发薪日期及发薪方式		
40	工资构成		
41	加班补贴的计算方法		
42	淡季（或最近6个月）员工最低工资金额		
43	合格供应商数量 最近现场评价日期		
44	获得的其他管理体系认证证书		
45	已经通过了哪些社会责任认证或客户社会责任验厂		

备注：请对应以上项目填写相关内容，如果没有填写"无"。

附录3：法律法规清单

法律法规清单，如表6-4所示。

表6-4　法律法规清单

	社会审核条款	方案	规范性要求	法律/集体合同工的参考条款
1	童工	不雇用	《禁止使用童工规定》	全文
		不雇用	《中华人民共和国未成年人权益保护法》	第一、四章
2	强迫或强制劳动	不允许	《中华人民共和国劳动法》	第18，32，96条
		不允许	《关于贯彻执行〈劳动法〉若干问题的意见》	第23，24条
3	健康与安全	识别危险源并改进	《中华人民共和国安全生产法》	第二、三、五章
		识别危险源并改进	《浙江省安全生产条例》	全文
		识别危险源并改进	《中华人民共和国职业病防治法》	第二、三、四章
		识别危险源并改进	《中华人民共和国劳动法》	第六、七章
		识别危险源并改进	《中华人民共和国消防法（修订)》	第二章至第四章
		识别危险源并改进	《机关、团体、企业、事业单位消防安全管理规定》	第6~7、12、18~24、26~35条
		识别危险源并改进	《仓库防火安全管理规则》	第二章至第七章
		识别危险源并改进	《女职工劳动保护规定》	第3~12条
		识别危险源并改进	《浙江省企业女职工劳动保护办法》	全文

续表

		识别危险源并改进	《劳动防护用品管理规定》	第 15～18 条
			《生产安全事故报告和调查处理条例》	全文
		识别危险源并改进	《工伤认定办法》	全文
		识别危险源并改进	《建筑灭火器配置设计规范》	部分条文
4	结社自由和集体议价权	员工信仰自由，与公司签订集体协议	《中华人民共和国工会法》	第二章至第四章，第 51 条
		员工信仰自由，与公司签订集体协议	《中华人民共和国劳动法》	第 7～8 条
		员工信仰自由，与公司签订集体协议	《集体合同规定》	第一章至第六章
		员工信仰自由，与公司签订集体协议	《企业劳动争议处理条例》	全文
5	歧视	不允许	《中华人民共和国劳动法》	第 12 条，13 条，101 条
		不允许	《中华人民共和国就业促进法》	第三章
		不允许	《女职工劳动保护规定》	第 3～12 条
		不允许	《女职工禁忌劳动范围的规定》	全文
		不允许	《企业经济性裁减人员规定》	第 5 条
6	惩戒措施	不允许经济惩罚和体罚	《中华人民共和国劳动法》	第 96 条
		不允许经济惩罚和体罚	《中华人民共和国劳动合同法》	全文
		不允许经济惩罚和体罚	《中华人民共和国劳动合同法》实施条例	第二章、第三章
		不允许经济惩罚和体罚	《劳动保障监察条例》	第 9 条
		遵守国家法律法规	《国务院关于职工工作时间的规定》	全文
		遵守国家法律法规	《国务院关于职工工作时间的规定》的实施办法	全文

7	工时	遵守国家法律法规	《中华人民共和国劳动法》	第四章
		遵守国家法律法规	国务院关于修改《全国年节及纪念日放假办法》的决定	全文
		遵守国家法律法规	《关于企业实行不定时工作制和综合计算工时工作制的审批办法》	全文
		遵守国家法律法规	《职工带薪年休假条例》	全文
		遵守国家法律法规	《企业职工带薪年休假实施办法》	全文
8	薪酬	遵守国家法律法规	《中华人民共和国劳动法》	第五章至第九章
		遵守国家法律法规	《中华人民共和国劳动争议调解仲裁法》	全文
		遵守国家法律法规	《关于工资总额组成的规定》	第二章、第三章
		遵守国家法律法规	《关于工资总额组成的规定》若干具体范围的解释	全文
		遵守国家法律法规	《最低工资规定》	全文
		遵守国家法律法规	《浙江省企业工资支付办法》	全文
		遵守国家法律法规	《关于职工全年月平均工作时间和工资折算问题的通知》	全文
		遵守国家法律法规	《宁波市人民政府关于调整本市最低工资标准的通知》	全文
		遵守国家法律法规	《工伤保险条例》	全文
		遵守国家法律法规	《国务院关于完善企业职工基本养老保险制度的决定》	第3～6条
		遵守国家法律法规	《中华人民共和国劳动合同法》	全文
9	管理体系	遵守国家法律法规	《中华人民共和国劳动法》	全文
		遵守国家法律法规	《中华人民共和国工会法》	全文
		遵守国家法律法规	《SA8000：2014标准》	全文

附录4：BNW 员工基本生活需求调查表

BNW 员工基本生活需求调查表，如表6-5所示。

表6-5　BNW 员工基本生活需求调查表

深圳 MICT 国际认证检测有限公司

BNW 调查表

根据 SAG 咨询公司提供的 BNW 计算方法：BNW＝A×（1÷B）×（0.5×C）×D

每月的 BNW＝2065 元

A＝当地每人基本的食物成本。

A＝The cost of a local basic food basket for one person.

B＝伙食成本在家庭收入中所占的比重。（如果无法估计，则采用40%）

B＝The percentage of the household revenue spend on food.

C＝每位家庭的人数

C＝The average number of household numbers.

D＝额外花费系数（SAI 建议至少为110%）

D＝The multiplier that corresponds to the extra value.

调查记录

2016年8月18日从我公司随机抽取10名员工进行调查：

员工姓名	A	B	C	D
AA	600	0.3	3	1.1
BB	650	0.4	3	1.1
CC	700	0.4	3	1.1
DD	500	0.5	2	1.1
EE	600	0.4	3	1.1
FF	500	0.6	1	1.1
GG	550	0.4	3	1.1
HH	450	0.3	3	1.1
II	650	0.4	3	1.1
JJ	500	0.4	3	1.1
BNW	570	0.41	2.7	1.1
BNW 平均值				2065

调查人：

附录5：MSDS 化学品安全技术说明书

MSDS 化学品安全技术说明书，如表6-6、表6-7、表6-8所示。

表6-6　MSDS 化学品安全技术说明书1

甲苯物质安全说明书（MSDS）（标准版）

第一部分：化学品名称

化学品中文名称：甲苯

化学品英文名称：methylbenzene　　　　　英文名称2：Toluene

技术说明书编码：306　　　　　　　　　　CAS No.：108-88-3

分子式：C_7H_8 分子量：92.14

第二部分：成分/组成信息

有害物成分：甲苯　　　　含量　　　　CAS No.：108-88-3

第三部分：危险性概述

危险性类别：

侵入途径：

健康危害：对皮肤、黏膜有刺激性，对中枢神经系统有麻醉作用。急性中毒：短时间内吸入较高浓度本品可出现眼及上呼吸道明显的刺激症状、眼结膜及咽部充血、头晕、头痛、恶心、呕吐、胸闷、四肢无力、步态蹒跚、意识模糊。重症者可有躁动、抽搐、昏迷。慢性中毒：长期接触可发生神经衰弱综合征，肝肿大，女工月经异常等。皮肤干燥、皲裂、皮炎。

环境危害：对环境有严重危害，对空气、水环境及水源可造成污染。

燃爆危险：本品易燃，具刺激性。

第四部分：急救措施

皮肤接触：脱去污染的衣着，用肥皂水和清水彻底冲洗皮肤。

眼睛接触：提起眼睑，用流动清水或生理盐水冲洗。就医。

吸入：迅速脱离现场至空气新鲜处。保持呼吸道通畅。如呼吸困难，输氧气。如呼吸停止，立即进行人工呼吸。就医。

食入：饮足量温水，催吐。就医。

第五部分：消防措施

危险特性：易燃，其蒸气与空气可形成爆炸性混合物，遇明火、高热能引起燃烧爆炸。与氧化剂能发生强烈反应。流速过快，容易产生和积聚静电。其蒸气比空气重，能在较低处扩散到相当远的地方，遇火源会着火回燃。

有害燃烧产物：一氧化碳、二氧化碳。

灭火方法：喷水冷却容器，可能的话将容器从火场移至空旷处。处在火场中的容器若已变色或从安全泄压装置中产生声音，必须马上撤离。灭火剂：泡沫、干粉、二氧化碳、砂土。用水灭火无效。

第六部分：泄漏应急处理

应急处理：迅速撤离泄漏污染区人员至安全区，并进行隔离，严格限制出入。切断火源。建议应急处理人员戴自给正压式呼吸器，穿防毒服。尽可能切断泄漏源。防止流入下水道、排洪沟等限制性空间。小量泄漏：用活性炭或其他惰性材料吸收。也可以用不燃性分散剂制成的乳液刷洗，洗液稀释后放入废水系统。大量泄漏：构筑围堤或挖坑收容。用泡沫覆盖，降低蒸气灾害。用防爆泵转移至槽车或专用收集器内，回收或运至废物处理场所处置。

第七部分：操作处置与储存

操作注意事项：密闭操作，加强通风。操作人员必须经过专门培训，严格遵守操作规程。建议操作人员佩戴自吸过滤式防毒面具（半面罩），戴化学安全防护眼镜，穿防毒物渗透工作服，戴橡胶耐油手套。远离火种、热源，工作场所严禁吸烟。使用防爆型的通风系统和设备。防止蒸气泄漏到工作场所空气中。避免与氧化剂接触。灌装时应控制流速，且有接地装置，防止静电积聚。搬运时要轻装轻卸，防止包装及容器损坏。配备相应品种和数量的消防器材及泄漏应急处理设备。倒空的容器可能残留有害物.

表6-7　MSDS 化学品安全技术说明书 2

甲苯物质安全说明书（MSDS）（标准版）

储存注意事项：储存于阴凉、通风的库房。远离火种、热源。库温不宜超过30℃。保持容器密封。应与氧化剂分开存放，切忌混储。采用防爆型照明、通风设施。禁止使用易产生火花的机械设备和工具。储区应备有泄漏应急处理设备和合适的收容材料。

第八部分：接触控制/个体防护

职业接触限值

中国 MAC（mg/m3）：100

前苏联 MAC（mg/m3）：50

TLVTN：OSHA 200ppm，754mg/m3；ACGIH 50ppm，188mg/m3

TLVWN：未制定标准

监测方法：气相色谱法

工程控制：生产过程密闭，加强通风。

呼吸系统防护：空气中浓度超标时，佩戴自吸过滤式防毒面具（半面罩）。紧急事态抢救或撤离时，应该佩戴空气呼吸器或氧气呼吸器。

眼睛防护：戴化学安全防护眼镜。

身体防护：穿防毒物渗透工作服。

手防护：戴橡胶耐油手套。

其他防护：工作现场禁止吸烟、进食和饮水。工作完毕，淋浴更衣。保持良好的卫生习惯。

第九部分：理化特性

主要成分：纯品

外观与性状：无色透明液体，有类似苯的芳香气味。

pH：

熔点（℃）：－94.9

沸点（℃）：110.6

相对密度（水＝1）：0.87

相对蒸气密度（空气＝1）：3.14

饱和蒸气压（kPa）：4.89（30℃）

燃烧热（kJ/mol）：3905.0

临界温度（℃）：318.6

临界压力（MPa）：4.11

辛醇/水分配系数的对数值：2.69

闪点（℃）：4

引燃温度（℃）：535

爆炸上限%（V/V）：1.2

爆炸下限%（V/V）：7.0

溶解性：不溶于水，可混溶于苯、醇、醚等多数有机溶剂。

主要用途：用于掺和汽油组成及作为生产甲苯衍生物、炸药、染料中间体、药物等的主要原料。

其他理化性质：

第十部分：稳定性和反应活性

稳定性：

禁配物：强氧化剂。

避免接触的条件：

聚合危害：

分解产物：

表6－8　MSDS 化学品安全技术说明书3

甲苯物质安全说明书（MSDS）（标准版）

第十一部分：毒理学资料

急性毒性：LD50：5000 mg/kg（大鼠经口）；12124 mg/kg（兔经皮）LC50：20003mg/m3，8 小时（小鼠吸入）

亚急性和慢性毒性：

刺激性：人经眼：300ppm，引起刺激。家兔经皮：500mg，中度刺激。

致敏性：

致突变性：

致畸性：

右上角：**续表**

致癌性：

第十二部分：生态学资料

生态毒理毒性：

生物降解性：

非生物降解性：

生物富集或生物积累性：

其他有害作用：该物质对环境有严重危害，对空气、水环境及水源可造成污染，对鱼类和哺乳动物应给予特别注意。可被生物和微生物氧化降解。

第十三部分：废弃处置

废弃物性质：

废弃处置方法：用焚烧法处置。

废弃注意事项：

第十四部分：运输信息

危险货物编号：32052

UN 编号：1294

包装标志：

包装类别：O52

包装方法：小开口钢桶；螺纹口玻璃瓶、铁盖压口玻璃瓶、塑料瓶或金属桶（罐）外普通木箱。

运输注意事项：本品铁路运输时限使用钢制企业自备罐车装运，装运前需报有关部门批准。运输时运输车辆应配备相应品种和数量的消防器材及泄漏应急处理设备。夏季最好早晚运输。运输时所用的槽（罐）车应有接地链，槽内可设孔隔板以减少震荡产生静电。严禁与氧化剂、食用化学品等混装混运。运输途中应防曝晒、雨淋，防高温。中途停留时应远离火种、热源、高温区。装运该物品的车辆排气管必须配备阻火装置，禁止使用易产生火花的机械设备和工具装卸。公路运输时要按规定路线行驶，勿在居民区和人口稠密区停留。铁路运输时要禁止溜放。严禁用木船、水泥船散装运输。

第十五部分：法规信息

法规信息：化学危险物品安全管理条例（1987 年 2 月 17 日国务院发布），化学危险物品安全管理条例实施细则（化劳发［1992］677 号），工作场所安全使用化学品规定（［1996］劳部发423 号）等法规，针对化学危险品的安全使用、生产、储存、运输、装卸等方面均作了相应规定；常用危险化学品的分类及标志（GB 13690 - 92）将该物质划为第 3.2 类中闪点易燃液体。其他法规：苯、甲苯、氯苯硝化生产安全规定（［88］化炼字第 858 号）。

第十六部分：其他信息

参考文献：

填表时间：	填表部门：
数据审核单位：	修改说明：
其他信息：	MSDS 修改日期：

附录6：社会指纹评价自我评估流程

社会指纹评价自我评估流程，如图6-1至6-15所示。

SA8000:2014
SA8000:2014 Social Fingerprint Self-Assessment Client Instructions

Updated 14 June 2016

SA8000:2014 Social Fingerprint 包括自我评估工具，可通过 SAI 培训中心从 SAI 获得。

有兴趣完成 SA8000 Social Fingerprint 自我评估的客户可阅读此说明。

目录

图6-1　目录

SA8000:2014
SA8000:2014 Social Fingerprint Self-Assessment Client Instructions

在 SAI 培训中心创建账户：

1. 请确保您的浏览器可弹出窗口，然后点击下面的链接，或直接复制链接粘贴到浏览器：
https://socialfingerprint.absorbtraining.com/#/signup

2. 您会看到以下界面：

请输入 SAI 网站提供的登记名或认证机构给您提供的特殊登入密钥，然后点击绿色"注册"按钮。

请注意：登入名、用户名、密码区分大小写。

图6-2　创建账户

SA8000:2014

SA8000:2014 Social Fingerprint Self-Assessment Client Instructions

3. 根据您的个人信息填写在线表格，注册您的 SAI 培训中心账号。

此处将显示用于注册账号的唯一登入密钥。

SAI social fingerprint

To use the key sa8000sf, please sign up for a new account or login to an existing one.

Sign Up
* Required

First Name *
Last Name *
Company *
Email *
Password *
Re-enter Password *
Phone *
Address *
Address 2
- Select a Country -
- Select a State/Province -
City *
Postal/Zip Code
Job Title *
- Select a Industry Sector -

Sign Up   Cancel

Login

If you already have a username and password, you can log in here to apply this enrollment key to your existing account.

Username
Password
☐ Keep me signed in * Forgot Password

Login

请点击此处，参照 SAI 的行业类别表，此表以 ISIC and NACE 行业类别代码。

您可以在此处更换软件语言。

Language English

4. 您的信息填写完毕后，点击"注册"，系统会提示您在登陆账号前验证邮箱。登陆您的邮箱，点击 SAI 培训中心给您发送的验证链接。

图 6 – 3　填写个人信息

SA8000:2014

SA8000:2014 Social Fingerprint Self-Assessment Client Instructions

购买 SA8000Social Fingerprint 自我评估

1 点击以下链接或复制粘贴至浏览器来 登陆您的 SAI 培训中心账号：
https://socialfingerprint.absorbtraining.com/#/login

2 点击"目录"：

图 6 - 4　自我评估

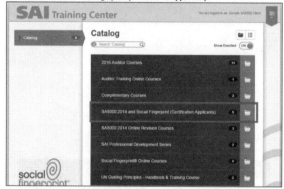

3　点击 **SA8000:2014 and Social Fingerprint (Certification Applicants)**

4　选择 **开始 SA8000:2014** 并根据指示付款

图 6 - 5　根据指示付款

图6-6　根据指示点击

图 6 – 7　根据界面点击

图6-8 保存收据副本

完成 SA8000Social Fingerprint 自我评估
1. 在您的 SAI 培训中心账户的主页上点击我的课程。

2. 点击 SA8000:2014 and Social Fingerprint (Certification Applicants):

图6-9 主页上点击我的课程

3. 点击"启动"按钮来开始 SA8000:2014

4. 您必须完成第一部分："SA8000：2014Social Fingerprint 自我评估入门"

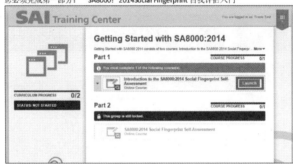

下载词汇表帮助您理解该介绍中的专业术语。

图 6 – 10　根据指示点击课程

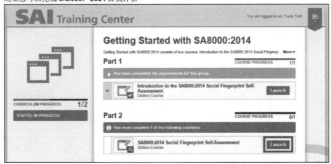

5. 当您完成第一部分后，您的屏幕会显示如下：

6. 现在您可以完成 SA8000：2014 自我评估

图 6-11　根据指示点击课程

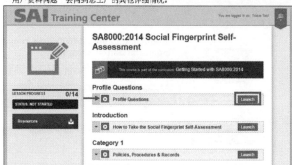

SA8000:2014
SA8000:2014 Social Fingerprint Self-Assessment
Client Instructions

7. "用户资料问题"会问到您工厂的其他详细情况。

答完每一个问题后，您需点击如图所示的蓝色"提交答案"按钮。

点击后，问题会变成灰色。

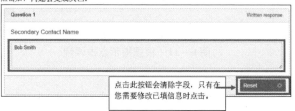

点击此按钮会清除字段，只有在您需要修改已填信息时点击。

图 6 – 12　填写详细情况

当您做完所有用户资料问题后，点击"提交调查"。

8. 完成自我评估的剩余部分，完整回答所有问题，您将会看到所有区域前面都打上钩。

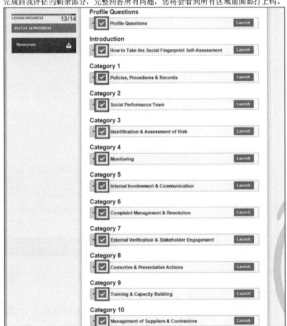

图 6 - 13 完成自我评估

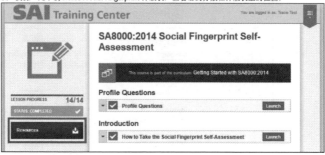

SA8000:2014
SA8000:2014 Social Fingerprint Self-Assessment
Client Instructions

9. 在完成自我评估后，您会立刻收到一张 SA8000：2014Social Fingerprint 自我评估的记分卡。该
记分卡会显示每一类的分数（1-5 分）以及总分。您可以打印该记分卡以供存档。

从"资源"处下载 SA8000Social Fingerprint 评级表，查看您的分数在评级表上的位置。

图 6 – 14　打印积分并存档

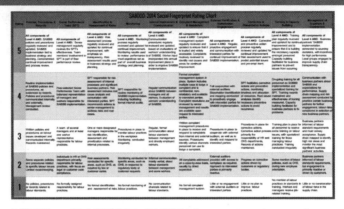

SA8000:2014
SA8000:2014 Social Fingerprint Self-Assessment
Client Instructions

10. 如果您使用 SAAS 授权的认证机构的唯一登入密钥来完成 SA8000：2014Social Fingerprint 自我评估，工作人员根据接下来的认证流程会和您联系。

如果您使用 SAI 网的密钥名创建账户，现在想获取 SA8000 认证，或者您对 SA8000 认证流程有任何疑问，请联系 sa8000@sa-intl.org。

查询 SAAS 授权的认证机构目录，请看此处。

图 6 - 15　完成自我评估

附录 7：员工手册

附录 7：员工手册如表 6 - 9 至表 6 - 22 所示。

表6-9　员工手册1

深圳 MICT 国际认证检测有限公司	MICT-SWI-001	
	版本/修改状态	A/0
员工手册	页次	1/27

员　工　手　册

制订		审核		批准	

表 6 – 10　员工手册 2

深圳 MICT 国际认证检测有限公司	MICT – SWI – 001	
	版本/修改状态	A/0
员工手册	页次	2/27

员工手册

目　　录

前　　言

第一章　总则

第二章　录用

第三章　基本准则

第四章　考勤

第五章　福利

第六章　调动

第七章　安全

第八章　违纪

第九章　离职

第十章　投诉程序

第十一章　附则

表 6 – 11　员工手册 3

深圳 MICT 国际认证检测有限公司	MICT – SWI – 001	
	版本/修改状态	A/0
员工手册	页次	3/27

前言

各位员工：

热诚地欢迎你们加入 MICT 国际认证检测公司工作，在此感谢你们对本公司的信赖与支持，并希望你们的才能和智慧在本公司开花、结果。

深圳 MICT 国际认证检测有限公司成立于 2017 年，是一家专业致力于质量环境安全社会责任管理体系认证和产品、环境、安全检测的国际集团公司。

注册地址：中国广东省深圳市光明新区××

续表

办公地址：中国广东省深圳市光明新区××

E－MAIL：moody××@163.com

高水平的服务使我们赢得了国内外客户的一致好评。不断完善与创新是我们始终不变的发展方向。我们真诚希望与国内外客户携手合作，互利共赢。热忱欢迎各界朋友莅临深圳MICT国际认证检测有限公司参观、指导和洽谈业务。

本员工手册将在日常生活中和工作中起到一定帮助作用，也是员工培训的基础教材，请大家认真阅读，以手册为准则，自我约束，同心同德，与公司同命运，在市场竞争中发展提升。

人力资源部

■ 员工守则

热爱祖国，忠诚公司；

敬业爱岗，勤奋工作；

虚心好学，不断进取；

钻研技术，勇于创新；

遵纪守法，信守公德；

信行一致，诚实信用；

互尊互爱，礼待同事；

修身养性，立足社会。

表 6－12　员工手册4

深圳 MICT 国际认证检测有限公司	MICT－SWI－001	
	版本/修改状态	A/0
员工手册	页次	4/27

第一章　总则

第一条　目的

为使本公司业绩蒸蒸日上，从而造就机会给每一位员工有所发展，严格的纪律和有效的规章制度是必要的。本手册将公司的员工规范、奖惩定集一册，希望公司全体员工认真学习、自觉遵守，以为我们共同的事业取得成功的保证。

第二条　公司信念

2.1 勤勉——对于本职工作应勤恳、努力、负责、恪尽职守。

2.2 诚实——作风诚实，反对文过饰非、反对虚假和浮夸作风。

2.3 服从——员工应服从上级主管人员的指示及工作安排，按时完成本职工作。

2.4 整洁——员工应时刻注意保持自己良好的职业形象，保持工作环境的整洁与美观。

第二章 录用

第一条 录用原则

1.1 员工的招聘将根据公司的需要进行。

1.2 本公司采用公平、公正、公开的原则，招聘优秀、适用之人才。

1.3 本公司的招聘以面试方式为主。

第二条 录用条件

2.1 新聘员工一般实行试用期制度，原则上试用期为一个月。

2.2 公司根据员工的实际工作表现，确定其是否通过试用期或需延长试用期（但最长不超过 6 个月）。

2.3 以下情况均将被视为不符合录用条件：

2.3.1 触犯法律负有刑事责任者；

2.3.2 曾违反公司规章制度被辞退、除名、开除或未经批准擅自离职者；

2.3.3 属法定保护的未满 16 周岁之童工；

2.3.4 提供虚假个人资料者。

第三条 录用程序

3.1 各部门可以根据本部门发展或职位空缺情况，填写《人员需求申请表》经所属部门经理批准后交到人力资源部，由人力资源部统筹招工事宜。

3.2 新录用之员工，应先到人力资源部办理入职手续及交验如下证件资料：

3.2.1 递交有效身份证，学历证书及专业技术证明等（特殊工作岗位须持有相关上岗证，如电工、会计证等证件）。

3.2.2 递交一周内拍照之正面一寸相片 2 张。

表 6-13 员工手册 5

深圳 MICT 国际认证检测有限公司	MICT-SWI-001	
	版本/修改状态	A/0
员工手册	页次	5/27

3.2.3 新录用员工需提供本人准确、完整、有效之个人资料；当员工所提交的人事资料如学历、婚姻状况等发生变更时，应于其变更后的 10 天内通知人力资源部，以确保人事数据的准确性。

3.2.4 因使用假身份证或他人身份证影响社会保险事项手续的办理（包括投保、退休、享受待遇等），所造成的后果和损失由职员自行承担，提供不正确或虚假情况的视为违反诚信方针，并可作为被解除劳动合同的理由。

3.2.5 新录用人员在任职前应清楚了解聘用合约之内容，包括薪金等各项条款。

3.2.6 新录用人员须按规定时间办理报到手续，准时出勤，不得借故拖延或申请更改职位；如有特殊情况需推迟上班时间，须向人力资源部说明理由，并经得同意方可；如三日未到职且无特殊说明者，即停任用。

第三章　基本准则

第一条　日常行为规范

1.1 员工应遵守公司各项规章制度，恪尽职守，勤奋工作，发扬敬业精神及团队协作精神，与公司共创美好前景。

1.2 员工进入生产车间需穿着工衣、装配产职员工需戴工帽，长头发者需束好藏于帽内，不可外露。

1.3 男性员工不允许留胡须、胡子及长头发。

1.4 凡进入生产车间者均不能穿着裙子、短裤（裤脚不及膝为短裤）及拖鞋。

1.5 不得随意践踏草地及乱丢杂物或随地吐痰。

1.6 不得留长指甲，最长以不超过 2 毫米为限，并不可涂指甲油。

1.7 不得戴饰物进入生产区域（包括戒指、耳环、手链、脚链、手表等）。

1.8 上班时间不能化妆（包括涂抹化妆品、香水、假睫毛、假指甲等）。

1.9 厂证、工帽及本手册均属公司财产，员工需妥善保管好，在离职时，必须将其交还人力资源部。

1.10 员工须尊重上级领导，认真听从上级人员的工作指示和教导，及时有效地完成工作任务，同时上下级之间应诚意相待，彼此尊重。

1.11 除特殊紧急事故及经公司批准外，其他员工亲友因私事来访，一律谢绝进入。

1.12 恪守职业道德，不泄漏公司业务有关机密资料；造成损失者，公司将保留对其追究其法律责任的权利。

1.13 积极参加公司举行的各类公众活动，保持身心愉快，健康。

1.14 努力上进，不断提高个人业务素质及能力，为公司做出应有的贡献。

1.15 发扬主人翁精神，积极提出有效的改善意见，使公司业务顺利发展。

本公司尊重所有员工按中华人民共和国法规组织和参加工会，保证此类员工代表不受歧视并可在工作地点与其所代表的员工保持接触。

表 6 – 14   员工手册 6

深圳 MICT 国际认证检测有限公司	MICT – SWI – 001	
	版本/修改状态	A/0
员工手册	页次	6/27

第二条   卫生

2.1 员工需经常洗手及保持个人卫生。

2.2 保持工作场地、厂区等地方之清洁。

2.3 公司配有专职清洁人员负责卫生清洁和工作生活之环境维护，员工应尊重其劳动成果，配合其工作，共同营造良好卫生环境。

2.4 公司对待特殊工作岗位配备必要的职业病及意外事故预防之防护用具，并严格监督员工的切实使用状况，使员工身体得到基本的健康保障，如有违反，将给予严厉处罚。

第四章   考勤

第一条   注意事项

电子考勤记录是员工工资资料的最基本资料。

第二条   第二条刷卡要求

2.1 考勤记录是员工每月薪资记录的依据，员工需准时出勤，并按规定刷卡，保证出勤记录之真实，否则一切责任将由员工自行负责。

2.2 员工不得提前到卡钟处等候打卡下班。

员工刷卡时要确认自己刷卡是否有效，如因卡问题而刷不到卡的应由部门开具联络单，交与人力资源部进行签卡。

2.3 员工不得代替或委托他人打卡。

2.4 员工应妥善保管厂证，如有遗失，应立即前往人力资源部报失和申请补办。

第三条   第三条迟到、早退及旷工

3.1 员工应准时上班，不得迟到、早退、旷职。

3.2 如不事先通知（除紧急事件外）并获批准的缺勤，则视为旷工。

3.3 擅离工作岗位，按旷工处理。

第四条   加班

4.1 根据规定，在不损害员工利益的前提下，公司有权根据工作需要安排员工加班，并按规定支付加班费。

4.2 员工有权不参加公司加班安排，并向部门说明情况。

第五条   出差

5.1 员工因公司业务需要外出办事，应填写放行条经部门主管审批后，交值班保安放行。

5.2 员工出差视为正常出勤，因公务当天不能返回需在外住宿的可凭有关票据实报实销。

表 6 – 15　员工手册 7

深圳 MICT 国际认证检测有限公司	MICT – SWI – 001	
	版本/修改状态	A/0
员工手册	页次	7/27

第六条　请假

员工请假须填写《请假条》，须由部门主管作最终审批。

6.1 凡于请假期间需逾期者，须向上级申报经批准后方可延长假期，未经批准擅自延期者一律按旷工处理。

6.2 于工作时间无请假或放行条而擅自外出者，当日均按旷工计，上级管理人及保安故意放行处罚相同。

第五章　福利

第一条　有薪假期

1.1 法定假日（包括元旦、清明、五一、端午、中秋、国庆、春节）

1.1.1 元旦放假 1 天（1 月 1 日）

1.1.2 春节放假 3 天（农历除夕、正月初一、初二）

1.1.3 清明节放假 1 天（农历清明当日）

1.1.4 劳动节放假 1 天（5 月 1 日）

1.1.5 端午节放假 1 天（农历端午当日）

1.1.6 中秋节放假 1 天（农历中秋当日）

1.1.7 国庆节放假 3 天（10 月 1 日、10 月 2 日、10 月 3 日）

具体休假日期将由人力资源部在假期开始之前公布。

1.2 工伤假

1.2.1 工作时间发生非因个人疏忽而造成伤害者，均作工伤论，并享有相应工伤假期。

1.2.2 如属个人故意违规操作而造成自残肢体伤害，公司保留追究其责任的权利。

1.3 产假

1.3.1 符合国家计划生育规定的女职工产假为九十八天（98），其中产前休假十五（15）天。难产的，增加产假十五（15）天。多胞胎生育的，每多生育一个，增加产假十五（15）天。具体按当地规定执行。

1.3.2 晚育的女职工，除享受国家规定的产假外，增加奖励假三十（30）天，不休奖励假的，给予女方一个月工资的奖励。具体按当地规定执行。

1.3.3 公司不得在女职工怀孕期，产期，哺乳期以此理由降低其基本工资，或者解除劳动合同（严重违纪的除外）。女职工怀孕流产的，公司将根据国家有关规定，给予产假，具体按当地规定执行。

续表

1.3.4 职工违反国家有关计划生育规定的，视其情节轻重，可以给予警告处分以至解除劳动合同。

1.3.5 须凭相关医生证明及准生证申请相关假期。

1.3.6 须凭相关医院证明予以销假。

1.3.7 有关申请须经部门主管签署并于假期四个月前交人力资源部存盘方能生效。

表6－16　员工手册8

深圳 MICT 国际认证检测有限公司	MICT－SWI－001	
	版本/修改状态	A/0
员工手册	页次	8/27

1.4 陪产假

1.4.1 如男员工在符合计划生育政策条件下，当妻子生育时可给予10天的看护假。

1.4.2 看护假应以一整天连续休，申请假期时必须提供结婚证、准生证、出生证、医院证明等。

1.5 婚假

1.5.1 员工本人结婚（符合法定结婚年龄）时，有权享受带薪婚假3天，晚婚（男满25周岁，女满23周岁）初婚时可享受带薪婚假10天；假期须连续一次申请。

1.5.2 婚假须提前10天向办公室提出书面申请，销假后需检查结婚证书，报备办公室。

1.6 丧假

1.6.1 员工的直系亲属去世，给假3天。

1.6.2 员工如需请丧假，凭医院《死亡通知书》交办公室。

1.7 有薪年假

本司工龄满1年未满10年者5天，本司工龄满10年未满20年者10天，本司工龄满20年以上者15天；公司暂定全部安排于春节期间发放。

第五条　社会保险

公司依照国家和地方有关社会保险的规定为员工办理各项社会保险。

第六章　调动

第一条　调动种类与程序

1.1 调动是指员工的工作、职位、职级的调整。

1.1.1 员工调动分为平行调动、晋升调动、降职调动。

续表

1.1.2 在部门及办公室双方同意下，厂方有权将员工调动到其他部门工作，员工没有合理的理由不得拒绝公司的调动安排。

1.2 任何调动必须按照规定的程序进行。

1.2.1 所有调动，都须经部门主管批准，交由办公室备案，由经理审批后方可。

第二条 平行调动

2.1 平行调动是指在职位级别、薪酬不变情况下的职位变动。

2.2 员工调动取决于以下（但不限于）情况：

2.2.1 内部招聘。

2.2.2 调换部门。

表 6-17 员工手册 9

深圳 MICT 国际认证检测有限公司	MICT-SWI-001	
	版本/修改状态	A/0
员工手册	页次	9/27

第三条 晋升调动

3.1 晋升调动是指在职位级别或薪酬向上调整的职位变动。

3.2 员工晋升取决于（但不限于）以下情况。

3.2.1 本部门职位空缺。

3.2.2 公司内其他部门职位空缺。

3.3 员工应具备下列条件方可晋升到高职位。

3.3.1 员工在原职位表现优秀。

3.3.2 有担任高一级职位的能力和潜力。

3.3.3 通过晋升职位的考核（包括面试、书面考核等）。

3.4 晋升调动可通过自荐或直接主管推荐，经部门主管批准，由经办公室的审核实施。

第四条 降职调动

4.1 降职调动是指在职位级别或薪酬向下调整的职位变动。

4.2 员工不符合下列条件之一时，由上级主管建议，办公室批准，方可降职。

4.2.1 不能胜任本职工作；

4.2.2 由于组织结构调整，相应职位被取消，没有合适的职位空缺。

第七章 安全

第一条 安全规则

1.1 禁止在公司内吸烟。

1.2 未经公司允许，不得将非公司人员带入公司。

续表

1.3 所有员工必须保证自己及同事的安全，对任何可能引起危险的操作和事件要提出警告；严重的应报告部门主管。

1.4 员工必须熟悉本工作区内灭火装置的位置以及应急设备的使用方法。

1.5 员工应遵守工具的安全操作说明；非工作执掌范围，不得擅自使用机器设备或机动车。

1.6 员工如搬运重物在力所不及的情况下应寻求同事支持，不得超负荷作业。

1.7 电工作业时需注意防电，如存在危险时，应通知相关人员予以绕道，有必要时须标示隔离，不可将未切断电源的电线遗落在地面，以免造成触电事故。

1.8 工模部，工程部人员在操作机械时，需佩带防护眼镜或其他必要防护用具，防止意外事故的发生。

1.9 工作人员进入发电房，需佩带耳塞，防止由噪音引起的耳患。

1.10 员工如出现有安全隐患应实时向上级汇报。

1.11 使用化学用品的员工应按要求佩带防护用品。

表 6 - 18　员工手册 10

深圳 MICT 国际认证检测有限公司	MICT - SWI - 001	
	版本/修改状态	A/0
员工手册	页次	10/27

1.12 员工操作如发现设备故障，应立即汇报主管予以确认是否维修，以避免影响正常生产运作。

1.13 员工操作如发现设备故障，应立即汇报主管予以确认是否维修，以避免影响正常生产运作。

1.14 非相关人员不准擅自动用机电设备等电源控制开关，普通照明电源亦需予以正确操作及维护。

1.15 不准将工业用的易燃化学物品私自挪作他用。

1.16 工作场所严禁嬉戏玩耍，更不准用工具器材作嬉戏之用，以免伤害他人。

1.17 不可于禁烟处吸烟或于车间内使用明火。

第二条　火情处理

2.1 当火警发生时，应采取如下措施：

2.1.1 保持镇静，不要惊慌失措。

2.1.2 按动最近之火警报警器并通知值班人员和安全部门主管。

2.1.3 通知总机，说出火警发生的地点及火势大小。

2.1.4 呼唤最近的同事援助。

2.1.5 在安全的情况下，利用最近的灭火器材尽力将火扑灭。

2.1.6 切勿用水或泡沫灭火机扑灭因漏电而引起的火情。

续表

2.1.7 把火警现场所有的门窗关闭，并关闭所有的电器开关。

2.2 如火势蔓延，应及时采取如下疏散措施。

2.2.1 疏散区按照防火区隔进行划分，由专人负责其所在区域的疏散工作。

2.2.2 听到广播后应立即组织撤离火警现场。

2.2.3 撤离火警现场时，切勿搭乘电梯，必须从消防梯疏散。

2.3 员工应参加火警演习，熟记火警讯号、火警信道、出入位置及灭火器具使用方法。

第三条　意外紧急事故

3.1 在紧急或意外情况下注意：

3.1.1 保持镇静，立即通知上级领导和保安部门；

3.1.2 协助维护现场；

3.2 如果员工在公司内受伤或发生事故，应跟随以下工伤处理程序：

3.2.1 在场的员工应立即通知部门管理人员；

3.2.2 协助救护伤病者；

3.2.3 自觉维护现场秩序。

表 6 – 19　员工手册 11

深圳 MICT 国际认证检测有限公司	MICT – SWI – 001	
	版本/修改状态	A/0
员工手册	页次	11/27

第八章　违纪

第一条　为维护公司纪律。强化员工敬业精神，特作下规定：

第二条　一般违纪行为

2.1 以下行为为一般违纪行为：

2.1.1 在工作时间串岗，情节较轻。

2.1.2 在上班时间做与工作无关的事，情节较轻。

2.1.3 受指定参加培训人员，无故缺席或不参加部门安排会议者。

2.1.4 检查或监督人员未认真履行职责，但尚未造成严重损失。

2.1.5 不服从主管人员合理指导，情节较轻。

2.1.6 随便吐痰、乱扔杂物破坏环境卫生。

2.1.7 未经批准动用不属自己使用之机器设备，但尚未给公司造成损失。

2.2 如员工犯有一般违纪行为一次，将受到口头警告，并要求其签收口头警告记录。

续表

第三条 较重违纪行为

有下列行为经查证属实为较重违纪行为：

3.1 代替或委托他人打卡。

3.2 对上级指示或有期限的命令，未如期完成。

3.3 因疏忽致使机器设备或物品材料遭受损坏。

3.4 在工作时间未经主管许可，擅自脱离工作岗位，情节较重。

3.5 未经公司许可擅自安排外人进入公司而未发生事故者。

3.6 未经公司许可擅自携带危险物品进入公司而未发生事故者。

3.7 拒绝听从主管人员合理指挥监督，经劝导仍不听从。

3.8 工作时间喝酒、吃东西。

3.9 违反生产操作规程，造成产品质量事故或损坏机器设备。

3.10 在生产区域不穿工作服或不戴工帽或不佩带厂证者。

3.11 在工作时间睡觉。

3.12 因擅离职守、疏忽或工作马虎致使机器、设备、物品、材料有一损坏。

3.13 因疏忽遗失或损坏公司文件、机件、对象、工具者。

3.14 在一年内，员工如犯有二次一般违纪行为。

3.15 员工犯有较重违纪行为将受到书面警告或处罚，并要求其签收书面警告记录。

3.16 工作时间阅读书籍、报纸、杂志等。

3.17 在工作场所喧哗、吵闹、嬉戏妨碍他人工作者。

3.18 出入生产区域，携带物品不听从当值保安劝告者。

3.19 违反公司其他相关制度者。

表 6 - 20 员工手册 12

深圳 MICT 国际认证检测有限公司	MICT - SWI - 001	
	版本/修改状态	A/0
员工手册	页次	12/27

第四条 严重违纪行为

有下列情形之一经查证属实或有具体事证者，为严重违纪行为：

4.1 受政府通缉和刑事判决者。

4.2 恶言攻击、侮辱、诽谤、辱骂同事或怂恿相骂、拒绝主管人员合理调遣、指挥并有严重侮辱或恐吓之行为者。

4.1 违反重大安全规定致使公司蒙受损失，情节严重者。

续表

4.2 故意损耗、破坏或有违规操作导致遗失或损坏重要档、贵重机件、对象或工具者。

4.3 在生产区域吸烟，或在公司任何之场所内丢烟蒂者。

4.4 在公司之任何场所内聚赌者。

4.5 偷窃同事或公司财物。

4.6 未经许可擅带外人进入公司或携带危险物品进入公司而发生事故者。

4.7 恶言攻击、侮辱、诽谤、辱骂同事或怂恿相骂、无中生有者。

4.8 在公司范围内动手打人或相互殴斗、打架者。

4.9 威胁恐吓他人安全，实施暴行或重大侮辱之行为者。

4.10 投机取巧隐瞒蒙蔽谋取非分利益者（包括营私舞弊，利用职务收受贿赂、侵吞公司财物等）。

4.11 工作时饮酒滋事，情节严重。

4.12 虚报个人不实的资料。

4.13 伪造、编造或盗用公司印章者。

4.14 变造公司名义或资源在外招摇撞骗，导致公司名义受损害者。

4.15 利用公司名义、在外招摇撞骗。

4.16 未经公司书面同意，在外从事第二职业者。

4.17 有贪污、挪用公款或收受贿赂，经查明属实者。

4.18 非法罢工、怠工或煽动他人罢工，影响公司正常秩序者。

4.19 泄露或偷取公司机密，情节严重者。

4.20 一年内有二次以上较重违纪行为。

4.21 违反其他纪律管理，情节严重者。

以上违纪行为，经公司调查核实，得以开除处理。

表 6－21　员工手册 13

深圳 MICT 国际认证检测有限公司	MICT－SWI－001	
	版本/修改状态	A/0
员工手册	页次	13/27

第五条　惩处程序

5.1 任何违纪处分，都必须按规定的程序进行。

5.1.1 口头警告，由所在部门主管决定，并填写"书面记录"，交办公室留存。

5.1.2 书面警告，部门主管将事发经过报办公室后，由办公室跟进。

5.1.3 辞退决定，部门主管将辞退原因以书面形式上报给办公室，由人力资源部跟进，由公司批准。

5.2 员工在受到第一次违纪处分后，一年内如再有处分，则受到以下累计升级的处分：

5.2.1 一般违纪＋一般违纪＝较重违纪。

5.2.2 较重违纪＋较重违纪＝严重违纪。

5.3 每项违纪处分都应当通知受处分员工，并要求该员工签收，员工有权对处分提出申诉。

第九章　离职

第一条　辞职

1.1 员工提出解除劳动合同，按以下程序办理。

1.1.1 在试用期内，请提前3天书面通知终止劳动关系。

1.1.2 试用期圆满结束后，可以根据劳动法的规定提前30天书面通知或以等同于通知的方式，解除劳动关系。

1.1.3 员工辞职应填写辞职申请表（一般申请表），经部门主管或部门主管审批，于审批后3个工作日内交办公室始能生效。已递交辞职申请者，辞职到期的当天不用上班（特殊情况除外）。辞工到期者，请于到期（按申请日期）日到办公室办理离职手续，并退交厂证等物品，无误后由财务部结算工资方可离开。

1.1.4 办理离职手续需持经各相关部门签批后离厂。

第二条　辞退性解聘

2.1 员工有以下情况，公司提出解除劳动合同。

2.2 在试用期间被证实不符合录用条件，工作能力达不到要求的。

2.3 劳动者不能胜任工作，经过培训或者调整工作岗位，仍不能胜任工作的。

2.4 其他不适合本岗位工作经过培训或者调整工作岗位，仍不能胜任工作的。

第三条　除名

有下列情况者将作为除名处理，公司可终止其雇用关系，而无须补偿。

3.1 请假逾期15天而未获得批准者。

3.2 连续旷工超过15天。

表6-22 员工手册14

深圳 MICT 国际认证检测有限公司	MICT - SWI - 001	
	版本/修改状态	A/0
员工手册	页次	13/27

第十章 投诉程序

第一条 说明

1.1 为确保员工在公司任职期间工作得到公平合理的对待，本公司设有申诉程序制度，员工因感到不满而使用该程序时，不必有任何顾虑。

1.2 职员工在尊重事实的大前提下，如涉及事件处理不公，有滥用职权，损坏公司形象及利益等不良现象均可立即投诉。

第二条 程序

2.1 直属主管

员工在公事上有所不满，应与直属主管商讨，直属主管有责任公平客观地尽力解决该问题，直属主管可向部门经理咨询，投诉人应在七个工作日内得到答复。

2.2 部门经理

若直属主管未能解决问题时，应将情形向部门经理报告，部门经理将尽力解决该问题，并可与办公室经理商讨，投诉人应在七个工作日内得到答复。

2.3 总经理

部门经理未能解决问题时，应将情形向总经理报告，总经理将尽力解决该问题，有需要时将咨询董事局，投诉人应在七个工作日内得到答复，总经理之决定为最终决定。

第十一章 附则

第一条

本员工手册自公布之日起修订生效，由公司人力资源部门负责解释。

第二条

公司的管理部门有权对本员工手册进行修改和补充。

第三条

本员工手册印成册，作为劳动合同的附件，并与劳动合同具有同等效力。

第四条

深圳 MICT 国际认证检测有限公司对于尤其重大过失之员工保留实时解雇而无须补偿之权利。

第五条

深圳 MICT 国际认证检测有限公司对于有刑事过失之员工将依法送公安机关处理。

参考文献

1. SAI 官方审核员培训教材
2. SAI 官方标准
3. SAG 辅导咨询记录报告

推荐作者得新书！

博瑞森征稿启事

亲爱的读者朋友：

感谢您选择了博瑞森图书！希望您手中的这本书能给您带来实实在在的帮助！

博瑞森一直致力于发掘好作者、好内容，希望能把您最需要的思想、方法，一字一句地交到您手中，成为管理知识与管理实践的桥梁。

但是我们也知道，有很多深入企业一线、经验丰富、乐于分享的优秀专家，或者忙于实战没时间，或者缺少专业的写作指导和便捷的出版途径，只能茫然以待……

还有很多在竞争大潮中坚守的企业，有着异常宝贵的实践经验和独特的洞察，但缺少专业的记录和整理者，无法让企业的经验和故事被更多的人了解、学习……

对读者而言，这些都太遗憾了！

博瑞森非常希望能将这些埋藏的"宝藏"发掘出来，贡献给广大读者，让更多的人从中受益。

所以，我们真心地邀请您，我们的老读者，帮我们搜寻：

推荐作者

可以是您自己或您的朋友，只要对本土管理有实践、有思考；可以是您通过网络、杂志、书籍或其他途径了解的某位专家，不管名气大小，只要他的思想和方法曾让您深受启发。

可以是管理类作品，也可以超出管理，各类优秀的社科作品或学术作品。

推荐企业

可以是您自己所在的企业，或者是您熟悉的某家企业，其创业过程、运营经历、产品研发、机制创新，等等。无论企业大小，只要乐于分享、有值得借鉴书写之处。

总之，好内容就是一切！

博瑞森绝非"自费出书"，出版费用完全由我们承担。您推荐的作者或企业案例一经采用，我们会立刻向您赠送书币 1000 元，可直接换取任何博瑞森图书的纸书或电子书。

感谢您对本土管理原创、博瑞森图书的支持！

推荐投稿邮箱：bookgood@126.com　　　推荐手机：13611149991

1120 本土管理实践与创新论坛

这是由 100 多位本土管理专家联合创立的企业管理实践学术交流组织,旨在孵化本土管理思想、促进企业管理实践、加强专家间交流与协作。

论坛每年集中力量办好两件大事:第一,"**出一本书**",汇聚一年的思考和实践,把最原创、最前沿、最实战的内容集结成册,贡献给读者;第二,"**办一次会**",每年 11 月 20 日本土管理专家们汇聚一堂,碰撞思想、研讨案例、交流切磋、回馈社会。

论坛理事名单(以年龄为序,以示传承之意)

首届常务理事:

彭志雄	曾 伟	施 炜	杨 涛	张学军
郭 晓	程绍珊	胡八一	王祥伍	李志华
陈立云	杨永华			

理　　事:

卢根鑫	王铁仁	周荣辉	曾令同	陆和平	宋杼宸	张国祥
刘承元	曹子祥	宋新宇	吴越舟	吴 坚	戴欣明	仲昭川
刘春雄	刘祖轲	段继东	何 慕	秦国伟	贺兵一	张小虎
郭 剑	余晓雷	黄中强	朱玉童	沈 坤	阎立忠	张 进
丁兴良	朱仁健	薛宝峰	史贤龙	卢 强	史幼波	叶敦明
王明胤	陈 明	岑立聪	方 刚	何足奇	周 俊	杨 奕
孙行健	孙嘉晖	张东利	郭富才	叶 宁	何 屹	沈 奎
王 超	马宝琳	谭长春	夏惊鸣	张 博	李洪道	胡浪球
孙 波	唐江华	程 翔	刘红明	杨鸿贵	伯建新	高可为
李 蓓	王春强	孔祥云	贾同领	罗宏文	史立臣	李政权
余 盛	陈小龙	尚 锋	邢 雷	余伟辉	李小勇	全怀周
初勇钢	陈 锐	高继中	聂志新	黄 屹	沈 拓	徐伟泽
谭洪华	崔自三	王玉荣	蒋 军	侯军伟	黄润霖	金国华
吴 之	葛新红	周 剑	崔海鹏	柏 龑	唐道明	朱志明
曲宗恺	杜 忠	远 鸣	范月明	刘文新	赵晓萌	张 伟
韩 旭	韩友诚	熊亚柱	孙彩军	刘 雷	王庆云	李少星
俞士耀	丁 昀	黄 磊	罗晓慧	伏泓霖	梁小平	鄢圣安

企业案例·老板传记

书名·作者	内容/特色	读者价值
你不知道的加多宝:原市场部高管讲述 曲宗恺 牛玮娜 著	前加多宝高管解读加多宝	全景式解读,原汁原味
借力咨询:德邦成长背后的秘密 官同良 王祥伍 著	讲述德邦是如何借助咨询公司的力量进行自身与发展的	来自德邦内部的第一线资料,真实、珍贵,令人受益匪浅
收购后怎样有效整合:一个重工业收购整合实录(待出版) 李少星 著	讲述企业并购后的事	语言轻松活泼,对并购后的企业有借鉴作用
娃哈哈区域标杆:豫北市场营销实录 罗宏文 赵晓萌 等著	本书从区域的角度来写娃哈哈河南分公司豫北市场是怎么进行区域市场营销,成为娃哈哈全国第一大市场、全国增量第一高市场的一些操作方法	参考性、指导性,一线真实资料
六个核桃凭什么:从0过100亿 张学军 著	首部全面揭秘养元六个核桃裂变式成长的巨著	学习优秀企业的成长路径,了解其背后的理论体系
像六个核桃一样:打造畅销品的36个简明法则 王超 范萍 著	本书分上下两篇:包括"六个核桃"的营销战略历程和36条畅销法则	知名企业的战略历程极具参考价值,36条法则提供操作方法
解决方案营销实战案例 刘祖轲 著	用10个真案例讲明白什么是工业品的解决方案式营销,实战、实用	有干货,真正操作过的才能写得出来
招招见销量的营销常识 刘文新 著	如何让每一个营销动作都直指销量	适合中小企业,看了就能用
我们的营销真案例 联纵智达研究院 著	五芳斋粽子从区域到全国/诺贝尔瓷砖门店销量提升/利豪家具出口转内销/汤臣倍健的营销模式	选择的案例都很有代表性,实在、实操!
中国营销战实录:令人拍案叫绝的营销真案例 联纵智达 著	51个案例,42家企业,38万字,18年,累计2000余人次参与……	最真实的营销案例,全是一线记录,开阔眼界
双剑破局:沈坤营销策划案例集 沈坤 著	双剑公司多年来的精选案例解析集,阐述了项目策划中每一个营销策略的诞生过程,策划角度和方法	一线真实案例,与众不同的策划角度令人拍案叫绝、受益匪浅
宗:一位制造业企业家的思考 杨涛 著	1993年创业,引领企业平稳发展20多年,分享独到的心得体会	难得的一本老板分享经验的书
简单思考:AMT咨询创始人自述 孔祥云 著	著名咨询公司(AMT)的CEO创业历程中点点滴滴的经验与思考	每一位咨询人,每一位创业者和管理经营者,都值得一读
边干边学做老板 黄中强 著	创业20多年的老板,有经验、能写、又愿意分享,这样的书很少	处处共鸣,帮助中小企业老板少走弯路
三四线城市超市如何快速成长:解密甘雨亭 IBMG国际商业管理集团 著	国内外标杆企业的经验+本土实践量化数据+操作步骤、方法	通俗易懂,行业经验丰富,宝贵的行业量化数据,关键思路和步骤
中国首家未来超市:解密安徽乐城 IBMG国际商业管理集团 著	本书深入挖掘了安徽乐城超市的试验案例,为零售企业未来的发展提供了一条可借鉴之路	通俗易懂,行业经验丰富,宝贵的行业量化数据,关键思路和步骤

互联网+			
	书名·作者	内容/特色	读者价值
互联网+	企业微信营销全指导 孙 魏 著	专门给企业看到的微信营销书,手把手教企业从小白到微信营销专家	企业想学微信营销现在还不晚,两眼一抹黑也不怕,有这本书就够
	企业网络营销这样做才对:B2B 大宗 B2C 张 进 著	简单直白拿来就用,各种窍门信手拈来,企业网络营销不麻烦也不用再头疼,一般人不告诉他	B2B、大宗 B2C 企业有福了,看了就能学会网络营销
	互联网时代的银行转型 韩友诚 著	以大量案例形式为读者全面展示和分析了银行的互联网金融转型应对之道	结合本土银行转型发展案例的书籍
	正在发生的转型升级·实践 本土管理实践与创新论坛 著	企业在快速变革期所展现出的管理变革新成果、新方法、新案例	重点突出对于未来企业管理相关领域的趋势研判
	触发需求:互联网新营销样本·水产 何足奇 著	传统产业都在苦闷中挣扎前行,本书通过鲜活的案例告诉你如何以需求链整合供应链,从而把大家熟知的传统行业打碎了重构、重做一遍	全是干货,值得细读学习,并且作者的理论已经经过了他亲自操刀的实践检验,效果惊人,就在书中全景展示
	移动互联新玩法:未来商业的格局和趋势 史贤龙 著	传统商业、电商、移动互联,三个世界并存,这种新格局的玩法一定要懂	看清热点的本质,把握行业先机,一本书搞定移动互联网
	微商生意经:真实再现33个成功案例操作全程 伏泓霖 罗晓慧 著	本书为 33 个真实案例,分享案例主人公在做微商过程中的经验教训	案例真实,有借鉴意义
	阿里巴巴实战运营——14招玩转诚信通 聂志新 著	本书主要介绍阿里巴巴诚信通的十四个基本推广操作,从而帮助使用诚信通的用户及企业更好地提升业绩	基本操作,很多可以边学边用,简单易学
	今后这样做品牌:移动互联时代的品牌营销策略 蒋 军 著	与移动互联紧密结合,告诉你老方法还能不能用,新方法怎么用	今后这样做品牌就对了
	互联网+"变"与"不变":本土管理实践与创新论坛集萃·2016 本土管理实践与创新论坛 著	本土管理领域正在产生自己独特的理论和模式,尤其在移动互联时代,有很多新课题需要本土专家们一起研究	帮助读者拓宽眼界、突破思维
	创造增量市场:传统企业互联网转型之道 刘红明 著	传统企业需要用互联网思维去创造增量,而不是用电子商务去转移传统业务的存量	教你怎么在"互联网+"的海洋中创造实实在在的增量
	重生战略:移动互联网和大数据时代的转型法则 沈 拓 著	在移动互联网和大数据时代,传统企业转型如同生命体打算与再造,称之为"重生战略"	帮助企业认清移动互联网环境下的变化和应对之道
	画出公司的互联网进化路线图:用互联网思维重塑产品、客户和价值 李 蓓 著	18 个问题帮助企业一步步梳理出互联网转型思路	思路清晰、案例丰富,非常有启发性

互联网＋	7个转变,让公司3年胜出 李 蓓 著	消费者主权时代,企业该怎么办	这就是互联网思维,老板有能这样想,肯定倒不了
	跳出同质思维,从跟随到领先 郭 剑 著	66个精彩案例剖析,帮助老板突破行业长期思维惯性	做企业竟然有这么多玩法,开眼界

行业类:零售、白酒、食品/快消品、农业、医药、建材家居等

	书名．作者	内容/特色	读者价值
零售·超市·餐饮·服装	总部有多强大,门店就能走多远 IBMG 国际商业管理集团 著	如何把总部做强,成为门店的坚实后盾	了解总部建设的方法与经验
	超市卖场定价策略与品类管理 IBMG 国际商业管理集团 著	超市定价策略与品类管理实操案例和方法	拿来就能用的理论和工具
	连锁零售企业招聘与培训破解之道 IBMG 国际商业管理集团 著	围绕零售企业组织架构、培训体系建设等内容进行深刻探讨	破解人才发现和培养瓶颈的关键点
	中国首家未来超市:解密安徽乐城 IBMG 国际商业管理集团 著	介绍了乐城作为中国首家未来超市从无到有的传奇经历	了解新型零售超市的运作方式及管理特色
	三四线城市超市如何快速成长:解密甘雨亭 IBMG 国际商业管理集团 著	揭秘一家三四线连锁超市的经验策略	不但可以欣赏它的优点,而且可以学会它成功的方法
	涨价也能卖到翻 村松达夫 【日】	提升客单价的15种实用、有效的方法	日本企业在这方面非常值得学习和借鉴
	移动互联下的超市升级 联商网专栏频道 著	深度解析超市转型升级重点	帮助零售企业把握全局、看清方向
	手把手教你做专业督导:专卖店、连锁店 熊亚柱 著	从督导的职能、作用,在工作中需要的专业技能、方法,都提供了详细的解读和训练办法,同时附有大量的表单工具	无论是店铺需要统一培训,还是个人想成为优秀的督导,有这一本就够了
	百货零售全渠道营销策略 陈继展 著	没有照本宣科、说教式的絮叨,只有笔者对行业的认知与理解,庖丁式的逐项解析、展开	通俗易懂,花极少的时间快速掌握该领域的知识及趋势
	零售:把客流变成购买力 丁 昀 著	如何通过不断升级产品和体验式服务来经营客流	如何进行体验营销,国外的好经营,这方面有启发
	餐饮企业经营策略第一书 吴 坚 著	分别从产品、顾客、市场、盈利模式等几个方面,对现阶段餐饮企业的发展提出策略和思路	第一本专业的、高端的餐饮企业经营指导书

零售·超市·餐饮·服装	电影院的下一个黄金十年:开发·差异化·案例 李保煜　著	对目前电影院市场存大的问题及如何解决进行了探讨与解读	多角度了解电影院运营方式及代表性案例
	赚不赚钱靠店长:从懂管理到会经营 孙彩军　著	通过生动的案例来进行剖析,注重门店管理细节方面的能力提升	帮助终端门店店长在管理门店的过程中实现经营思路的拓展与突破
耐消品	商业车经销商实战 深远汽车　著	聚焦于商用车行业的经销商与4S店的运营	对商用车行业及其经销商运营有很大的指导意义
	汽车配件这样卖:汽车后市场销售秘诀100条 俞士耀　著	汽配销售业务员必读,手把手教授最实用的方法,轻松得来好业绩	快速上岗,专业实效,业绩无忧
	跟行业老手学经销商开发与管理:家电、耐消品、建材家居 黄润霖　著	全部来源于经销商管理的一线问题,作者用丰富的经验将每一个问题落实到最便捷快速的操作方法上去	书中每一个问题都是普通营销人亲口提出的,这些问题你也会遇到,作者进行的解答则精彩实用
白酒	白酒到底如何卖 赵海永　著	以市场实战为主,多层次、全方位、多角度地阐释了白酒一线市场操作的最新模式和方法,接地气	实操性强,37个方法、6大案例帮你成功卖酒
	变局下的白酒企业重构 杨永华　著	帮助白酒企业从产业视角看清趋势,找准位置,实现弯道超车的书	行业内企业要减少90%,自己在什么位置,怎么做,都清楚了
	1. 白酒营销的第一本书(升级版) 2. 白酒经销商的第一本书 唐江华　著	华泽集团湖南开口笑公司品牌部长,擅长酒类新品推广、新市场拓展	扎根一线,实战
	区域型白酒企业营销必胜法则 朱志明　著	为区域型白酒企业提供35条必胜法则,在竞争中赢销的葵花宝典	丰富的一线经验和深厚积累,实操实用
	10步成功运作白酒区域市场 朱志明　著	白酒区域操盘者必备,掌握区域市场运作的战略、战术、兵法	在区域市场的攻伐防守中运筹帷幄,立于不败之地
	酒业转型大时代:微酒精选2014-2015 微酒　主编	本书分为五个部分:当年大事件、那些酒业营销工具、微酒独立策划、业内大调查和十大经典案例	了解行业新动态、新观点,学习营销方法
快消品·食品	5小时读懂快消品营销:中国快消品案例观察 陈海超　著	多年营销经验的一线老手把案例掰开了、揉碎了,从中得出的各种手段和方法给读者以帮助和启发	营销那些事儿的个中秘辛,求人还不一定告诉你,这本书里就有
	快消品招商的第一本书:从入门到精通 刘雷　著	深入浅出,不说废话,有工具方法,通俗易懂	让零基础的招商新人快速学习书中最实用的招商技能,成长为骨干人才
	乳业营销第一书 侯军伟　著	对区域乳品企业生存发展关键性问题的梳理	唯一的区域乳业营销书,区域乳品企业一定要看
	食用油营销第一书 余盛　著	10多年油脂企业工作经验,从行业到具体实操	食用油行业第一书,当之无愧

快消品·食品	中国茶叶营销第一书 柏熹 著	如何跳出茶行业"大文化小产业"的困境,作者给出了自己的观察和思考	不是传统做茶的思路,而是现在商业做茶的思路
	调味品营销第一书 陈小龙 著	国内唯一一本调味品营销的书	唯一的调味品营销的书,调味品的从业者一定要看
	快消品营销人的第一本书:从入门到精通 刘雷 伯建新 著	快消行业必读书,从入门到专业	深入细致,易学易懂
	变局下的快消品营销实战策略 杨永华 著	通胀了,成本增加,如何从被动应战变成主动的"系统战"	作者对快消品行业非常熟悉、非常实战
	快消品经销商如何快速做大 杨永华 著	本书完全从实战的角度,评述现象,解析误区,揭示原理,传授方法	为转型期的经销商提供了解决思路,指出了发展方向
	一位销售经理的工作心得 蒋军 著	一线营销管理人员想提升业绩却无从下手时,可以看看这本书	一线的真实感悟
	快消品营销:一位销售经理的工作心得2 蒋军 著	快消品、食品饮料营销的经验之谈,重点图书	来源与实战的精华总结
	快消品营销与渠道管理 谭长春 著	将快消品标杆企业渠道管理的经验和方法分享出来	可口可乐、华润的一些具体的渠道管理经验,实战
	成为优秀的快消品区域经理(升级版) 伯建新 著	用"怎么办"分析区域经理的工作关键点,增加30%全新内容,更贴近环境变化	可以作为区域经理的"速成催化器"
	销售轨迹:一位快消品营销总监的拼搏之路 秦国伟 著	本书讲述了一个普通销售员打拼成为跨国企业营销总监的真实奋斗历程	激励人心,给广大销售员以力量和鼓舞
	快消老手都在这样做:区域经理操盘锦囊 方刚 著	非常接地气,全是多年沉淀下来的干货,丰富的一线经验和实操方法不可多得	在市场摸爬滚打的"老油条",那些独家绝招妙招一般你问都是问不来的
	动销四维:全程辅导与新品上市 高继中 著	从产品、渠道、促销和新品上市详细讲解提高动销的具体方法,总结作者18年的快消品行业经验,方法实操	内容全面系统,方法实操
农业	新农资如何换道超车 刘祖轲 等著	从农业产业化、互联网转型、行业营销与经营突破四个方面阐述如何让农资企业占领先机、提前布局	南方略专家告诉你如何应对资源浪费、生产效率低下、产能严重过剩、价格与价值严重扭曲等
	中国牧场管理实战:畜牧业、乳业必读 黄剑黎 著	本书不仅提供了来自一线的实际经验,还收入了丰富的工具文档与表单	填补空白的行业必读作品
	中小农业企业品牌战法 韩旭 著	将中小农业企业品牌建设的方法,从理论讲到实践,具有指导性	全面把握品牌规划,传播推广,落地执行的具体措施
	农资营销实战全指导 张博 著	农资如何向"深度营销"转型,从理论到实践进行系统剖析,经验资深	朴实、使用!不可多得的农资营销实战指导
	农产品营销第一书 胡浪球 著	从农业企业战略到市场开拓、营销、品牌、模式等	来源于实践中的思考,有启发
	变局下的农牧企业9大成长策略 彭志雄 著	食品安全、纵向延伸、横向联合、品牌建设……	唯一的农牧企业经营实操的书,农牧企业一定要看

医药	在中国，医药营销这样做：时代方略精选文集 段继东　主编	专注于医药营销咨询15年，将医药营销方法的精华文章合编，深入全面	可谓医药营销领域的顶尖著作，医药界读者的必读书
	医药新营销：制药企业、医药商业企业营销模式转型 史立臣　著	医药生产企业和商业企业在新环境下如何做营销？老方法还有没有用？如何寻找新方法？新方法怎么用？本书给你答案	内容非常现实接地气，踏实谈问题说方法
	医药企业转型升级战略 史立臣　著	药企转型升级有5大途径，并给出落地步骤及风险控制方法	实操性强，有作者个人经验总结及分析
	新医改下的医药营销与团队管理 史立臣　著	探讨新医改对医药行业的系列影响和医药团队管理	帮助理清思路，有一个框架
	医药营销与处方药学术推广 马宝琳　著	如何用医学策划把"平民产品"变成"明星产品"	有真货、讲真话的作者，堪称处方药营销的经典！
	新医改了，药店就要这样开 尚　锋　著	药店经营、管理、营销全攻略	有很强的实战性和可操作性
	电商来了，实体药店如何突围 尚　锋　著	电商崛起，药店该如何突围？本书从促销、会员服务、专业性、客单价等多重角度给出了指导方向	实战攻略，拿来就能用
	OTC医药代表药店销售36计 鄢圣安　著	以《三十六计》为线，写OTC医药代表向药店销售的一些技巧与策略	案例丰富，生动真实，实操性强
	OTC医药代表药店开发与维护 鄢圣安　著	要做到一名专业的医药代表，需要做什么、准备什么、知识储备、操作技巧等	医药代表药店拜访的指导手册，手把手教你快速上手
	引爆药店成交率1：店员导购实战 范月明　著	一本书解决药店导购所有难题	情景化、真实化、实战化
	引爆药店成交率2：经营落地实战 范月明　著	最接地气的经营方法全指导	揭示了药店经营的几类关键问题
	引爆药店成交率：专业化销售解决方案 范月明　著	药品搭配分析与关联销售	为药店人专业化助力
建材家居	家具行业操盘手 王献永　著	家具行业问题的终结者	解决了干家具还有没有前途？为什么同城多店的家具经销商很难做大做强等问题
	建材家居营销：除了促销还能做什么 孙嘉晖　著	一线老手的深度思考，告诉你在建材家居营销模式基本停滞的今天，除了促销，营销还能怎么做	给你的想法一场革命
	建材家居营销实务 程绍珊　杨鸿贵　主编	价值营销运用到建材家居，每一步都让客户增值	有自己的系统、实战
	建材家居门店销量提升 贾同领　著	店面选址、广告投放、推广助销、空间布局、生动展示、店面运营等	门店销量提升是一个系统工程，非常系统、实战

建材家居	**10步成为最棒的建材家居门店店长** 徐伟泽 著	实际方法易学易用,让员工能够迅速成长,成为独当一面的好店长	只要坚持这样干,一定能成为好店长
	手把手帮建材家居导购业绩倍增:成为顶尖的门店店员 熊亚柱 著	生动的表现形式,让普通人也能成为优秀的导购员,让门店业绩长红	读着有趣,用着简单,一本在手、业绩无忧
	建材家居经销商实战42章经 王庆云 著	告诉经销商:老板怎么当、团队怎么带、生意怎么做	忠言逆耳,看着不舒服就对了,实战总结,用一招半式就值了
工业品	**销售是门专业活:B2B、工业品** 陆和平 著	销售流程就应该跟着客户的采购流程和关注点的变化向前推进,将一个完整的销售过程分成十个阶段,提供具体方法	销售不是请客吃饭拉关系,是个专业的活计!方法在手,走遍天下不愁
	解决方案营销实战案例 刘祖轲 著	用10个真案例讲明白什么是工业品的解决方案式营销,实战、实用	有干货、真正操作过的才能写得出来
	变局下的工业品企业7大机遇 叶敦明 著	产业链条的整合机会、盈利模式的复制机会、营销红利的机会、工业服务商转型机会……	工业品企业还可以这样做,思维大突破
	工业品市场部实战全指导 杜 忠 著	工业品市场部经理工作内容全指导	系统、全面、有理论、有方法,帮助工业品市场部经理更快提升专业能力
	工业品营销管理实务 李洪道 著	中国特色工业品营销体系的全面深化、工业品营销管理体系优化升级	工具更实战,案例更鲜活,内容更深化
	工业品企业如何做品牌 张东利 著	为工业品企业提供最全面的品牌建设思路	有策略、有方法、有思路、有工具
	丁兴良讲工业4.0 丁兴良 著	没有枯燥的理论和说教,用朴实直白的语言告诉你工业4.0的全貌	工业4.0是什么?本书告诉你答案
	资深大客户经理:策略准,执行狠 叶敦明 著	从业务开发、发起攻势、关系培育、职业成长四个方面,详述了大客户营销的精髓	满满的全是干货
	一切为了订单:订单驱动下的工业品营销实战 唐道明 著	其实,所有的企业都在围绕着两个字在开展全部的经营和管理工作,那就是"订单"	开发订单、满足订单、扩大订单。本书全是实操方法,字字珠玑、句句干货,教你获得营销的胜利
金融	**交易心理分析** (美)马克·道格拉斯 著 刘真如 译	作者一语道破赢家的思考方式,并提供了具体的训练方法	不愧是投资心理的第一书,绝对经典
	精品银行管理之道 崔海鹏 何 屹 主编	中小银行转型的实战经验总结	中小银行的教材很多,实战类的书很少,可以看看
	支付战争 Eric M. Jackson 著 徐 彬 王 晓 译	PayPal创业期营销官,亲身讲述PayPal从诞生到壮大到成功出售的整个历史	激烈、有趣的内幕商战故事!了解美国支付市场的风云巨变
	中外并购名著专业阅读指南 叶兴平 等著	在5000多本并购类图书中精选的200著作,在阅读的基础上写的读书评价	精挑细选200本并一一评介,省去读者挑选的烦恼,快捷、高效
	互联网时代的银行转型 韩友诚 著	以大量案例形式为读者全面展示和分析了银行的互联网金融转型应对之道	结合本土银行转型发展案例的书籍

	书名．作者	内容/特色	读者价值
房地产	产业园区/产业地产规划、招商、运营实战 阎立忠 著	目前中国第一本系统解读产业园区和产业地产建设运营的实战宝典	从认知、策划、招商到运营全面了解地产策划
	人文商业地产策划 戴欣明 著	城市与商业地产战略定位的关键是不可复制性，要发现独一无二的"味道"	突破千城一面的策划困局
	电影院的下一个黄金十年：开发·差异化·案例 李保煜 著	对目前电影院市场存大的问题及如何解决进行了探讨与解读	多角度了解电影院运营方式及代表性案例

经营类：企业如何赚钱，如何抓机会，如何突破，如何"开源"

	书名．作者	内容/特色	读者价值
抓方向	让经营回归简单．升级版 宋新宇 著	化繁为简抓住经营本质：战略、客户、产品、员工、成长	经典，做企业就这几个关键点！
	混沌与秩序Ⅰ：变革时代企业领先之道 混沌与秩序Ⅱ：变革时代管理新思维 彭剑锋 尚艳玲 主编	汇集华夏基石专家团队10年来研究成果，集中选择了其中的精华文章编纂成册	作者都是既有深厚理论积淀又有实践经验的重磅专家，为中国企业和企业家的未来提出了高屋建瓴的观点
	活系统：跟任正非学当老板 孙行健 尹贤 著	以任正非的独到视角，教企业老板如何经营公司	看透公司经营本质，激活企业活力
	重构：中国企业重生战略 杨永华 著	从7个角度，帮助企业实现系统性的改造	提供转型思想与方法，值得参考
	公司由小到大要过哪些坎 卢强 著	老板手里的一张"企业成长路线图"	现在我在哪儿，未来还要走哪些路，都清楚了
	企业二次创业成功路线图 夏惊鸣 著	企业曾经抓住机会成功了，但下一步该怎么办？	企业怎样获得第二次成功，心里有个大框架了
	老板经理人双赢之道 陈明 著	经理人怎养选平台、怎么开局，老板怎样选/育/用/留	老板生闷气，经理人牢骚大，这次知道该怎么办了
	简单思考：AMT咨询创始人自述 孔祥云 著	著名咨询公司（AMT）的CEO创业历程中点点滴滴的经验与思考	每一位咨询人，每一位创业者和管理经营者，都值得一读
	企业文化的逻辑 王祥伍 黄健江 著	为什么企业绩效如此不同，解开绩效背后的文化密码	少有的深刻，有品质，读起来很流畅
	使命驱动企业成长 高可为 著	钱能让一个人今天努力，使命能让一群人长期努力	对于想做事业的人，'使命'是绕不过去的
思维突破	盈利原本就这么简单 高可为 著	从财务的角度揭示企业盈利的秘密	多方面解读商业模式与盈利的关系，通俗易懂，受益匪浅
	移动互联新玩法：未来商业的格局和趋势 史贤龙 著	传统商业、电商、移动互联，三个世界并存，这种新格局的玩法一定要懂	看清热点的本质，把握行业先机，一本书搞定移动互联网
	画出公司的互联网进化路线图：用互联网思维重塑产品、客户和价值 李蓓 著	18个问题帮助企业一步步梳理出互联网转型思路	思路清晰、案例丰富，非常有启发性
	重生战略：移动互联网和大数据时代的转型法则 沈拓 著	在移动互联网和大数据时代，传统企业转型如同生命体打算与再造，称之为"重生战略"	帮助企业认清移动互联网环境下的变化和应对之道

	书名·作者	内容/特色	读者价值
思维突破	创造增量市场:传统企业互联网转型之道 刘红明 著	传统企业需要用互联网思维去创造增量,而不是用电子商务去转移传统业务的存量	教你怎么在"互联网+"的海洋中创造实实在在的增量
	7个转变,让公司3年胜出 李蓓 著	消费者主权时代,企业该怎么办	这就是互联网思维,老板有能这样想,肯定倒不了
	跳出同质思维,从跟随到领先 郭剑 著	66个精彩案例剖析,帮助老板突破行业长期思维惯性	做企业竟然有这么多玩法,开眼界
	麻烦就是需求 难题就是商机 卢根鑫 著	如何借助客户的眼睛发现商机	什么是真商机,怎么判断、怎么抓,有借鉴
	互联网+管理"变"与"不变":本土管理实践与创新论坛集萃·2016 本土管理实践与创新论坛 著	加速本土管理思想的孕育诞生,促进本土管理创新成果更好地服务企业、贡献社会	各个作者本年度最新思想,帮助读者拓宽眼界、突破思维
财务	写给企业家的公司与家庭财务规划——从创业成功到富足退休 周荣辉 著	本书以企业的发展周期为主线,写各阶段企业与企业主家庭的财务规划	为读者处理人生各阶段企业与家庭的财务问题提供建议及方法,让家庭成员真正享受财富带来的益处
	互联网时代的成本观 程翔 著	本书结合互联网时代提出了成本的多维观,揭示了多维组合成本的互联网精神和大数据特征,论述了其产生背景、实现思路和应用价值	在传统成本观下为盈利的业务,在新环境下也许就成为亏损业务。帮助管理者从新的角度来看待成本,进一步做好精益管理

管理类:效率如何提升,如何实现经营目标,如何"节流"

	书名·作者	内容/特色	读者价值
通用管理	让管理回归简单·升级版 宋新宇 著	从目标、组织、决策、授权、人才和老板自己层面教你怎样做管理	帮助管理抓住管理的要害,让管理变得简单
	让经营回归简单·升级版 宋新宇 著	从战略、客户、产品、员工、成长、经营者自身等七个方面,归纳总结出简单有效的经营法则	总结出的真正优秀企业的成功之道:简单
	让用人回归简单 宋新宇 著	从用人的原则、用人的难题与误区、用人的方法和用人者的修炼四大方面,总结出适合中小企业做好人才管理工作的法则	帮助管理者抓住用人的要害,让用人变得简单
	管理:以规则驾驭人性 王春强 著	详细解读企业规则的制定方法	从人与人博弈角度提升管理的有效性
	员工心理学超级漫画版 邢雷 著	以漫画的形式深度剖析员工心理	帮助管理者更了解员工,从而更轻松地管理员工
	帅抓战略,将抓执行 王清华 著	深入剖析老板与高管的异同	各司其职,各行其是,相辅相成
	分股合心:股权激励这样做 段磊 周剑 著	通过丰富的案例,详细介绍了股权激励的知识和实行方法	内容丰富全面、易读易懂,了解股权激励,有这一本就够了

通用管理	边干边学做老板 黄中强　著	创业20多年的老板,有经验、能写、又愿意分享,这样的书很少	处处共鸣,帮助中小企业老板少走弯路
	中国式阿米巴落地实践之从交付到交易 胡八一　著	本书主要讲述阿米巴经营会计,"从交付到交易",这是成功实施了阿米巴的标志	阿米巴经营会计的工作是有逻辑关联的,一本书就能搞定
	中国式阿米巴落地实践之激活组织 胡八一　著	重点讲解如何科学划分阿米巴单元,阐述划分的实操要领、思路、方法、技术与工具	最大限度减少"推行风险"和"摸索成本",利于公司成功搭建适合自身的个性化阿米巴经营体系
	集团化企业阿米巴实战案例 初勇钢　著	一家集团化企业阿米巴实施案例	指导集团化企业系统实施阿米巴
	阿米巴经营的中国模式 李志华　著	让员工从"要我干"到"我要干",价值量化出来	阿米巴在企业如何落地,明白思路了
	欧博心法:好管理靠修行 曾　伟　著	用佛家的智慧,深刻剖析管理问题,见解独到	如果真的有'中国式管理',曾老师是其中标志性人物
流程管理	1.用流程解放管理者 2.用流程解放管理者2 张国祥　著	中小企业阅读的流程管理、企业规范化的书	通俗易懂,理论和实践的结合恰到好处
	跟我们学建流程体系 陈立云　著	畅销书《跟我们学做流程管理》系列,更实操,更细致,更深入	更多地分享实践,分享感悟,从实践总结出来的方法论
质量管理	IATF16949质量管理体系详解与案例文件汇编:TS16949转版IATF16949:2016 谭洪华　著	针对IATF的新标准做了详细的解说,同时指出了一些推行中容易犯的错误,提供了大量的表单、案例	案例、表单丰富,拿来就用
	五大质量工具详解及运用案例:APQP/FMEA/PPAP/MSA/SPC 谭洪华　著	对制造业必备的五大质量工具中每个文件的制作要求、注意事项、制作流程、成功案例等进行了解读	通俗易懂、简便易行,能真正实现学以致用
	ISO9001:2015新版质量管理体系详解与案例文件汇编 谭洪华　著	紧密围绕2015年新版质量管理体系文件逐条详细解读,并提供可以直接套用的案例工具,易学易上手	企业质量管理认证、内审必备
	ISO14001:2015新版环境管理体系详解与案例文件汇编 谭洪华　著	紧密围绕2015年新版环境管理体系文件逐条详细解读,并提供可以直接套用的案例工具,易学易上手	企业环境管理认证、内审必备
	SA8000:2014社会责任管理体系认证实战 吕　林著	作者根据自己的操作经验,按认证的流程,以相关案例进行说明SA8000认证体系	简单,实操性强,拿来就能用
战略落地	重生——中国企业的战略转型 施　炜　著	从前瞻和适用的角度,对中国企业战略转型的方向、路径及策略性举措提出了一些概要性的建议和意见	对企业有战略指导意义
	公司大了怎么管:从靠英雄到靠组织 AMT金国华　著	第一次详尽阐释中国快速成长型企业的特点、问题及解决之道	帮助快速成长型企业领导及管理团队理清思路,突破瓶颈

战略落地	**低效会议怎么改:每年节省一半会议成本的秘密** AMT 王玉荣 著	教你如何系统规划公司的各级会议,一本工具书	教会你科学管理会议的办法
	年初订计划,年尾有结果:战略落地七步成诗 AMT 郭晓 著	7个步骤教会你怎么让公司制定的战略转变为行动	系统规划,有效指导计划实现
人力资源	**HRBP 是这样炼成的之"菜鸟起飞"** 新 海 著	以小说的形式,具体解析HRBP的职责,应该如何操作,如何为业务服务	实践者的经验分享,内容实务具体,形式有趣
	HRBP 是这样炼成的之中级修炼 新 海 著	本书以案例故事的方式,介绍了HRBP在实际工作中碰到的问题和挑战	书中的HR解决方案讲究因时因地制宜、简单有效的原则,重在启发读者思路,可供各类企业HRBP借鉴
	HRBP 是这样炼成的之高级修炼 新 海 著	以故事的形式,展现了HRBP工作者在职业发展路上的层层深入和递进	为读者提供HRBP在实际工作中遇到种种问题的解决方案
	把面试做到极致:首席面试官的人才甄选法 孟广桥 著	作者用自己几十年的人力资源经验总结出的一套实用的确定岗位招聘标准、提升面试官技能素质的简便方法	面试官必备,没有空泛理论,只有巧妙的实操技能
	人力资源体系与 e-HR 信息化建设 刘书生 陈 莹 王美佳 著	将作者经历的人力资源管理变革、人力资源管理信息化咨询项目方法论、工具和成果全面展现给读者,使大家能够将其快速应用到管理实践中	系统性非常强,没有废话,全部是浓缩的干货
	回归本源看绩效 孙 波 著	让绩效回顾"改进工具"的本源,真正为企业所用	确实是来源于实践的思考,有共鸣
	世界 500 强资深培训经理人教你做培训管理 陈 锐 著	从7大角度具体细致地讲解了培训管理的核心内容	专业、实用、接地气
	曹子祥教你做激励性薪酬设计 曹子祥 著	以激励性为指导,系统性地介绍了薪酬体系及关键岗位的薪酬设计模式	深入浅出,一本书学会薪酬设计
	曹子祥教你做绩效管理 曹子祥 著	复杂的理论通俗化,专业的知识简单化,企业绩效管理共性问题的解决方案	轻松掌握绩效管理
	把招聘做到极致 远 鸣 著	作为世界500强高级招聘经理,作者数十年招聘经验的总结分享	带来职场思考境界的提升和具体招聘方法的学习
	人才评价中心.超级漫画版 邢 雷 著	专业的主题,漫画的形式,只此一本	没想到一本专业的书,能写成这效果
	走出薪酬管理误区 全怀周 著	剖析薪酬管理的8大误区,真正发挥好枢纽作用	值得企业深读的实用教案
	集团化人力资源管理实践 李小勇 著	对搭建集团化的企业很有帮助,务实,实用	最大的亮点不是理论,而是结合实际的深入剖析
	我的人力资源咨询笔记 张 伟 著	管理咨询师的视角,思考企业的HR管理	通过咨询的眼睛对比很多企业,有启发
	本土化人力资源管理 8 大思维 周 剑 著	成熟HR理论,在本土中小企业实践中的探索和思考	对企业的现实困境有真切体会,有启发

企业文化	**36个拿来就用的企业文化建设工具** 海融心胜　主编	数十个工具,为了方便拿来就用,每一个工具都严格按照工具属性、操作方法、案例解读划分,实用、好用	企业文化工作者的案头必备书,方法都在里面,简单易操作
	企业文化建设超级漫画版 邢　雷　著	以漫画的形式系统教你企业文化建设方法	轻松易懂好操作
	华夏基石方法:企业文化落地本土实践 王祥伍　谭俊峰　著	十年积累、原创方法、一线资料,和盘托出	在文化落地方面真正有洞察,有实操价值的书
	企业文化的逻辑 王祥伍　著	为什么企业之间如此不同,解开绩效背后的文化密码	少有的深刻,有品质,读起来很流畅
	企业文化激活沟通 宋柞宸　安　琪　著	透过新任HR总经理的眼睛,揭示出沟通与企业文化的关系	有实际指导作用的文化落地读本
	在组织中绽放自我:从专业化到职业化 朱仁健　王祥伍　著	个人如何融入组织,组织如何助力个人成长	帮助企业员工快速认同并投入到组织中去,为企业发展贡献力量
	企业文化定位·落地一本通 王明胤　著	把高深枯燥的专业理论创建成一套系统化、实操化、简单化的企业文化缔造方法	对企业文化不了解,不会做?有这一本从概念到实操,就够了
生产管理	**精益思维:中国精益如何落地** 刘承元　著	笔者二十余年企业经营和咨询管理的经验总结	中国企业需要灵活运用精益思维,推动经营要素与管理机制的有机结合,推动企业管理向前发展
	300张现场图看懂精益5S管理 乐　涛　编著	5S现场实操详解	案例图解,易懂易学
	高员工流失率下的精益生产 余伟辉　著	中国的精益生产必须面对和解决高员工流失率问题	确实来源于本土的工厂车间,很务实
	车间人员管理那些事儿 岑立聪　著	车间人员管理中处理各种"疑难杂症"的经验和方法	基层车间管理者最闹心、头疼的事,'打包'解决
	1. 欧博心法:好管理靠修行 **2. 欧博心法:好工厂这样管** 曾　伟　著	他是本土最大的制造业管理咨询机构创始人,他从400多个项目、上万家企业实践中锤炼出的欧博心法	中小制造型企业,一定会有很强的共鸣
	欧博工厂案例1:生产计划管控对话录 **欧博工厂案例2:品质技术改善对话录** **欧博工厂案例3:员工执行力提升对话录** 曾　伟　著	最典型的问题、最详尽的解析,工厂管理9大问题27个经典案例	没想到说得这么细,超出想象,案例很典型,照搬都可以了
	工厂管理实战工具 欧博企管　编著	以传统文化为核心的管理工具	适合中国工厂
	苦中得乐:管理者的第一堂必修课 曾　伟　编著	曾伟与师傅大愿法师的对话,佛学与管理实践的碰撞,管理禅的修行之道	用佛学最高智慧看透管理
	比日本工厂更高效1:管理提升无极限 刘承元　著	指出制造型企业管理的六大积弊;颠覆流行的错误认知;掌握精益管理的精髓	每一个企业都有自己不同的问题,管理没有一剑封喉的秘笈,要从现场、现物、现实出发

生产管理	比日本工厂更高效2：超强经营力 刘承元 著	企业要获得持续盈利，就要开源和节流，即实现销售最大化，费用最小化	掌握提升工厂效率的全新方法
	比日本工厂更高效3：精益改善力的成功实践 刘承元 著	工厂全面改善系统有其独特的目的取向特征，着眼于企业经营体质（持续竞争力）的建设与提升	用持续改善力来飞速提升工厂的效率，高效率能够带来意想不到的高效益
	3A顾问精益实践1：IE与效率提升 党新民 苏迎斌 蓝旭日 著	系统的阐述了IE技术的来龙去脉以及操作方法	使员工与企业持续获利
	3A顾问精益实践2：JIT与精益改善 肖志军 党新民 著	只在需要的时候，按需要的量，生产所需的产品	提升工厂效率
员工素质提升	TTT培训师精进三部曲（上）：深度改善现场培训效果 廖信琳 著	现场把控不用慌，这里有妙招一用就灵	课程现场无论遇到什么样的情况都能游刃有余
	TTT培训师精进三部曲（中）：构建最有价值的课程内容 廖信琳 著	这样做课程内容，学员有收获 培训师也有收获	优质的课程内容是树立个人品牌的保证
	TTT培训师精进三部曲（下）：职业功力沉淀与修为提升 廖信琳 著	从内而外提升自己，职业的道路一帆风顺	走上职业TTT内训师的康庄大道
	管理咨询师的第一本书：百万年薪 千万身价 熊亚柱 著	从问题出发，发现问题、分析问题、解决问题，让两眼一抹黑的新人快速成长	管理咨询师初入职场，让这本书开启百万年薪之路
	手把手教你做专业督导：专卖店、连锁店 熊亚柱 著	从督导的职能、作用，在工作中需要的专业技能、方法，都提供了详细的解读和训练办法，同时附有大量的表单工具	无论是店铺需要统一培训，还是个人想成为优秀的督导，有这一本就够了
	跟老板"偷师"学创业 吴江萍 余晓雷 著	边学边干，边观察边成长，你也可以当老板	不同于其他类型的创业书，让你在工作中积累创业经验，一举成功
	销售轨迹：一位快消品营销总监的拼搏之路 秦国伟 著	本书讲述了一个普通销售员打拼成为跨国企业营销总监的真实奋斗历程	激励人心，给广大销售员以力量和鼓舞
	在组织中绽放自我：从专业化到职业化 朱仁健 王祥伍 著	个人如何融入组织，组织如何助力个人成长	帮助企业员工快速认同并投入到组织中去，为企业发展贡献力量
	企业员工弟子规：用心做小事，成就大事业 贾同领 著	从传统文化《弟子规》中学习企业中为人处事的办法，从自身做起	点滴小事，修养自身，从自身的改善得到事业的提升
	手把手教你做顶尖企业内训师：TTT培训师宝典 熊亚柱 著	从课程研发到现场把控、个人提升都有涉及，易读易懂，内容丰富全面	想要做企业内训师的员工有福了，本书教你如何抓住关键，从入门到精通

营销类:把客户需求融入企业各环节,提供"客户认为"有价值的东西

	书名．作者	内容/特色	读者价值
营销模式	**精品营销战略** 杜建君　著	以精品理念为核心的精益战略和营销策略	用精品思维赢得高端市场
	变局下的营销模式升级 程绍珊　叶　宁　著	客户驱动模式、技术驱动模式、资源驱动模式	很多行业的营销模式被颠覆,调整的思路有了!
	卖轮子 科克斯【美】	小说版的营销学!营销理念巧妙贯穿其中,贵在既有趣,又有深度	经典、有趣!一个故事读懂营销精髓
	动销操盘:节奏掌控与社群时代新战法 朱志明　著	在社群时代把握好产品生产销售的节奏,解析动销的症结,寻找动销的规律与方法	都是易读易懂的干货!对动销方法的全面解析和操盘
	弱势品牌如何做营销 李政权　著	中小企业虽有品牌但没名气,营销照样做的有声有色	没有丰富的实操经验,写不出这么具体、详实的案例和步骤,很有启发
	老板如何管营销 史贤龙　著	高段位营销16招,好学好用	老板能看,营销人也能看
	洞察人性的营销战术:沈坤教你28式 沈　坤　著	28个匪夷所思的营销怪招令人拍案叫绝,涉及商业竞争的方方面面,大部分战术可以直接应用到企业营销中	各种谋略得益于作者的横向思维方式,将其操作过的案例结合其中,提供的战术对读者有参考价值
	动销:产品是如何畅销起来的 吴江萍　余晓雷　著	真真切切告诉你,产品究竟怎么才能卖出去	击中痛点,提供方法,你值得拥有
销售	**资深大客户经理:策略准,执行狠** 叶敦明　著	从业务开发、发起攻势、关系培育、职业成长四个方面,详述了大客户营销的精髓	满满的全是干货
	成为资深的销售经理:B2B、工业品 陆和平　著	围绕"销售管理的六个关键控制点"一一展开,提供销售管理的专业、高效方法	方法和技术接地气,拿来就用,从销售员成长为经理不再犯难
	销售是门专业活:B2B、工业品 陆和平　著	销售流程就应该跟着客户的采购流程和关注点的变化向前推进,将一个完整的销售过程分成十个阶段,提供具体方法	销售不是请客吃饭拉关系,是个专业的活计!方法在手,走遍天下不愁
	向高层销售:与决策者有效打交道 贺兵一　著	一套完整有效的销售策略	有工具,有方法,有案例,通俗易懂
	卖轮子 科克斯　【美】	小说版的营销学!营销理念巧妙贯穿其中,贵在既有趣,又有深度	经典、有趣!一个故事读懂营销精髓
	学话术　卖产品 张小虎　著	分析常见的顾客异议,将优秀的话术模块化	让普通导购员也能成为销售精英
组织和团队	**升级你的营销组织** 程绍珊　吴越舟　著	用"有机性"的营销组织替代"营销能人",营销团队变成"铁营盘"	营销队伍最难管,程老师不愧是营销第1操盘手,步骤方法都很成熟
	用数字解放营销人 黄润霖　著	通过量化帮助营销人员提高工作效率	作者很用心,很好的常备工具书

组织和团队	成为优秀的快消品区域经理(升级版) 伯建新　著	用"怎么办"分析区域经理的工作关键点,增加30%全新内容,更贴近环境变化	可以作为区域经理的"速成催化器"
	成为资深的销售经理:B2B、工业品 陆和平　著	围绕"销售管理的六个关键控制点"一一展开,提供销售管理的专业、高效方法	方法和技术接地气,拿来就用,从销售员成长为经理不再犯难
	一位销售经理的工作心得 蒋　军　著	一线营销管理人员想提升业绩却无从下手时,可以看看这本书	一线的真实感悟
	快消品营销:一位销售经理的工作心得2 蒋　军　著	快消品、食品饮料营销的经验之谈,重点突出	来源于实战的精华总结
	销售轨迹:一位快消品营销总监的拼搏之路 秦国伟　著	本书讲述了一个普通销售员打拼成为跨国企业营销总监的真实奋斗历程	激励人心,给广大销售员以力量和鼓舞
	用营销计划锁定胜局:用数字解放营销人2 黄润霖　著	全方位教你怎么做好营销计划,好学好用真简单	照搬套用就行,做营销计划再也不头痛
	快消品营销人的第一本书:从入门到精通 刘　雷　伯建新　著	快消行业必读书,从入门到专业	深入细致,易学易懂
产品	新产品开发管理,就用IPD 郭富才　著	10年IPD研发管理咨询总结,国内首部IPD专业著作	一本书掌握IPD管理精髓
	资深项目经理这样做新产品开发管理 秦海林　著	以IPD为思想,系统讲解新产品开管理的细节	提供管理思路和实用工具
	产品炼金术Ⅰ:如何打造畅销产品 史贤龙　著	满足不同阶段、不同体量、不同行业企业对产品的完整需求	必须具备的思维和方法,避免在产品问题上走弯路
	产品炼金术Ⅱ:如何用产品驱动企业成长 史贤龙　著	做好产品、关注产品的品质,就是企业成功的第一步	必须具备的思维和方法,避免在产品问题上走弯路
品牌	中小企业如何建品牌 梁小平　著	中小企业建品牌的入门读本,通俗、易懂	对建品牌有了一个整体框架
	采纳方法:破解本土营销8大难题 朱玉童　编著	全面、系统、案例丰富、图文并茂	希望在品牌营销方面有所突破的人,应该看看
	中国品牌营销十三战法 朱玉童　编著	采纳20年来的品牌策划方法,同时配有大量的案例	众包方式写作,丰富案例给人启发,极具价值
	今后这样做品牌:移动互联时代的品牌营销策略 蒋　军　著	与移动互联紧密结合,告诉你老方法还能不能用,新方法怎么用	今后这样做品牌就对了
	中小企业如何打造区域强势品牌 吴　之　著	帮助区域的中小企业打造自身品牌,如何在强壮自身的基础上往外拓展	梳理误区,系统思考品牌问题,切实符合中小区域品牌的自身特点进行阐述
渠道通路	快消品营销与渠道管理 谭长春　著	将快消品标杆企业渠道管理的经验和方法分享出来	可口可乐、华润的一些具体的渠道管理经验,实战

	书名．作者	内容/特色	读者价值
渠道通路	传统行业如何用网络拿订单 张　进　著	给老板看的第一本网络营销书	适合不懂网络技术的经营决策者看
	采纳方法：化解渠道冲突 朱玉童　编著	系统剖析渠道冲突，21个渠道冲突案例、情景式讲解，37篇讲义	系统、全面
	学话术　卖产品 张小虎　著	分析常见的顾客异议，将优秀的话术模块化	让普通导购员也能成为销售精英
	向高层销售：与决策者有效打交道 贺兵一　著	一套完整有效的销售策略	有工具，有方法，有案例，通俗易懂
	通路精耕操作全解：快消品20年实战精华 周　俊　陈小龙　著	通路精耕的详细全解，每一步的具体操作方法和表单全部无保留提供	康师傅二十年的经验和精华，实践证明的最有效方法，教你如何主宰通路

管理者读的文史哲·生活

	书名．作者	内容/特色	读者价值
思想·文化	德鲁克管理思想解读 罗　珉　著	用独特视角和研究方法，对德鲁克的管理理论进行了深度解读与剖析	不仅是摘引和粗浅分析，还是作者多年深入研究的成果，非常可贵
	德鲁克与他的论敌们：马斯洛、戴明、彼得斯 罗　珉　著	几位大师之间的论战和思想碰撞令人受益匪浅	对大师们的观点和著作进行了大量的理论加工，去伪存真、去粗存精，同时有自己独特的体系深度
	德鲁克管理学 张远凤　著	本书以德鲁克管理思想的发展为线索，从一个侧面展示了20世纪管理学的发展历程	通俗易懂，脉络清晰
	王阳明"万物一体"论——从"身体"的立场看 陈立胜　著	以身体哲学分析王阳明思想中的"仁"与"乐"	进一步了解传统文化，了解王阳明的思想
	自我与世界：以问题为中心的现象学运动研究 陈立胜　著	以问题为中心，对现象学运动中的"意向性""自我""他人""身体"及"世界"各核心议题之思想史背景与内在发展理路进行深入细致的分析	深入了解现象学中的几个主要问题
	作为身体哲学的中国古代哲学 张再林　著	上篇为中国古代身体哲学理论体系奠基性部分，下篇对由"上篇"所开出的中国身体哲学理论体系的进一步的阐发和拓展	了解什么是真正原生态意义上的中国哲学，把中国传统哲学与西方传统哲学加以严格区别
	中西哲学的歧异与会通 张再林　著	本书以一种现代解释学的方法，对中国传统哲学内在本质尝试一种全新的和全方位的解读	发掘出掩埋在古老传统形式下的现代特质和活的生命，在此基础上揭示中西哲学"你中有我，我中有你"之旨
	治论：中国古代管理思想 张再林　著	本书主要从儒、法墨三家阐述中国古代管理思想	看人本主义的管理理论如何不留斧痕地克服似乎无法调解的存在于人类社会行为与社会组织中的种种两难和对立

思想·文化	中国古代政治制度（修订版）上：皇帝制度与中央政府（待出版） 刘文瑞 著	全面论证了古代皇帝制度的形成和演变的历程	有助于读者从政治制度角度了解中国国情的历史渊源
	中国古代政治制度（修订版）下：地方体制与官僚制度（待出版） 刘文瑞 著	全面论证了古代地方政府的发展演变过程	有助于读者从政治制度角度了解中国国情的历史渊源
	中国思想文化十八讲（修订版）（待出版） 张茂泽 著	中国古代的宗教思想文化，如对祖先崇拜、儒家天命观、中国古代关于"神"的讨论等	宗教文化和人生信仰或信念紧密相联，在文化转型时期学习和研究中国宗教文化就有特别的现实意义
	史幼波《大学》讲记 史幼波 著	用儒释道的观点阐释大学的深刻思想	一本书读懂传统文化经典
	史幼波《周子通书》《太极图说》讲记 史幼波 著	把形而上的宇宙、天地，与形而下的社会、人生、经济、文化等融合在一起	将儒家的一整套学修系统融合起来
	史幼波《中庸》讲记（上下册） 史幼波 著	全面、深入浅出地揭示儒家中庸文化的真谛	儒释道三家思想融会贯通
	梁涛讲《孟子》之《万章篇》 梁涛 著	《万章》主要记录孟子与万章的对话，涉及孝道、亲情、友情、出仕为官等	作者的解读能帮助读者更好地理解孟子及儒学
	每个中国人身上的春秋基因 史贤龙 著	春秋368年（公元前770－公元前403年），每一个中国人都可以在这段时期的历史中找到自己的祖先，看到真实发生的事件，同时也看到自己	长情商、识人心
	与《老子》一起思考：德篇 史贤龙 著	打通文史，回归哲慧，纵贯古今，放眼中外，妙语迭出，在当今的老子读本中别具一格	深读有深读的回味，浅尝有浅尝的机敏，可给读者不同的启发
	郑子太极拳理拳法丛书 杨竣雄 著	走进郑子太极拳完整训练体系的大门，随着书中另一主角——师父的课程安排与每日功课的练习	当您学完这套书后，在掌握拳架的同时具备诸多正确的太极理念与系统知识
	内功太极拳训练教程 王铁仁 编著	杨式（内功）太极拳（俗称老六路）的详细介绍及具体修炼方法，身心的一次升华	书中含有大量图解并有相关视频供读者同步学习
	中医治心脏病 马宝琳 著	引用众多真实案例，客观真实地讲述了中西医对于心脏病的认识及治疗方法	看完这本书，能为您节约10万元医药费